■ 深入浅出系列规划教材

Android
软件开发教程
（第2版）

张雪梅 李志强 王向 编著

清華大学出版社
北京

内 容 简 介

本书是面向 Android 初学者的教程,书中介绍了设计开发 Android 系统应用程序的基础理论和实践方法。全书共 12 章,内容涵盖 Java 语言与面向对象编程基础、XML 基础、开发环境搭建、Android 应用程序的基本组成、事件处理机制和常用 Widget 组件、Fragment、异步线程与消息处理、基于 Intent 的 Activity 切换及数据传递、Service、BroadcastReceiver、数据存取机制、多媒体应用、网络应用等。本书注重理论与实践相结合,采用 Android Studio 2.3.3 开发环境,配有丰富的示例程序,讲解深入浅出,可以使读者在较短的时间内理解 Android 系统框架及其应用的开发过程,掌握 Android 应用程序的设计方法。本书提供所有程序的源代码和电子课件。

本书可作为普通高等学校计算机、通信、电子信息类本专科及各类培训机构 Android 软件开发课程的教材,也可作为 Android 程序设计爱好者的自学用书。

图书在版编目(CIP)数据

Android 软件开发教程/张雪梅,李志强,王向编著. —2 版. —北京:清华大学出版社,2018(2020.2重印)
(深入浅出系列规划教材)
ISBN 978-7-302-48867-5

Ⅰ. ①A… Ⅱ. ①张… ②李… ③王… Ⅲ. ①移动终端-应用程序-程序设计-教材 Ⅳ. ①TN929.53

中国版本图书馆 CIP 数据核字(2018)第 025387 号

责任编辑:白立军　战晓雷
封面设计:杨玉兰
责任校对:时翠兰
责任印制:丛怀宇

出版发行:清华大学出版社
　　　　　网　　　址:http://www.tup.com.cn,http://www.wqbook.com
　　　　　地　　　址:北京清华大学学研大厦 A 座　　　　　邮　　编:100084
　　　　　社 总 机:010-62770175　　　　　邮　　购:010-62786544
　　　　　投稿与读者服务:010-62776969,c-service@tup.tsinghua.edu.cn
　　　　　质量反馈:010-62772015,zhiliang@tup.tsinghua.edu.cn
　　　　　课件下载:http://www.tup.com.cn,010-83470236
印 装 者:北京鑫丰华彩印有限公司
经　　销:全国新华书店
开　　本:185mm×260mm　　　印　　张:25　　　字　　数:578 千字
版　　次:2015 年 5 月第 1 版　2018 年 8 月第 2 版　　　印　　次:2020 年 2 月第 4 次印刷
定　　价:65.00 元

产品编号:077209-01

为什么开发深入浅出系列丛书？

目的是从读者角度写书，开发出高质量的、适合阅读的图书。

"不积跬步，无以至千里；不积小流，无以成江海。"知识的学习是一个逐渐积累的过程，只有坚持系统地学习知识，深入浅出，坚持不懈，持之以恒，才能把一类技术学习好。坚持的动力源于所学内容的趣味性和讲法的新颖性。

计算机课程的学习也有一条隐含的主线，那就是"提出问题→分析问题→建立数学模型→建立计算模型→通过各种平台和工具得到最终正确的结果"，培养计算机专业学生的核心能力是"面向问题求解的能力"。由于目前大学计算机本科生培养计划的特点，以及受教学计划和课程设置的原因，计算机科学与技术专业的本科生很难精通掌握一门程序设计语言或者相关课程。各门课程设置比较孤立，培养的学生综合运用各方面的知识能力方面有欠缺。传统的教学模式以传授知识为主要目的，能力培养没有得到充分的重视。很多教材受教学模式的影响，在编写过程中，偏重概念讲解比较多，而忽略了能力培养。为了突出内容的案例性、解惑性、可读性、自学性，本套书努力在以下方面做好工作。

1. 案例性

所举案例突出与本课程的关系，并且能恰当反映当前知识点。例如，在计算机专业中，很多高校都开设了高等数学、线性代数、概率论，不言而喻，这些课程对于计算机专业的学生来说是非常重要的，但就目前对不少高校而言，这些课程都是由数学系的老师讲授，教材也是由数学系的老师编写，由于学科背景不同和看待问题的角度不同，在这些教材中基本都是纯数学方面的案例，作为计算机系的学生来说，学习这样的教材缺少原动力并且比较乏味，究其原因，很多学生不清楚这些课程与计算机专业的关系是什么。基于此，在编写这方面的教材时，可以把计算机上的案例加入其中，例如，可以把计算机图形学中的三维空间物体图像在屏幕上的伸缩变换、平移变换和旋转变换在矩阵运算中进行举例，可以把双机热备份的案例融入马尔可夫链的讲解，可以把密码学的案例融入大数分解中，等等。

2. 解惑性

很多教材中的知识讲解注重定义的介绍，而忽略因果性、解释性介绍，往往造成知其然而不知其所以然。下面列举两个例子。

(1) 读者可能对 OSI 参考模型与 TCP/IP 参考模型的概念产生混淆，因为两种模型之间有很多相似之处。其实,OSI 参考模型是在其协议开发之前设计出来的,也就是说,它不是针对某个协议族设计的,因而更具有通用性。而 TCP/IP 模型是在 TCP/IP 协议栈出现后出现的,也就是说,TCP/IP 模型是针对 TCP/IP 协议栈的,并且与 TCP/IP 协议栈非常吻合。但是必须注意,TCP/IP 模型描述其他协议栈并不合适,因为它具有很强的针对性。说到这里读者可能更迷惑了,既然 OSI 参考模型没有在数据通信中占有主导地位,那为什么还花费这么大的篇幅来描述它呢? 其实,虽然 OSI 参考模型在协议实现方面存在很多不足,但是,OSI 参考模型在计算机网络的发展过程中起到了非常重要的作用,并且,它对未来计算机网络的标准化、规范化的发展有很重要的指导意义。

(2) 再例如,在介绍原码、反码和补码时,往往只给出其定义和举例表示,而对最后为什么在计算机中采取补码表示数值? 浮点数在计算机中是如何表示的? 字节类型、短整型、整型、长整型、浮点数的范围是如何确定的? 下面我们来回答这些问题(以 8 位数为例),原码不能直接运算,并且 0 的原码有 +0 和 −0 两种形式,即 00000000 和 10000000,这样肯定是不行的,如果根据原码计算设计相应的门电路,由于要判断符号位,设计的复杂度会大大增加,不合算;为了解决原码不能直接运算的缺点,人们提出了反码的概念,但是 0 的反码还是有 +0 和 −0 两种形式,即 00000000 和 11111111,这样是不行的,因为计算机在计算过程中,不能判断遇到 0 是 +0 还是 −0;而补码解决了 0 表示的唯一性问题,即不会存在 +0 和 −0,因为 +0 是 00000000,它的补码 00000000,−0 是 10000000,它的反码是 11111111,再加 1 就得到其补码是 100000000,舍去溢出量就是 00000000。知道了计算机中数用补码表示和 0 的唯一性问题后,就可以确定数据类型表示的取值范围了,仍以字节类型为例,一个字节共 8 位,有 00000000～11111111 共 256 种结果,由于 1 位表示符号位,7 位表示数据位,正数的补码好说,其范围从 00000000～01111111,即 0～127;负数的补码为 10000000～11111111,其中,11111111 为 −1 的补码,10000001 为 −127 的补码,那么到底 10000000 表示什么最合适呢? 8 位二进制数中,最小数的补码形式为 10000000;它的数值绝对值应该是各位取反再加 1,即为 01111111 + 1 = 10000000 = 128,又因为是负数,所以是 −128,即其取值范围是 −128～127。

3. 可读性

图书的内容要深入浅出,使人爱看、易懂。一本书要做到可读性好,必须做到"善用比喻,实例为王"。什么是深入浅出? 就是把复杂的事物简单地描述明白。把简单事情复杂化的是哲学家,而把复杂的问题简单化的是科学家。编写教材时要以科学家的眼光去编写,把难懂的定义,要通过图形或者举例进行解释,这样能达到事半功倍的效果。例如,在数据库中,第一范式、第二范式、第三范式、BC 范式的概念非常抽象,很难理解,但是,如果以一个教务系统中的学生表、课程表、教师表之间的关系为例进行讲解,从而引出范式的概念,学生会比较容易接受。再例如,在生物学中,如果纯粹地讲解各个器官的功能会比较乏味,但是如果提出一个问题,如人的体温为什么是 37℃? 以此为引子引出各个器官的功能效果要好得多。再例如,在讲解数据结构课程时,由于定义多,表示抽象,这样达不到很好的教学效果,可以考虑在讲解数据结构及其操作时用程序给予实现,让学生看到直接的操作结果,如压栈和出栈操作,可以把 PUSH() 和 POP() 操作实现,这样效果会好很多,并且会激发学生的学习兴趣。

4. 自学性

一本书如果适合自学学习,对其语言要求比较高。写作风格不能枯燥无味,让人看一眼就拒人千里之外,而应该是风趣、幽默,重要知识点多举实际应用的案例,说明它们在实际生活中的应用,应该有画龙点睛的说明和知识背景介绍,对其应用需要注意哪些问题等都要有提示。

一书在手,从第一页开始的起点到最后一页的终点,如何使读者能快乐地阅读下去并获得知识? 这是非常重要的问题。在数学上,两点之间的最短距离是直线。但在知识的传播中,使读者感到"阻力最小"的书才是好书。如同自然界中没有直流的河流一样,河水在重力的作用下一定沿着阻力最小的路径向前进。知识的传播与此相同,最有效的传播方式是传播起来损耗最小,阅读起来没有阻力。

欢迎联系清华大学出版社白立军老师投稿: bailj@tup. tsinghua. edu. cn。

2014 年 12 月 15 日

前　言

随着移动互联网时代的来临,智能手机及其客户端 APP 软件成为广大用户接入和使用互联网的主要设备和方式之一。由谷歌公司推出的 Android 系统自 2007 年问世以来,得到了全球众多厂商和运营商的支持,迅速成为智能手机的主流操作系统,占据了大部分的市场份额。它不仅得到了全球开发者社区的极大关注,而且一大批世界一流的手机生产厂商和运营厂商都已经采用了 Android 系统,因此基于 Android 的手机 APP 软件开发日益受到广大开发者的关注,一些大学和培训机构也相继开设了基于 Android 的软件技术培训课程。这不仅合乎时代发展需要,而且有助于学生日后的就业,更能满足国内外日益增长的专业需求。

本书是在作者撰写的《深入浅出 Android 软件开发教程》(第 1 版)的基础上,听取了部分任课教师和教材使用者的修改意见,结合 Android 智能手机软件开发的最新发展,重新撰写的一部教材。作为一本面向初学者的教程,本书延续上一版的写作风格,注重讲解的深入浅出和易学易懂,对于一些较难理解的理论,尽可能使用图示加以说明。对每个知识点都配有示例程序,并力求示例程序短小精悍,既能帮助读者理解知识,又具有启发性和实用性,非常适合教学讲授、自学或日后作为工具资料查询。每一章都配有难度适中的习题,引导读者编写相关功能的实用程序,有助于提高读者的学习兴趣。本书特别设置了 Java 语言和 XML 的基础知识介绍,同时这部分内容还可以作为 Java 和 XML 语法简明手册使用,便于初学者在编程过程中查阅。

由于 Android 程序设计涉及编程语言、网络通信、硬件控制、多媒体等较多知识内容,所以学习时应该遵循循序渐进、由浅入深的原则。学习的过程中既要注重理论的理解,更要加强动手实践,尤其对于初学者,多练习才能掌握设计的方法和技巧。

本书的示例程序采用 2017 年 6 月发布的 Android Studio 2.3.3 开发环境调试,其安装文件版本为 android-studio-bundle-162.4069837-windows.exe,模拟器版本为 Android 8.0(API 26)。Android Studio 自 2013 年推出以来,在几次更新之后已经成为非常稳定和强大的 IDE 开发环境。和基于 Eclipse 的编程环境相比,Android Studio 具有很多优势。Android Studio 以 IntelliJ IDEA 为基础,整合了 Gradle 构建工具,为开发者提供了开发和调试工具,包括智能代码编辑、用户界面设计工具、性能分析工具等。Android Studio 的界面风格更受程序员欢迎,代码的修改会自动智能保存,自带了多设备的实时预览,具有内置命令行终端,具有更完善的插件系统(如 Git、Markdown、Gradle 等)和版本控制系统,在代码智能提示、运行响应速度等方面都更出色。

本书共分 12 章。第 1 章介绍智能移动设备及其操作系统,Android 系统的体系结构,以及 Java、XML 等 Android 程序设计必要的预备知识。第 2 章介绍在 Windows 系统中搭建 Android 开发平台的主要步骤和集成开发环境的使用方法,并且通过学习创建第一个 Android 应用程序,了解典型 Android 应用程序的架构与组成。第 3～5 章介绍用户界面的设计,主要包括 XML 布局文件的设计和使用方法、常见的界面布局方式、Android 中的事件处理机制、常用的用户界面控件以及对话框、菜单和状态栏消息的设计方法。第 6 章介绍 Fragment 的基本概念、Fragment 的加载和切换以及相关应用。第 7 章介绍线程的概念、相关操作和 Android 多线程通信机制。第 8 章介绍 Intent 的概念及其在组件通信中的应用,包括 Activity 之间的跳转与通信、后台服务 Service 及其启动/停止方法、广播消息的发送和接收等。第 9 章介绍 Android 常用的数据存储和访问方法,包括 Shared Preferences、文件存取、SQLite 数据库存储、内容提供器(Content Provider)等。第 10 章介绍在 Android 系统中如何处理和使用音视频等多媒体资源。第 11 章主要介绍访问 Internet 资源的方法,包括利用 Http、HttpURLConnection 或 Socket 与远程服务器交互,使用 WebView 控件在 Activity 中包含一个基于 WebKit 浏览器的方法等。第 12 章介绍两个综合应用实例的设计思路和实现方法,以加深对基本知识的理解。

本书第 1～6 章由张雪梅编写,第 7、8 章由李志强编写、第 9～12 章由王向编写,部分章节中的实例由李志强、王向完成,最后由高凯完成了全书的统稿和审阅工作。

本书可作为大学相关专业教科书和工程实训、技能培训用书,也可供工程技术人员参考。本书提供源代码下载和教学课件下载,相关源代码和课件资源均在清华大学出版社网站(http://www.tup.com.cn)发布,方便读者自学和实践。

在本书的写作与相关科研课题的研究工作中,得到了多方面的支持与帮助。在写作过程中,有关 Android 智能手机软件开发的相关网站亦为本书提供了良好的基础,我们也参考了相关文献和互联网上众多热心网友提供的素材,本书的顺利完成也得益于参阅了大量的相关工作及研究成果,在此谨向这些文献的作者、热心网友以及为本书提供帮助的老师致以诚挚的谢意和崇高的敬意。在本书的写作过程中,也得到了清华大学出版社的大力支持和帮助,在此一并表示衷心感谢。

本书读者对象包括计算机、通信、电子信息类本专科学生,以及从事手机软件开发与维护的工程技术人员。

由于作者水平有限,书中难免有不足之处,恳请广大读者批评指正。作者的联系方式是 zxm@hebust.edu.cn,欢迎来信交流,共同探讨 Android 程序设计方面的问题。

作　者

2018 年 5 月

目录

本章首先介绍智能移动设备及其操作系统以及 Android 系统的体系结构,然后介绍 Android 软件开发必要的预备知识,包括 Java 语言基础和 XML 的相关知识。

1.1　智能移动设备及其操作系统

随着移动互联网时代的来临,智能手机、平板电脑、智能穿戴设备、便携式导航仪等智能移动设备开始走入千家万户。据中国互联网络信息中心于 2017 年 8 月发布的《中国互联网络发展状况统计报告》显示,截至 2017 年 6 月,我国手机网民规模达 7.24 亿,网民中使用手机上网的比例由 2016 年底的 95.1％提升至 96.3％,移动支付用户规模达 5.02 亿,4.63 亿网民在线下消费时使用手机进行支付。同时,各类手机应用的用户规模不断上升,场景更加丰富,尤其是手机外卖应用增长最为迅速,用户规模达到 2.74 亿,较 2016 年底增长 41.4％。可见,智能手机作为第一大上网终端设备的地位更加巩固,已经有越来越多的人开始把智能手机当作日常娱乐、办公、学习、搜索、网购的首选设备。随之而来的是移动平台下的应用开发需求日益旺盛,移动应用市场的前景不可估量。

智能移动设备像个人电脑一样具有独立的操作系统和良好的用户界面,可由用户自行安装或删除应用程序。目前常见的用于智能移动设备的操作系统有 Android、iOS、Symbian、Windows Phone、BlackBerry 等,这些操作系统之间的应用软件并不互相兼容。

Android 是一种以 Linux 为基础的开放源代码操作系统,最初主要支持手机,2005 年之后逐渐扩展到平板电脑及其他领域。

iOS 操作系统的原名为 iPhoneOS,是苹果公司为 iPhone 智能手机开发的操作系统平台,主要为 iPhone、iPod Touch 以及 iPad 等系列产品所使用,其最大优势是操作过程具有出色的体验感,系统安全性好。

Symbian 操作系统是一个面世较早的手机操作系统,曾广泛应用于诺基亚、摩托罗拉等主流机型,是手机领域中应用范围较广的操作系统之一。Symbian 拥有相当多针对不同用户的界面,它最大的特点就是采用了系统内核与人机界面分离技术,操作系统通常会因为手机的具体硬件而作改变,在不同的手机上它的界面和运行方式都有所不同。Symbian 对于硬件的要求比较低,支持多种语言环境,兼容性和扩展性非常出色。

Windows Phone 是微软公司发布的一款针对智能手机的操作系统。Windows Phone 具有桌面定制、图标拖曳、滑动控制等功能,其主屏幕通过提供类似仪表盘的体验来显示新的电子邮件、短信、未接来电、日历约会等,让人们对重要信息保持时刻更新。它还包括一个增强的触摸屏界面以及一个 IE Mobile 浏览器。

　　BlackBerry 是 RIM 公司的产品。RIM 公司进入移动市场的时间比较早,并且开发出了适应美国市场的邮件系统,所以在美国市场的占有率很高。但是由于其定位于商务机,所以在多媒体播放方面的功能较弱。BlackBerry 在美国之外的影响非常小,市场占有率也较低。

　　目前,智能移动设备市场呈现出 Android 和 iOS 系统两强争霸的局面。根据统计机构 Statista 发布的 2009 年第一季度到 2017 年第一季度全球移动操作系统市场份额占比数据,如图 1-1 所示,2017 年第一季度 Android 手机的市场占比已经达到了 86.1%,iOS以 13.7% 的份额排名第二。可以看出,目前 Android 的市场占有率非常大,远超其他同类平台产品。同时作为鲜明对比的是,在 2009 年第一季度,Android 的市场份额只有1.6%,iOS 为 10.5%,而 Symbian 系统高达 48.8%,所以从市场占有率来看,Android 的成长非常快。可见,在众多智能移动设备操作系统中,Android 系统占据极其重要的地位,学习 Android 软件开发具有广阔的社会需求和实践意义,是时代发展的需要。

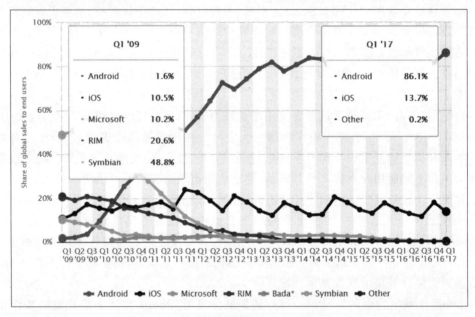

图 1-1　全球移动操作系统市场份额占比

　　随着智能手机应用的普及,各大手机平台也都推出了用于开发手机软件的 SDK (Software Development Kit)。例如谷歌公司推出了 Android 的 SDK,苹果公司推出了 iPhone 的 SDK 等。SDK 大大降低了开发智能手机软件的门槛。但手机有着和普通 PC不一样的特点,开发和运行过程中需要考虑到屏幕大小、内存大小、背景色、省电模式的使用、实际的操作特点等因素,因此开发智能手机应用软件有着和开发普通计算机应用程序不一样的特点。本书重点介绍 Android 系统的特点和应用软件开发方法。

1.2　Android 系统的体系结构

1.2.1　Android 系统简介

Android 一词的本义指"机器人",它是谷歌公司 2007 年 11 月推出的基于 Linux 平台的开源手机操作系统。Android 系统由底层 Linux 操作系统、中间件(负责硬件和应用程序之间的沟通)、核心应用程序组成,同时它也是一个免费、开放的智能移动设备开发平台。除了操作系统和用户界面,谷歌公司还开发了手机地图、Gmail 等一些专用于 Android 手机的应用。目前 Android 系统已经逐渐发展成为最流行的手机和平板设备的操作系统和开发平台。

谷歌公司在 2007 年 11 月发布 Android 1.0 的同时,宣布成立了开放手机联盟。开放手机联盟由谷歌公司与三十多家移动技术和无线应用的领军企业组成,包括了手机和终端制造商、芯片厂商、软件公司、移动运营商等。开放手机联盟旨在普及 Android 智能手机,负责推广和制造 Android 手机,支持更新和完善 Android 操作系统,使得 Android 能更好地发展。

2008 年 9 月 22 日,美国运营商 T-MobileUSA 在纽约正式发布第一款谷歌手机——T-Mobile G1。该款手机为宏达电子公司制造,是世界上第一部使用 Android 操作系统的手机,支持 WCDMA/HSPA 网络,理论下载速率 7.2Mb/s,并支持 WiFi。

Android 是一个运行在 Linux 内核上的轻量级操作系统,功能全面,包括一系列谷歌公司在其中内置的应用软件,如电话、短信等基本应用功能。Android 系统采用了处理速度更快的 Dalvik 虚拟机,集成了基于开源 WebKit 引擎的浏览器以及轻量级数据库管理系统 SQLite,拥有优化的图形系统和自定义的 2D/3D 图形库,支持常见的音频和视频以及各种图片格式。在相应硬件支持下,可集成 GSM、蓝牙、3G、WiFi、摄像头、GPS、罗盘、加速度计等,这些硬件环境目前多数智能移动设备都能够提供。

由于谷歌公司与开放手机联盟建立了战略合作关系,建立了标准化、开放式的通信软件平台,所以只要采用 Android 操作系统的平台,基本不受限于硬件设备,应用程序的可移植性好,能很好地解决由于众多手机操作系统的不同而造成的智能移动设备之间文件格式不兼容和信息无法互相流通的问题。

Android 系统提供了开放的 Android SDK 软件开发组件,它方便了开发人员开发 Android 应用程序。

1.2.2　Android 系统的总体架构

Android 系统的总体架构分为 4 层,从下到上依次为 Linux 内核、Android 核心类库、运行时环境、应用程序框架、应用程序,如图 1-2 所示。

1. Linux 内核(Linux Kernel)

Android 系统的最底层是基于 Linux 内核实现的,它负责硬件驱动、网络管理、电源

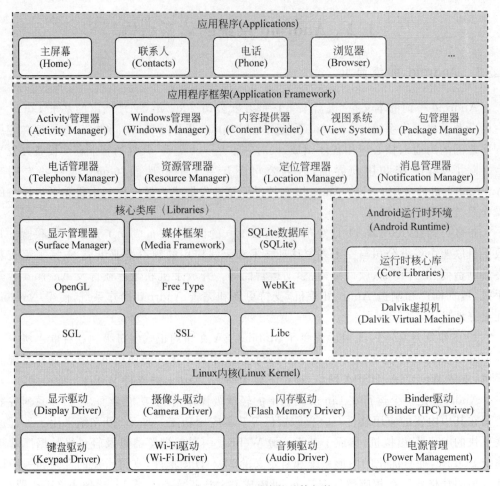

图 1-2　Android 系统的总体架构

管理、系统安全、内存管理等。例如它可以负责显示驱动、基于 Linux 的帧缓冲驱动、键盘驱动、Flash 驱动、摄像头驱动、音频视频驱动、WiFi 驱动等。

2. Android 核心类库(Libraries)

Android 系统的第二层由核心类库(Libraries)和 Android 运行时环境(Android Runtime)组成。核心类库包括开源的函数库,如标准的 C 函数库 Libc、OpenSSL、SQLite 等。其中 WebKit 是负责网页浏览器运行的类库,SGL/OpenGL 是 2D 和 3D 图形与多媒体函数库,分别支持各种影音与图形文件的播放与显示,SQLite 提供了轻量级数据库管理系统。

3. Android 运行时环境(Android Runtime)

Android 运行时环境也位于框架第二层,提供了 Android 特有的 Java 内核函数库。另外,Android 为每个应用程序分配了专有的 Dalvik 虚拟机,可以通过 Java 语言编写应用程序并在 Android 平台上同时运行多个 Java 应用程序。Dalvik 虚拟机对有限内存、电池和 CPU 进行了优化，处理速度更快，同时拥有可在一个设备上运行多个虚拟机的特性。Dalvik 虚拟机运行的.dex 格式文件经过了优化，占用的内存非常小，执行效率非常高。

4. Android 应用程序框架（Application Framework）

Android 系统的第三层是应用程序框架，它为应用程序层的开发者提供用于软件开发的 API。由于最上层的应用程序是以 Java 构建的，因此该层提供的组件包含了用户界面(UI)中所需要的各种控件。相应功能有显示（如文字、条列消息、按钮、内嵌式浏览器等）、消息提供（如访问信息、分享信息）、资源管理（如图形、布局文件等）、提示消息（如显示警告信息）等。例如，框架中的 Activity Manager 负责在设备上生成窗口事件，而 View System 则在窗口显示设定的内容。

5. Android 应用程序（Applications）

Android 系统的最上层是应用程序。Android 系统本身已经提供了一些核心的应用，如主屏幕、联系人、电话、浏览器、游戏，以及 GoogleMaps、E-mail、即时通信工具、MP3 播放器、电话、照相程序、文件管理等。同时，开发者还可以使用 SDK 提供的 API 开发自己的应用程序。本书的重点就是介绍如何使用 SDK 提供的 API 开发自己的应用程序。

Android 应用程序一般使用 Java 作为开发语言编写，但不是由传统的 Java 虚拟机运行，而是转换为.dex 文件格式后，由 Dalvik 虚拟机运行。Dalvik 虚拟机和一般 Java 虚拟机有所不同，它执行的不是 Java 标准的字节码，而是.dex 格式的可执行文件。与普通的 Java 虚拟机基于栈不同，Dalvik 虚拟机是基于寄存器的，其好处在于可以实现更多的优化，这更适合移动设备的特点。

总之，Android 采用了开源的 Linux 操作系统，底层使用了硬件访问速度最快的 C 语言，应用层采用了简单又强大的 Java 语言，博采众长，使其具有无限的魅力和生命力，受到业界的极大欢迎。

1.2.3 Android SDK 简介

Android SDK 提供了在 Windows/Linux/Mac 平台上开发 Android 应用程序的开发组件，它含有在 Android 平台上开发应用程序的工具集。Android SDK 包含了大量的类库和开发工具，程序开发者可以直接调用这些 API 函数。

Android SDK 提供的开发工具包括调试工具、内存和性能分析工具、打包成 APK 文件的工具、用于模拟和测试软件的虚拟设备 AVD、Dalvik 虚拟机、基于开源 WebKit 引擎的浏览器、2D/3D 图形界面、轻量级数据库管理系统 SQLite 以及对摄像头、GPS、WiFi 等硬件的支持。

与普通 Java 程序运行时需要的 JRE 运行环境不同，Android 通过 Dalvik 而非直接采用 Java 虚拟机来运行 Android 程序。Dalvik 虚拟机针对移动设备的实际情况进行了功能优化,如支持多进程与内存管理、低功耗支持等。和普通 Java 虚拟机不同的是,Dalvik 支持运行的文件格式是特殊的,因此它需要将普通 Java 的 class 文件用 Android SDK 中的 dx 工具转换为.dex 格式的文件,这些转换对于程序开发者而言是透明的,编程人员无须处理。

　　Android SDK 中的各种相关包被组织成 android. * 的方式。例如,android. app 包提供程序模型、基本的运行环境,如 Activity、ListActivity 等;android. widget 包提供各种 UI 元素,如 TextView、Button、ListView 等;android. content 包提供对数据进行访问和发布的类,如 ContentProvider、Intent 等;android. graphics 包提供底层的图形、服务,如 Canvas、Cursor 等。要在自己的程序中使用这些包中的类,必须先用 import 语句引入相关包文件。例如,在编程时如果需要使用颜色相关类,则引入 android. graphics. Color 包;使用不同的字体,则引入 android. graphics. Typeface 包。

　　一般地,用户可以使用 Java 语言来开发 Android 平台上的应用程序,并通过 Android SDK 提供的一些工具将其打包为 Android 平台使用的 APK 文件,再使用模拟器或直接将其安装到 Android 移动设备上测试软件,检查软件实际运行情况和效果。图 1-3 为 Android SDK 的一个设备模拟器,模拟设备是 4.95 英寸 Nexus 5(1080×1920),从中可以初步了解 Android 的运行界面。

图 1-3　Android 设备的模拟器

1.3　Java 语言与面向对象编程基础

　　Android 应用程序一般使用 Java 作为开发语言编写，Android 应用开发水平的高低很大程度上取决于 Java 语言能力，所以在学习 Android 应用设计之前要了解 Java 语言与面向对象编程方法。

　　Java 是一种可以编写跨平台应用软件的面向对象程序设计语言，是由 Sun Microsystems 公司于 1995 年 5 月推出的。Java 具有卓越的通用性、高效性、平台移植性和安全性，广泛应用于 PC、数据处理、游戏控制、科学计算、移动电话和互联网等领域。Java 的语言风格十分接近 C 和 C++。它继承了 C++ 语言面向对象技术的核心，提供类、接口和继承等原语，但舍弃了 C++ 语言中容易引起错误的指针、运算符重载、多重继承等特性。

　　Java 语言是一个纯粹的面向对象的程序设计语言，其全部设计工作都集中于对象及其接口。对象中封装了它的状态变量以及相应的方法，实现了模块化和信息隐藏。而类则提供了一类对象的原型，并且通过继承机制，子类可以使用父类所提供的方法，实现了代码的复用。

　　Java 提供了大量的类以满足网络化、多线程、面向对象系统的需要。这些类被分别放在不同的包中，供应用程序使用。例如，语言包提供字符串处理、多线程处理、异常处理、数学函数处理等类，实用程序包提供的支持包括哈希表、堆栈、可变数组、时间和日期等，抽象图形用户接口包实现了不同平台的计算机的图形用户接口部件，包括窗口、菜单、滚动条、对话框等。

1.3.1　配置 Java 开发环境

　　在开始 Java 编程之前，需要安装 JDK(Java Development Kit)，配置 Java 开发环境。JDK 是提供 Java 服务的系统包，用于开发和测试 Java 程序。安装和配置 JDK 环境变量的步骤如下。

　　步骤 1：下载 Java 开发环境工具包。

　　进入网页 http：//www. oracle. com/technetwork/java/javase/downloads/index. html。单击"下载 JDK"链接，就会看到一系列安装文件的下载链接，如图 1-4 所示。选择界面中的 Accept License Agreement(接受许可协议)后，就可以选择适合自己操作系统的安装文件，然后将文件保存到本地目录中。

　　步骤 2：安装开发工具包。

　　运行步骤 1 下载的 exe 文件，文件将自动解压并安装开发工具包。

　　JDK 安装完成后，在安装目录下会安装很多目录和文件。其中 bin 文件夹中是 JDK 的基本程序和工具，jre 文件夹中是 Java 运行时的环境，lib 文件夹中是 Java 类库，Demo 文件夹中存放 Java 自带的一些示例程序。

　　JDK 的帮助文件有在线版本和离线版本两种，可以从 Java 的官方网站上下载。帮助文件分为两种格式：HTML 格式和 CHM 格式。只需要打开目录下的 index. html 即可

Java SE Development Kit 8u131

You must accept the Oracle Binary Code License Agreement for Java SE to download this software.

◉ Accept License Agreement　　○ Decline License Agreement

Product / File Description	File Size	Download
Linux ARM 32 Hard Float ABI	77.87 MB	⬇jdk-8u131-linux-arm32-vfp-hflt.tar.gz
Linux ARM 64 Hard Float ABI	74.81 MB	⬇jdk-8u131-linux-arm64-vfp-hflt.tar.gz
Linux x86	164.66 MB	⬇jdk-8u131-linux-i586.rpm
Linux x86	179.39 MB	⬇jdk-8u131-linux-i586.tar.gz
Linux x64	162.11 MB	⬇jdk-8u131-linux-x64.rpm
Linux x64	176.95 MB	⬇jdk-8u131-linux-x64.tar.gz
Mac OS X	226.57 MB	⬇jdk-8u131-macosx-x64.dmg
Solaris SPARC 64-bit	139.79 MB	⬇jdk-8u131-solaris-sparcv9.tar.Z
Solaris SPARC 64-bit	99.13 MB	⬇jdk-8u131-solaris-sparcv9.tar.gz
Solaris x64	140.51 MB	⬇jdk-8u131-solaris-x64.tar.Z
Solaris x64	96.96 MB	⬇jdk-8u131-solaris-x64.tar.gz
Windows x86	191.22 MB	⬇jdk-8u131-windows-i586.exe
Windows x64	198.03 MB	⬇jdk-8u131-windows-x64.exe

图 1-4　下载 JDK 安装文件

使用 JDK 的帮助文件，根据包的路径可以查找到所有的类、属性和方法。

步骤 3：配置环境变量。

所谓环境变量是供系统内部使用的变量，是包含系统的当前用户的环境信息的字符串和软件的存放路径，安装完 JDK 后必须配置环境变量。

配置环境变量的方法是：右击 Windows 桌面的"我的电脑"图标，在弹出的快捷菜单中选择"属性"→"高级系统设置"→"环境变量"命令，弹出"环境变量"对话框，如图 1-5 所示。

在"系统变量"栏中设置 3 项属性：JAVA_HOME、PATH、CLASSPATH。若这些变量已存在，则单击"编辑"按钮，在原值基础上添加新变量值，原值和新值之间用分号间隔；否则单击"新建"按钮，添加变量名和变量值。变量名称和值不区分大小写。

JAVA_HOME 变量值用于指明 JDK 的安装路径，就是前述安装 JDK 时所选择的路径，例如 C：\Program Files\Java\jdk1.8.0_25，此路径下包括 lib、bin、jre 等文件夹。运行 Tomcat、Android Studio 等都需要使用此变量。

PATH 变量值使得系统可以在任何路径下识别 Java 命令，其值设为％JAVA_HOME％\bin。

CLASSPATH 变量值是 Java 加载类（class 或 lib）的路径，只有类在 CLASSPATH 中，Java 命令才能识别，其值设为"．；％JAVA_HOME％\lib"。

设置完成后，依次选择 Windows 的"开始"→"运行"命令，在"运行"对话框中输入 cmd 命令，则进入命令提示符窗口。在窗口中输入 java -version、java、javac 等 JDK 命令，能正常运行，如图 1-6 所示，说明环境变量配置正确，可以编写并执行 Java 程序了。

1.3.2　Java 程序的开发过程

Java 不同于一般的编译语言或解释语言。它首先将源代码编译成二进制字节码

图 1-5　"环境变量"对话框

图 1-6　运行 JDK 命令

(bytecode)，然后依赖各种不同平台上的虚拟机来解释执行字节码。从而实现了"一次编译、到处执行"的跨平台特性。

　　编辑 Java 源代码可以使用任何无格式的纯文本编辑器，如 Windows 操作系统上的记事本，也可使用更高级的编程工具，如 Eclipse、JBuilder、NetBeans 等，这些工具具有更加强大的辅助功能。

Eclipse 是目前最流行的 Java 编程工具之一，在 Eclipse 中集成了许多工具和插件，从而使 Java 程序的开发更容易。这是一个可以免费使用的软件，可以从 Eclipse 的官方网站 http://www.eclipse.org/下载，解压后无须安装，运行其中的 eclipse.exe 文件就可以使用。

安装好 JDK 及配置好环境变量以后，就可以进行 Java 程序的开发。开发过程要经过以下 3 个步骤：

步骤 1：创建一个源文件。Java 源文件就是 Java 代码文件，以 Java 语言编写。Java 源文件是纯文本文件，扩展名为.java。

如果使用 Eclipse 作为 Java 编程环境，通常先创建一个 Java 工程项目，然后在项目中创建 Java 源文件。

步骤 2：将源文件编译为一个.class 文件。使用 JDK 所带的编译器工具 javac.exe，它会读取源文件并将其文本编译为 Java 虚拟机能理解的指令，保存在扩展名为.class 的文件中。包含在.class 文件中的指令就是字节码，它是与平台无关的二进制文件，执行时由解释器 java.exe 解释成本地机器码，边解释边执行。

步骤 3：运行程序。使用 Java 解释器(java.exe)来解释执行 Java 应用程序的字节码文件(.class 文件)，通过使用 Java 虚拟机来运行 Java 应用程序。

如果使用 Eclipse 作为 Java 编程环境，前述步骤 2 和步骤 3 可以由 Eclipse 自动完成。

1.3.3 Java 程序的结构

Java 应用程序分为 Application 与 Applet 两种，它们有不同的程序结构和运行方式。

下面的示例分别在 Eclipse 环境中编写了一个 Application 程序和一个 Applet 程序，并编译和运行了程序。

【例 1-1】 工程项目 01_HelloWorld 演示了一个 Application 程序，其功能是在控制台输出字符串"HelloWorld!"。

在 Eclipse 中新建一个 Java 工程项目，项目名称为 01_HelloWorld。创建完成后，在 Eclipse 左侧的 Package Explorer 面板中会看到工程项目的树形结构，如图 1-7 所示。其中 src 文件夹用于存放 Java 源代码文件。

图 1-7　Package Explorer 面板

新建类 HelloWorldApp，内容如代码段 1-1 所示。

代码段 1-1　**HelloWorldApp** 的源代码

```
public class HelloWorldApp{
    public static void main(String args[]) {
        System.out.println("HelloWorld!");
    }
}
```

该程序的运行结果是在控制台输出一行字符串"HelloWorld!"。

该程序中,首先用保留字 class 声明一个新的类,其类名为 HelloWorldApp,它是一个公共类(public)。整个类定义由大括号{ }括起来。在该类中定义了一个 main()方法。其中 public 表示访问权限,指明所有的类都可以使用这一方法;static 指明该方法是一个静态方法,它可以通过类名直接调用;void 则指明 main()方法不返回任何值。

对于一个 Application 程序来说,main()方法是必需的,而且必须按照如上的格式来定义。Java 解释器在没有生成任何实例的情况下,以 main()作为入口来执行程序。一个 Java 程序中可以定义多个类,每个类中可以定义多个方法,但是最多只能有一个公共类,main()方法也只能有一个,作为程序的入口。

main()方法定义中,括号中的 Stringargs[ ]是传递给 main()方法的参数。参数名为 args,它是类 String 的一个实例,参数可以为 0 个或多个,多个参数间用逗号分隔。

在本例中,main()方法的实现只有一条语句,它用来实现将字符串输出到控制台。

运行该程序时,首先把它保存成一个名为 HelloWorldApp.java 的文件,文件名必须和类名相同。编译的结果是生成字节码文件 HelloWorldApp.class。

【例 1-2】　工程项目 01_AppletExample 演示了一个 Applet 程序,其功能是输出字符串"HelloWorld!"。

在 Eclipse 中新建一个 Java 工程项目,项目名称为 01_AppletExample。新建类 HelloWorldApplet,内容如代码段 1-2 所示。

```
代码段 1-2  HelloWorldApplet 的源代码
import java.awt.*;
import java.applet.*;
public class HelloWorldApplet extends Applet{
    public void paint(Graphics g) {
        g.drawString("HelloWorld!",20,20);
    }
}
```

这是一个简单的 Applet 小程序。程序中,首先用 import 语句引入 java.awt 和 java.applet 下所有的包,使得该程序能够使用这些包中定义的类。然后声明一个公共类 HelloWorldApplet,用 extends 指明它是 Applet 的子类。在类中,重写父类 Applet 的 paint()方法,其中参数 g 为 Graphics 类,它表明当前绘制的上下文。在 paint()方法中,调用 g 的 drawString()方法,在坐标(20,20)处输出字符串"HelloWorld!"。绘制时,坐标原点位于显示区域的左上角,正方向分别是向右和向下,坐标值是用像素点来表示的。

本例的运行结果是在屏幕上弹出一个 Applet Viewer 窗口,在其中的指定坐标处显示字符串 "HelloWorld!",如图 1-8 所示。

这个程序中没有定义 main()方法,这是 Applet 与 Application 的区别之一。为了运行该程序,首先

图 1-8　Applet Viewer 中的运行结果

也要把它存储成文件 HelloWorldApplet. java，然后对它进行编译，得到字节码文件 HelloWorldApplet. class。由于 Applet 中没有 main()方法作为 Java 解释器的入口，必须编写 HTML 文件，把该 Applet 嵌入其中，在支持 Applet 的浏览器中运行，或用 Applet Viewer 来运行。

Applet 嵌入 Applet 的 HTML 文件如代码段 1-3 所示。

代码段 1-3　HTML 文件的源代码
```
<HTML>
<HEAD>
<TITLE>An Applet</TITLE>
</HEAD>
<BODY>
<applet code="HelloWorldApplet.class" width=200 height=40>
</applet>
</BODY>
</HTML>
```

从上述例子中可以看出，Java 程序是由类构成的，对于一个应用程序来说，必须在一个类中定义 main()方法，而对 Applet 小程序来说，它必须作为 Applet 的一个子类。在类的定义中，应包含类变量的声明和类中方法的实现。

1.3.4　Java 的数据类型和运算符

Java 是一个强类型的语言，要求在使用变量前必须显式定义变量并声明变量值的类型。数据类型指明了变量或表达式的状态和行为。

1. 数据类型

Java 不支持 C、C++ 中的指针类型、结构体类型和共用体类型。

Java 中的数据类型分为基本数据类型和引用数据类型两大类。其基本数据类型一共有 8 种：byte（字节型）、char（字符型，表示一个字符，常量用单引号来表示）、int（整型）、short（短整型）、long（长整型）、float（单精度浮点类型）、double（双精度浮点类型）、boolean（布尔型），引用数据类型包括数组、类（包括对象）和接口。

在 Java 中，有一些数据类型之间是能够进行数据类型转换的。转换方式有自动转换和强制转换两种。自动转换就是不需要明确指出所要转换的类型是什么，而由 Java 虚拟机自动转换。转换的规则一般是小数据类型转换为大数据类型，但大的数据类型的数据精度有的时候要被破坏。对于引用数据类型，子类类型可自动隐式转换为父类类型。

把一个能表示更大范围或者更高精度的类型转换为一个范围更小或者精度更低的类型时，就需要使用强制类型转换。所谓强制转换，是指在程序中显式控制的一种强制性类型转换，例如：

```
int a =25;                          //定义数据类型,a 为 int 型变量
long b=133;                         //定义数据类型,b 为 long 型变量
char c = (char)a;                   //强制转换数据类型,将 a 强制转换成 char 型
int n = (int)b;                     //强制转换数据类型,将 b 强制转换成 int 型
```

但要注意,当大数据类型转换成小数据类型时,强制类型转换有可能会造成溢出或丢失精度,使数值发生变化。如上例中的(int)b,b 原来是 long 型,要将它强制转换成 int 型,转换后的数值就有可能发生变化。

2. 标识符

在 Java 里,方法名、类名、变量名都是标识符。标识符必须以英文字母开头,是由英文字母或数字组成的,其他的符号不能出现在标识符里。其中英文字母包括大写的 A~Z,小写的 a~z,以及_和 $;数字包括 0~9。标识符不能使用 Java 所保留的关键字。特别要注意的是,在 Java 里标识符是大小写敏感的。

给一个标识符命名时不仅要符合命名规范,而且最好见名知意。

3. 变量

变量是程序中的基本存储单元,它的定义包括变量名、变量类型和作用域几个部分。Java 变量名必须是一个合法的标识符,不能以数字开头。声明一个变量的同时也指明了变量的作用域。例如,在类中声明变量,而不是在类的某个方法中声明,则它的作用域是整个类;方法定义中的形式参数用于给方法内部传递数据,则它的作用域就是这个方法。

只有局部变量和类变量是可以赋初值的,而方法参数和例外处理参数的变量值是由调用者给出的。

变量的声明格式如下:

```
type identifier[=value][,identifier[=value]…];
```

例如:

```
int a,b,c;
double d1,d2=0.0;
```

4. 常量

Java 中的常量值是用字符串表示的。常量区分为不同的类型,如整型常量 123、实型常量 1.23、字符型常量'a'、布尔型常量 true 和 false 以及字符串常量"helloWorld. "。Java 中用关键字 final 把一个标识符定义为常量,例如:

```
final double PI=3.1415926;
```

在 Java 中,对于用 final 限定的常量,在程序中不能改变它的值。通常常量名全部使

用大写字母。

5. 运算符

运算符指明对操作数所进行的运算。Java 支持的运算符包括算术运算符、关系运算符、逻辑运算符、位运算符、赋值运算符、条件运算符等,如表 1-1 所示。运算符的运算优先级是有一定的顺序的,括号拥有最高的优先级,接下来依次是一元运算符、二元运算符。

表 1-1　Java 支持的运算符

分类	符号	说　明	分类	符号	说　明
算术运算符	＋	加	关系运算符	＞＞	带符号右移
	－	减		＜＜	带符号左移
	＊	乘		＞＞＞	无符号右移
	／	除(整数除时商只取整数部分)		＆	按位与
	％	求余		|	按位或
	＋＋	自增,例如:i＋＋相当于 i＝i+1		^	按位异或
	－－	自减,例如:i－－相当于 i＝i−1		～	按位取反
位运算符	＞	大于	逻辑运算符	!	非
	＜	小于		＆＆	与
	＞＝	大于或等于		||	或
	＜＝	小于或等于	条件运算符	?:	表达式 1? 表达式 2:表达式 3
	＝＝	等于			
	!＝	不等于			
赋值运算符	＝	赋值	其他	( )	方法调用运算符
	＋＝			[ ]	下标运算符
	－＝	扩展赋值运算符,先运算再赋值		new	内存分配运算符
	＊＝			(类型)	强制类型转换运算符
	…			.	点运算符

1.3.5　Java 的流程控制语句

Java 中的流程控制语句包括分支语句和循环语句。

1. 分支语句

分支语句有 if-else 语句、else if 语句、switch 语句 3 种。

if-else 语句根据判定条件的真假来执行两种操作中的一种,语法格式如下:

```
if(boolean-expression) {
    statement1;
}
[else {
    statement2;
}]
```

else if 语句是 if-else 语句的一种特殊形式,语法格式如下:

```
if(boolean-expression1){
    statement1
}else if(boolean-expression2){
    statement2
}
else if(boolean-expression3){
    statement3
}
⋮
else{
    statementN
}
```

switch 语句根据表达式的值来执行多个操作中的一个,语法格式如下:

```
switch (expression){
    case value1:statement1;
                break;
    case value2:statement2;
                break;
    ⋮
    case valueN:statementN;
                break;
    [default:defaultStatement;]
}
```

　　表达式 expression 可以返回任一简单类型的值(如整型、实型、字符型)。多分支语句把表达式返回的值与每个 case 子句中的值相比。如果匹配成功,则执行该 case 子句后的语句序列。

　　case 子句中的 value 值必须是常量,而且所有 case 子句中的值必须是不同的。

　　default 子句是任选的。当表达式的值与任一 case 子句中的值都不配时,程序执行 default 后面的语句。如果表达式的值与任一 case 子句中的值都不匹配且没有 default 子句,则程序不作任何操作,直接跳出 switch 语句。

　　break 语句用来在执行完一个 case 分支后,使程序跳出 switch 语句,即终止 switch

语句的执行。因为 case 子句只是起到一个标号的作用,用来查找匹配的入口,从此处开始执行,对后面的 case 子句不再进行匹配,而是直接执行其后的语句序列,因此在每个 case 分支后,要用 break 语句来终止后面的 case 分支语句的执行。在一些特殊情况下,多个不同的 case 值需要执行一组相同的操作,这时可以不用 break 语句。

switch 语句的功能可以用 else-if 语句来实现,但在某些情况下,使用 switch 语句更简练,可读性强,而且程序的执行效率更高。

2. 循环语句

Java 的循环语句有 while 语句、do-while 语句、for 语句 3 种。

while 语句实现"当型"循环,它的一般格式如下:

```
while (termination){
    bodystatements;
}
```

当布尔表达式 termination 的值为 true 时,循环执行大括号中的语句。while 语句首先计算终止条件,当条件满足时,才去执行循环中的语句,这是"当型"循环的特点。

do-while 语句实现"直到型"循环,它的一般格式如下:

```
do{
    bodystatements;
}while (termination);
```

do-while 语句首先执行循环体,然后计算终止条件 termination,若结果为 true,则循环执行大括号中的语句,直到布尔表达式 termination 的结果为 false。与 while 语句不同的是,do-while 语句的循环体至少执行一次,这是"直到型"循环的特点。

for 语句也用来实现"当型"循环,它的一般格式如下:

```
for (initialization;termination;iteration){
    bodystatements;
}
```

for 语句执行时,首先执行初始化操作 initialization,然后判断终止条件 termination 是否满足,如果满足,则执行循环体中的语句,最后执行迭代部分 iteration。完成一次循环后,重新判断终止条件 termination。

for 语句通常用来执行循环次数确定的情况,如对数组元素的操作,当然也可以根据循环结束条件执行循环次数不确定的情况。

1.3.6　数　组

数组是一种存放多个相同类型数据的数据结构。

1. 一维数组的定义

一维数组的定义格式如下：

```
type arrayName[]=new type[arraySize];
```

其中 type(类型)可以是 Java 中任意的数据类型，数组名 arrayName 必须是一个合法的 Java 标识符，[]指明该变量是一个数组类型变量，arraySize 指明数组的长度，即数组元素的个数。例如：

```
int myArray[]=new int[3];
```

该语句声明了一个名为 myArray 的整型数组，数组中的每个元素为整型数据。用运算符 new 为它分配内存空间，本例分配了 3 个 int 型整数所需的内存空间。

定义了一个数组，并用运算符 new 为它分配了内存空间后，就可以引用数组中的每一个元素了。数组元素的引用方式如下：

```
arrayName[index]
```

其中 index 为数组下标，它可以是整型常数或表达式。下标从 0 开始，一直到数组的长度减 1。对于上面例子中的 myArray 数组来说，它有 3 个元素，分别为 myArray[0]、myArray[1]、myArray[2]。

可以单独对每个数组元素进行赋值，赋值方法与变量相同。也可以在定义数组的同时进行初始化，例如：

```
int myArray[]={1,2,3,4,5};
```

用逗号分隔数组的各个元素，系统自动为数组分配一定的空间。

2. 多维数组的定义

与 C、C++ 一样，Java 中多维数组被看作数组的数组。例如二维数组是一个特殊的一维数组，其每个元素又是一个一维数组。

二维数组的定义方式如下：

```
type arrayName[][]=new type[arraySize1][arraySize2];
```

例如下面的语句定义了一个 2×3 的整型数组。

```
int myArray[][]=new int[2][3];
```

对二维数组中的每个元素，引用方式为：arrayName[index1][index2]，其中 index1、index2 为下标，可为整型常数或表达式，如 a[2][3]。与一维数组类似，每一维的下标都从 0 开始。

二维数组也可以在定义数组的同时进行初始化。例如,以下语句定义了一个 3×2 的数组,并对每个元素赋值:

```
int myArray[][]={{2,3},{1,5},{3,4}};
```

3. 动态数组列表 ArrayList

ArrayList 是一个类,定义在 java.util 包中。利用 ArrayList 可以定义一个可自动调节大小的数组。它最大的优点是可以自动改变数组的大小,灵活地插入元素和删除元素,但与普通数组相比,其执行速度要差一些。

使用 ArrayList 要首先创建一个 ArrayList 对象。例如,下面的语句创建了对象 myList:

```
ArrayList myList =new ArrayList();
```

之后就可以调用 add()方法为 ArrayList 对象数组增加元素。例如,下面的语句为 List 对象增加了一个 int 型元素,元素值为 12:

```
myList.add(12);
```

调用 remove(int)方法移除 ArrayList 对象的一个元素,例如:

```
myList.remove(5);                              //将第 6 个元素移除
```

另外,调用 addAll()方法可以添加一批元素到当前列表的末尾,removeAll()方法可以删除所有元素,clear()方法可以清除现有所有的元素,toArray()方法可以把 ArrayList 的元素复制到一个数组中。

1.3.7　泛型

泛型是 JDK5 增加的一个非常重要的 Java 语言特性。如果程序可以针对不同的类有相同的处理办法,但这些类之间不一定有继承关系,就可以使用泛型。具体运用到集合中,如果一个集合中保存的元素全是某种类型的,则可以在集合定义时,利用泛型把它规定清楚。

例如,采用传统方式定义一个 Vector 集合使用如下方法:

```
Vector v=new Vector();
v.addElement("one");
String s= (String )v.elementAt(0);
```

这里有两个问题:一是加入元素时不能保证都加入相同类型的元素,二是取出元素时要进行强制类型转换。

如果使用泛型,则可以采用如下方法定义:

```
Vector<String>v=new Vector<String>();
v.addElement("one");
String s=v.elementAt(0);
```

在新的定义方法中,一对尖括号表明了元素的类型,上例中为 String 类型。这时,当加入元素时,Java 会对元素的类型进行检查,如果不是 String 类型,则编译不会通过。并且,取出其中元素时,Java 编译器可以知道其类型为 String,所以不必再使用强制类型转换。

如果是针对 Date 对象的 Vector,则可以使用如下方法定义:

```
Vector<Date>v=new Vector<Date>();
v.addElement(new Date());
Date d=v.elementAt(0);
```

由此可见,使用泛型不仅可以使程序更简化,而且程序的类型更安全。由于同一个类可以适合不同的类型,所以这种机制称为“泛型”。

1.3.8　面向对象的编程方法

面向对象程序设计(Object Oriented Programming,OOP)是当前主流的程序设计方法。面向对象的程序设计方法按照现实世界的特点来管理复杂的事物,把它们抽象为对象。对象是由数据和对于这些数据的操作组成的封装体,与客观实体有直接对应关系。对象具有自己的状态和行为,通过对消息的响应来完成一定的任务。一个类定义了具有相似性质的一组对象。类具有继承性,这是对具有层次关系的类的属性和操作进行共享的一种方式。

面向对象编程过程简要来说分为以下几个步骤:首先分析要解决的问题,根据需求确定类及其属性;接着确定每个类的操作,这些操作都封装在类的方法中;然后使用继承机制来处理类之间的共同点;最后将这些类实例化成对象,实现程序的功能。

1. 基本概念

面向对象程序设计涉及一些重要的概念,通过这些概念,面向对象的思想得到了具体的体现。理解这些概念有助于我们运用面向对象的编程方法。

1) 对象

对象(object)是要研究的任何事物。它不仅能表示有形的实体,也能表示抽象的规则、计划或事件。对象由数据(描述对象的属性)和作用于数据的操作(体现对象的行为)构成一个独立整体。从程序设计者的角度来看,对象是一个程序模块;从用户的角度来看,对象为他们提供所希望的行为。一个对象有状态、行为和标识 3 种属性。

在 Java 中,对象的属性称为成员变量,对象的行为称为成员方法或成员函数,一个对象就是变量和相关的方法的集合,其中变量表明对象的状态,方法表明对象所具有的行为。面向对象的程序设计实现了对象的封装,使我们不必关心对象的行为是如何实现的这样一些细节。通过对对象的封装,实现了模块化和信息隐藏,有利于程序的可移植性和安全性,同时也有利于对复杂对象的处理。

2) 消息

对象之间必须要进行交互来实现复杂的行为,交互是通过消息(message)机制实现的。一个消息包含3个方面的内容:消息的接收者、接收对象应调用的方法、方法所需要的参数。同时,接收消息的对象在执行相应的方法后,可能会给发送消息的对象返回一些信息。

3) 类

一个共享相同结构和行为的对象的集合称为类(class)。通常来说,类定义了一类事物的共同属性和它们的行为。类是对象的模板,即类是对一组有相同数据和相同操作的对象的定义,一个类所包含的数据和方法描述了一组对象的共同属性和行为。类是在对象之上的抽象,对象则是类的具体化,是类的实例。

类可有其子类,形成类层次结构。它们之间具有继承性的关系,继承性是子类自动共享父类之数据和方法的机制。在这种关系中,一个类共享了一个或多个其他类定义的结构和行为。子类可以共享父类的成员变量和方法,同时可以对其进行扩展、覆盖、重定义,这样可以使子类有比父类更加强大的功能。

继承不仅支持系统的可重用性,而且还促进系统的可扩充性。在 Java 中通过接口可以实现多重继承。接口概念简单,使用更方便,而且不仅仅限于继承,还可以使多个不相关的类具有相同的方法。

4) 方法

方法(method)也称为成员函数,是指对象上的操作,作为类声明的一部分来定义。方法定义了一个对象可以执行哪些操作。

在面向对象方法中,对象和传递消息分别表现事物及事物间相互联系的概念。这种基于对象、类、消息和方法的程序设计方法的基本点在于对象的封装性和类的继承性。通过封装能将对象的定义和对象的实现分开,通过继承能体现类与类之间的关系,以及由此带来的动态联编和实体的多态性,从而构成了面向对象的基本特征。

2. Java 中的编程方法

1) 涉及的概念

Java 中的编程方法涉及以下概念。

抽象(abstract)类:包含一个或多个抽象方法的类。抽象类只能用来派生子类,而不能用它来创建对象。抽象是指在定义类的时候确定了该类的一些行为和动作。例如自行车可以移动,但对怎么移动不进行说明,这种提前定义一些动作和行为的类称为抽象类。

final 类:它只能用来创建对象,而不能被继承,与抽象类刚好相反。abstract 与 final 不能同时修饰同一个类。

包:Java 中的包是相关类和接口的集合,创建包须使用关键字 package。

接口:Java 中的接口是一系列方法的声明,是一些方法特征的集合。一个接口只有方法的特征,没有方法的实现,因此这些方法可以在不同的地方被不同的类实现,而这些实现可以具有不同的行为或功能。

重载:当多个方法具有相同的名字而含有不同的参数时,便发生了重载。编译器必须挑选出调用哪个方法进行编译。

重写:也可称为方法的覆盖。在 Java 中,子类可继承父类中的方法,而不需要重新编写相同的方法。但有时子类并不想原封不动地继承父类的方法,而是想作一定的修改,这就需要采用方法的重写。值得注意的是,子类在重新定义父类已有的方法时,应保持与父类完全相同的方法头声明。

2) 定义一个类

Java 中的每一个类都是从 Object 类继承而来的。Object 类有两个常用方法:equal()方法和 toString()方法。equal()用于测试一个对象是否同另一个对象相等。toString()返回一个代表该对象的字符串,每一个类都会从 Object 类继承该方法,有些类重写了该方法,以便返回当前状态的正确表示。

定义一个类表示定义了一个功能模块。一个类的定义包含两部分的内容:类声明和类体。类是通过关键字 class 来定义的,在 class 关键字后面加上类的名称,这样就创建了一个类。说明部分还包括其继承的父类、实现的接口以及修饰符 public、abstract 或 final。类体中定义了该类所有的变量和该类所支持的方法。

定义类的语法格式如下:

```
[修饰符] class 类的名称 [extends 父类的名称] [implements 接口的名称]{
    //类的成员变量
    //类的方法
}
```

下列代码定义了 racing_cycle 类,该类是一个公共类,描述的是一个公路赛车,其父类为 bicycle。

```
public class racing_cycle extends bicycle{
    //racing_cycle 类的成员变量和方法
}
```

设计一个类要明确所要完成的功能,类里的成员变量和方法是描述类的功能的。所谓成员变量就是这个类里定义的一些私有的变量,这些变量是属于这个类的。定义成员变量的语法如下:

```
变量的类型   变量的名称;
```

对类的成员可以设定访问权限,来限定其他对象对它的访问。访问权限有 private、protected、public、friendly 几种类型。

方法收到对象的信息后进行相关的处理。创建方法的语法如下:

```
[修饰符]方法的返回类型　方法名称([参数列表]){
    方法体
}
```

　　方法的返回值可以是任意的类型,如 String、boolean、int。如果定义了方法的返回类型,就必须在方法体内用 return 语句把返回值返回。方法的返回值可以为 null,但必须是对象类型,在返回值为基本类型的时候,只要能够自动转换就可返回。

　　方法的参数可以是基本数据类型,也可以是对象引用类型。每个参数都要有完整的声明该变量的形式。方法的参数可以有一个,也可有多个。Java 程序的入口 main()就是一个方法,参数为 String[] args,它是一个特殊的方法。

　　一个类的所有方法中有一个特殊的方法,叫作构造方法。Java 中的每个类都有构造方法。构造方法用来初始化该类的一个新的对象。构造方法具有和类名相同的名称,而且不返回任何数据。

　　3) 使用类创建对象

　　创建类的实例时使用 new 关键字,后面加上定义类时为类起的名称。需要注意的是在类名后还需要一个括号,括号中是构造方法的参数。创建类的实例的语法格式如下:

```
类名称　对象名称 =new 类名称(构造方法参数);
```

　　当用运算符 new 为一个对象分配内存时,会自动调用类的构造方法。用构造方法进行初始化避免了在生成对象后每次都要调用对象的初始化方法,而且构造方法只能由 new 运算符调用。由于对构造方法可以进行重载,所以通过给出不同个数或类型的参数可以调用不同的构造方法。

　　用 new 运算符可以为一个类实例化多个不同的对象。这些对象分别占用不同的内存空间,因此改变其中一个对象的状态不会影响其他对象。

　　4) 引用对象的成员变量

　　所谓对象引用就是该引用名称指向内存中的一个对象,通过调用该引用即可完成对该对象的操作。如果调用的对象或成员变量没有创建,那么在编译的时候编译器将出现空指针错误(NullPointException),因为成员变量和方法是属于对象的,即属于用 new 关键字创建出来的对象。通过 new 关键字创建一个对象后,会有一个系统默认的初始值。所以不管有没有在创建成员变量的时候给变量赋值,系统都会有一个默认的值。

　　访问对象的某个成员变量的语法格式如下:

```
objectReference.variable
```

　　其中 objectReference 是对象的一个引用,它可以是一个已生成的对象,也可以是能够生成对象的方法调用。

　　5) 调用对象的成员方法

　　调用对象的某个成员方法的语法格式如下:

```
objectReference.method(Args)
```

1.3.9　异常处理

异常发生的原因有很多,可能是软件的问题,也可能是硬件的问题。在 Java 程序中,一般通过 try-catch 语句来进行异常处理。try-catch 语句的基本语法如下:

```
try{
    //此处是可能出现异常的代码
}catch(Exception e){
    //此处是发生异常时的处理代码
}[finally {
    //此处是无论是否发生异常都必须被执行的代码
}]
```

try 子句中是可能出现异常的代码;在 catch 子句中需要给出一个异常的类型和该类型的引用,并在 catch 子句中编写当出现该异常类型时需要执行的代码。

try-catch 语句是对有可能发生异常的程序进行检查,如果没有发生异常,就不会执行 catch 语句中的内容。在程序中如果不使用 try-catch 语句,则当程序发生异常的时候,会由系统处理,通常是自动退出程序的运行。而使用 try-catch 语句后,当程序发生异常的时候,会执行 catch 语句中的语句,从而使程序不自动退出。

try-catch 语句中的 catch 子句可以不止一个,可以存在多个 catch 子句来定义可能发生的多个异常。当处理了任何一个异常时,则不再执行其他 catch 子句。所以当对程序使用多个 catch 语句进行异常处理时,特别需要注意的是要将范围小的异常放在前面,将范围大的异常放在后面。

在 try-catch 语句中还可以有 finally 子句,finally 子句中是无论是否发生异常都必须被执行的代码。在实际开发中经常要使用 finally 子句。例如,在数据库操作中,连接数据库时可能发生异常,也可能不发生异常,但是不管是否发生异常,连接数据库所用到的资源都是需要关闭的,这些操作是必须执行的,这些执行语句就可以放在 finally 子句中。

1.4　XML 基础

1.4.1　XML 简介

XML(Extensible Markup Language)是一种可扩展的标记语言。标记语言是指在普通文本中加入一些具有特定含义的标记(tag),以对文本的内容进行标识和说明的一种文件表示方法。

作为一种标记语言,XML 与 HTML 类似,但并非 HTML 的替代。XML 和 HTML 是为不同目的而设计的,HTML 被设计用来显示数据,其重点是数据的外观,而 XML 被设计用来传输和存储数据,是一种独立于软件和硬件的信息传输工具,其重点是数据的内容。

作为一种标记语言,XML 最基本、最主要的功能就是在文档中添加标签。如下例所示,在＜＞和＜/＞里面的文本就是一些标签。标签必须成对出现,如＜book＞和＜/book＞、＜name＞和＜/name＞、＜country＞和＜/country＞等。代码段 1-4 是一个示例。

代码段 1-4　XML 文件的源代码

```xml
<?xml version="1.0" standalone="yes"?>
<book>
    <name>Android Programming Guide</name>
    <author>
        <name>Zhang</name>
        <sex>male</sex>
        <age>45</age>
        <country>China</country>
    </author>
    <price>35.5</price>
</book>
```

在 HTML 文档中只使用在 HTML 标准中定义的标签,如＜p＞、＜h1＞等。与此不同的是,XML 所使用的标签都是非预定义的,被设计为具有自我描述性。XML 允许作者定义自己的标签和自己的文档结构,只要遵守 XML 的标签命名规则,就可以在文档中添加任何标签。如在代码段 1-4 中,可以将＜book＞、＜/book＞标签改为＜BookInformation＞和＜/BookInformation＞,也可以改为＜BK＞和＜/BK＞。用户可以自定义标签,这就是 XML 称为"可扩展"标记语言的由来。

XML 是没有任何行为的。XML 被设计用来结构化、存储以及传输信息,其本身仅仅是纯文本。如代码段 1-4 所示的 XML 文档,文档中有书名、作者等信息。但是,这个 XML 文档并没有做任何事情,它既不能像程序一样运行,也不会有任何运行结果。它仅仅是包装在 XML 标签中的纯粹的信息,同样也不描述其如何显示、输出等格式化信息。若要格式化文档的输出,需要另外编写控制其输出的样式表文件。若要传送、接收和显示这个文档,也需要另外编写软件或者程序。

对于自定义的标签,用户可在文档内或文档外进行说明,当然也可以不进行说明。XML 对所使用的标签进行说明的部分称为 DTD(Document Type Definition),即文档类型定义。DTD 定义了用户所使用的所有标签以及标签之间的逻辑关系,同时也定义了文档的逻辑结构。一个 XML 文档若包含了 DTD,应用程序就可以根据 DTD 的定义来检查文档的完整性和正确性。

在浏览器中可查看 XML 文件,但是由于 XML 文档本身不会携带有关如何显示数据的信息,其标签是由 XML 文档的作者创建的,浏览器无法确定文档中标签的具体含义,所以大多数的浏览器都会仅仅把 XML 文档显示为源代码。例如,代码段 1-4 所描述的

XML 文档在 IE 中的显示结果如图 1-9 所示，XML 文档将显示为代码颜色化的根以及子元素。通过单击元素左侧的加号或减号，可以展开或收起元素的结构。如需查看源代码，可以从浏览器菜单中选择"查看"→"源文件"命令。如果浏览器打开了某个有错误的 XML 文件，那么它会报告这个错误。

图 1-9　XML 文档在 IE 中的显示结果

　　虽然浏览器对文档进行了语法分析，文档内容、指令和标签分别被显示成不同的颜色，但一般来讲，需要显示的只是文档的原始内容，指令和标签作为附加的信息在实际显示时应该被隐藏起来，并且书名和作者信息等不同级别的信息要使用不同的字体和字号。要达到这个目的，就要为文档编写样式表。在 XML 中，内容和显示是分离的，标签的显示方案在 XML 文档中附带的样式文件中定义，这也是 XML 与 HTML 之间的一个重大差别。

　　控制 XML 文档的显示格式，可以使用 CSS、XSLT、JavaScript 等方法。其中使用 XSLT（eXtensible Stylesheet Language Transformations）显示 XML 是首选。使用 XSLT 的方法有两种模式，一种是在浏览器显示 XML 文件之前先把它转换为 HTML，另一种是在服务器上进行 XSLT 转换。前一种转换是由浏览器完成的，不同的浏览器可能会产生不同的结果。在 Android 编程的过程中很少用到此部分内容，所以本书不做详细介绍，有兴趣的读者请参阅相关文献。

　　内容和显示分离，不仅提高了输出形式的灵活性，还具有更高的弹性。文件组织者可以不再考虑文件的输出格式，甚至可以不考虑文件的用途，而只需要尽可能完美地描述文件的内容。一个 XML 文档可以被有各种不同目的的用户进行各种各样的处理。不同用户可以使用其不同的部分，可以用来显示，也可以用来打印，或者被输入到数据库……大家各取所需，各尽其用。XML 因此也比 HTML 具有更高的弹性和灵活性。

1.4.2　XML 的用途

XML 的主要用途是在各种应用程序之间进行数据传输,它在信息存储和描述领域变得越来越流行。

（1）XML 可以简化数据共享。各个计算机系统和数据处理平台使用不兼容的格式来存储数据,而 XML 数据以纯文本格式进行存储,因此提供了一种独立于软件和硬件的数据存储方法。这让创建不同应用程序可以共享的数据变得更加容易。

（2）XML 可以简化数据传输。通过 XML,可以在不兼容的系统之间轻松地交换数据。对开发人员来说,在因特网上的不兼容系统之间交换数据是一项非常费时费力的工作。由于可以通过各种不兼容的应用程序来读取数据,以 XML 交换数据就可以使这一类工作更简单。

（3）XML 可以简化平台的变更。升级到新的系统,无论是升级硬件还是升级软件,总是非常费时的,必须转换大量的数据,不兼容的数据经常会丢失。XML 数据以文本格式存储,这使得 XML 在不损失数据的情况下,更容易扩展或升级到新的操作系统、新应用程序或新的浏览器。

（4）XML 可以使数据更有用。由于 XML 独立于硬件、软件以及应用程序,使数据更易用,也更有用。不同的应用程序都能够访问 HTML 网页或 XML 数据源中的 XML 数据。另外,通过 XML,数据还可以供计算机、语音设备、新闻阅读器等各种设备使用。

1.4.3　XML 文档的结构

XML 使用简单的具有自我描述性的语法,采用一种有逻辑的树形结构。XML 文档必须包含根元素,该元素是所有其他元素的父元素;文档中的元素形成了一棵树,这棵树从根部开始,并扩展到树的叶端;所有元素均可拥有子元素;相同层级上的子元素为兄弟元素;所有元素均可拥有文本内容和属性。

代码段 1-5 是一个 XML 文档的示例。

代码段 1-5　XML 文档示例

```
<?xml version="1.0" encoding="gb2312" standalone="yes"?>
<computerbooks>
    <book>
        <bookname>Android Programming Guide</bookname>
        <author>
            <name>Zhang</name>
            <country>China</country>
        </author>
        <price kind="RMB">35.5</price>
    </book>
    <book>
        <bookname>XMLTutorial </bookname>
```

```
        <author>
            <name>Mark</name>
            <country>Canada</country>
        </author>
        <price kind="RMB">38</price>
    </book>
</computerbooks>
```

文档中的第一行是 XML 声明。它定义了 XML 的版本和所使用的编码。

第二行描述文档的根元素<computerbooks>，文档中的所有<book>元素都是根的子元素，都被包含在<computerbooks>中。每个<book>元素还有 3 个子元素<bookname>、<author>、<price>，最后一行定义根元素的结尾</computerbooks>。整个文档的逻辑结构如图 1-10 所示。

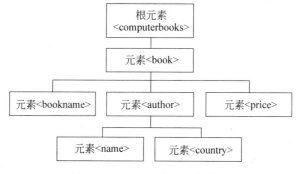

图 1-10　XML 文档的逻辑结构

1.4.4　XML 语法

1. 声明部分

XML 文档的声明（declaration）部分又称为前言（prolog）。XML 声明是一条 XML 指令，位于文档的首行。例如：

```
<?xml version="1.0" encoding="gb2312" standalone="yes"?>
```

该行包括如下内容：

（1）<? …? >：表示该行是一条指令。

（2）xml：表示该文件是一个 XML 文件。

（3）version="1.0"：表示该文件遵循的是 XML 1.0 标准。

（4）encoding="gb2312"：表示该文件使用的是 GB2312 字符集。

（5）standalone="yes"：表示该文件未引用其他外部的 XML 文件。

XML 声明必须是文档的首行，且必须从第一个字符开始，前面不能包括空格在内的任何其他字符。因为即使是简单的英文字符串，也可能有不同的编码方式，在开始分析文档声明的时候，解析器并不知道文档使用了何种字符集。此时解析器就要读取文档最前面的几个字符，与字符串"<?xml"的不同字符集下的编码进行比较，以确定文档所使用的编码方式。确定了编码方式后，才能够做进一步的读取和分析工作。如果文档声明前有其他字符，解析器取出的前几个字符并不是"<?xml"，无法与标准的"<?xml"字符串进行比较，解析就会失败。

XML 指令与标签一样，都不属于文档的内容，都是根据 XML 规范添加进文档的附加信息。但标签用于标注文档的内容，而指令则用于控制文档。无论是解析器还是最终处理 XML 文档的应用程序，都要根据指令所提供的控制信息对文档进行分析，否则，将无法正确解读文档。

文档声明行在 XML 文档中非常重要，几乎所有的 XML 文档都要有，当然其具体内容可能有差别。只有当文档所使用的字符集，即 encoding 属性的值为 UTF-8 或 UTF-16，而且文件未引用其他外部的 XML 文件，即 standalone 属性的值为 yes 时，才可以省略这一行。但 XML 1.0 标准强烈建议无论何种情况都保留文档声明行，且位于文档的第一行。

2. XML 元素

XML 元素使用 XML 标签进行定义。XML 的语法规则要求所有 XML 元素都必须有开始标签和结束标签。元素可包含其他元素、文本或者两者的混合物。标签同时也是元素名。元素名可以包含字母、数字以及其他的字符，不能以数字或者标点符号开始，不能以字符 xml（或者 XML、Xml 等）开始，名称不能包含空格。

为了更准确清晰地反映文档的内容，元素名称应具有描述性，避免使用类似"-、、："这样的字符，因为有些软件认为这些字符有特殊的含义，会引起文档内容的误读。在 XML 中，与简洁性相比，更重要的是准确和清晰，这是 XML 的原则之一，这与编程中变量的命名原则是相似的。

XML 标签对大小写敏感，开始标签和结束标签必须使用相同的大小写。元素也可以拥有属性，还可以包含其他元素，这就构成了元素的嵌套。对于元素的嵌套，有如下原则。

（1）所有 XML 文档都从一个根节点开始，该根节点代表文档本身，根节点包含了一个根元素。

（2）文档内所有其他元素都包含在根元素中。

（3）包含在根元素中的第一个元素称为根元素的子元素。如果不止一个子元素，且子元素没有嵌套在第一个子元素内，则这些子元素互为兄弟。

（4）子元素还可以包含子元素。

所有元素都必须彼此正确地嵌套。元素进行嵌套时，必须注意不能交叉。一个元素 A 如果含有子元素 B，则子元素 B 的开始标签和结束标签都必须位于元素 A 之内，不能一个在 A 里，另一个在 A 外。

例如，以下代码是正确的：

```
<book>
    <author>
        <name>Zhang</name>
        <country>China</country>
    </author>
</book>
```

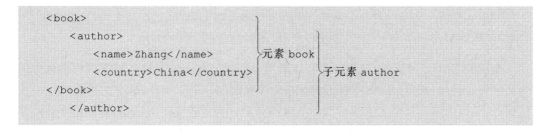

但以下的元素嵌套就不正确：

```
<book>
    <author>
        <name>Zhang</name>
        <country>China</country>
</book>
    </author>
```

3. XML 属性

类似于 HTML，XML 元素可以在开始标签中包含属性（attribute），XML 属性提供关于元素的附加信息。属性通常提供不属于数据组成部分的信息，但是对需要处理这个元素的软件来说却很重要。

属性由以"＝"连接的名称-数值对构成，格式如下：

```
<元素名　属性名="属性值"…>内容</元素名>
```

或

```
<元素名　属性名="属性值"…/>
```

例如：

```
<Price MoneyKind="RMB">22000</Price>
<Rectangle Width="100" Height="80"/>
```

属性值必须用引号括起来，单引号和双引号均可使用。如果属性值本身包含双引号，那么可以使用单引号，例如：

```
<author name='Jangle "MM" Smith'>
```

也可以使用实体引用：

```
<author name="Jangle&quot;MM&quot; Smith">
```

应尽量使用元素来描述数据，而仅仅使用属性来描述附加信息或与数据无关的信息。

因为使用属性可能会引起一些问题,例如属性无法包含多个值,属性无法描述树结构,难以阅读和维护等。

至于什么样的信息是元素或内容的附加信息,并没有一个明确的规定,一般来讲,与文档的内容无关的无子结构信息,例如元素<MyDocument LastUpdate="2014/10/19">…</MyDocument >中,更新时间与内容无关,可以考虑使用属性进行描述。

通常,在将已有文档处理为 XML 文档的时候,文档的原始内容应全部表示为元素。编写者所增加的一些附加信息,如对于文档某一点内容的简单说明、注释等,可以表示为属性。另外,希望读者看到的内容应表示为元素,反之表示为属性。

4. 实体引用

非法的 XML 字符必须被替换为实体引用(entity reference),这类似于编程语言中的转义字符。例如,在 XML 文档中元素内容的位置出现一个<字符,这个文档会产生一个错误,这是因为解析器会把它解释为新元素的开始。为了避免此类错误,需要把字符<替换为实体引用。

例如,以下是错误的写法:

```
<message>if n<10 then</message>
```

正确的写法如下:

```
<message>if n&lt; 10 then</message>
```

在 XML 中有 5 个预定义的实体引用,分别是 <(<)、>(>)、&(&)、'(')、"(")。

5. 注释

注释用于对语句进行某些提示或说明。解析器分析文档时,将完全忽略注释中的内容。

XML 文档的注释起始和终止界定符分别为"<!--"和"-->"。注释有如下规则:

(1) 注释不能出现在 XML 声明之前。

XML 声明必须是文档的首行。例如,下面的文档是非法的:

```
<!--This is my first XML document-->
<?xml version="1.0" standalone="yes"?>
<bookName>
    Android Programming Guide
</bookName>
```

(2) 注释不可以出现在标签中。

下面的注释是非法的:

```
<bookName <!--This is my first XML document -->>
```

（3）注释中不可以出现连续两个连字符，即--。

下面的注释是非法的：

```
<!--This is --my first XML document -->
```

（4）注释中可以包含元素，但是元素中不能包含--字符。

这时此元素也成为注释的一部分，在解析时将被忽略。例如，下面的注释是合法的：

```
<!--This is my first XML document
<bookName>Android Programming Guide</bookName>
End!-->
```

（5）注释中的关键字符，如小于号（＜）、大于号（＞）、单引号（'）、双引号（"）、与字符（&），都需要使用预定义实体引用进行代替。

例如，某一注释的内容为："This's a "my" document"，则该注释的正确写法如下：

```
<!--This&apos;s a &quot;my&quot; document -->
```

1.4.5 XML 命名空间

使用 XML 可以创建不同的标签，可以将使用不同标签创建的文档组合使用。但是，在这些不同的标记语言下，可能定义了一些意义不同而名称相同的标签。这时候将两种文档混合，这些同名的标签将导致混乱。命名空间可以解决这个问题。

命名空间通过在元素名前增加一个独特的标示符来标示元素的活动领域，这个标示符必须是独一无二的。XML 使用因特网上的网址来作这个标示符，因为因特网上的网址肯定是独一无二的。但网址中含有 XML 标识符中禁止使用的字符，如每个网址都要使用的"/"；另外网址一般都很长，在文档中的许多元素名前都增加一个很长的前缀，输入和阅读都不方便。所以，XML 采取了使用前置字串（prefix）的方法，即把用来作标示符的网址定义为一个前置字串，在文档中使用这个前置字串代替网址，对元素名进行标示。

XML 文档中定义命名空间的语法如下：

```
<element_name xmlns:prefix="URI">
```

或

```
<prefix:element_name xmlns:prefix="URI">
```

需要说明的是，作为标示符的网址在命名空间中只是起一个标示作用，而并不是真的要使用该网址下的文档或者规则。所以该网址的精确性并不重要，它甚至可以根本就不存在。

　　命名空间具有作用范围。这个范围是指 XML 文档树状结构中的层次关系。父元素定义的命名空间可以用在子元素上,即父元素定义的命名空间的作用范围包含了子元素。但子元素中定义的命名空间不可以包含父元素。所以,命名空间一般在根元素中定义。如果一定要在文档中间定义命名空间,则一定要确保所有属于该命名空间的元素都包含在定义时所确定的作用范围之内。

　　例如,以下 XML 文档描述某个表格中的信息:

```
<table>
    <tr>
        <td>Coffee</td>
        <td>Tea</td>
    </tr>
</table>
```

另一个 XML 文档描述有关桌子的信息:

```
<table>
    <name>Coffee Table</name>
    <width>80</width>
    <length>120</length>
</table>
```

　　如果这两个 XML 文档被一起使用,由于两个文档包含带有不同内容和定义的
<table>元素,就会发生命名冲突。使用命名空间可以避免冲突。

　　使用了命名空间的 XML 文档如下:

```
<h:table xmlns:h="http://hebusta.edu.cn/table">
    <h:tr>
        <h:td>Coffee</h:td>
        <h:td>Tea</h:td>
    </h:tr>
</h:table>
<f:table xmlns:f="http://hebustb.edu.cn/furniture">
    <f:name>Coffee Table</f:name>
    <f:width>80</f:width>
    <f:length>120</f:length>
</f:table>
```

　　可以像上例一样,将 XML 命名空间属性放置于某个元素的开始标签中。当一个命名空间被定义在某个元素的开始标签中时,所有带有相同前缀的子元素都会与同一个命名空间相关联。

1.5 编写规范的 Android 代码

初学编程,一定要养成按照编码规范来编写程序的习惯。一个不按照编码规范编写的程序虽然能够正确运行,但它不易于阅读和维护,不是一个好程序。

编码规范包括很多内容,例如文档的规范、代码的编写规则、命名规则、代码注释等。本节主要介绍常用的代码编写规则、命名规范和注释规范。

1. 代码编写规则

必须按照缩进的格式书写代码,缩进可以使用 Tab 键或者 4 个空格。在 Eclipse 中默认 4 个空格为一个 Tab 缩进单位。

要尽量避免一行的代码太长。当代码在一行中放不下时,应手动换行。要按照级别来进行换行,并且同级别对齐。

另外,段落之间可以使用空行间隔。

2. 命名规范

规范的命名使程序更易读,同时它们也可以提供一些有关标识符功能的信息,以助于理解代码。不论是一个常量、包还是类,通常使用完整的英文描述来命名,同时避免超长的命名和相似的命名。例如,ActivityObject 和 ActivityObjects 最好不要一起使用。命名时要慎用缩写,如果要用到缩写,要按照通用缩写规则使用缩写,例如,No 代表 number,ID 代表 identification。

1)包的命名规则

在 Android 系统上安装的所有包(package)中,每个包名必须是唯一的。包名的前缀总是全部小写的 ASCII 字母。一般项目的包名以机构域名倒写开头,如 com.google。后面是程序所在项目的英文名称,通常不含版本号,除非特别需要与以前的版本区分,例如两个版本可能同时运行的情况。再后面为子系统的名称,每个子系统内按照类别区分,例如 com.google.widget.TimePicker。

2)类和接口的命名规则

对于所有的类(class)来说,类名的首字母应该大写。通常类名是一个名词,如果类名由若干单词组成,那么每个单词的首字母应该大写,例如 MyFirstActivityClass。尽量使类名简洁而富于描述性,使用完整单词,避免缩写。接口(interface)的大小写规则与类名相似,一般以"I"(大写 i)开头,常以 able、ible 结尾。

3)方法的命名规则

通常方法(method)名是一个动词,以小写字母开头。如果方法名含有若干单词,则后面的每个单词首字母大写,例如 run()、runFast()、getBackground()。

4)变量和参数

变量(variable)用大小写混合的方式,第一个单词的首字母小写,其后单词的首字母大写。尽管语法上允许,变量名通常不以下画线或美元符号开头。变量名应简短且富于描述性。变量名的选用应该易于记忆,能够指出其用途。尽量避免单个字符的变量名,除非是一次性的临时变量。

5)集合变量

集合(collection)变量,例如数组、向量等,在命名的时候应该从名字上体现出该变量为复数,还可以使用 some 词头,例如 customers、someMessages。

6)常量

常量(constant)名应该全部大写,单词间用下画线隔开,例如 MIN_WIDTH。

3. 注释规范

注释就是在程序中给出一些解释,或提示某段代码的作用。注释是不被编译的,所以不用担心执行效率的问题。在 Java 中注释分为行注释、块注释和文档注释。

行注释就是一整行的注释信息。行注释也是最常用的。行注释的符号是"//",其后直到行末都被作为注释信息。

块注释以/ * 开始,以 * /结束,在这个区域内的文字都将作为注释信息。

文档注释通常是用来描述类/接口或方法的,一般写在类/接口定义或方法定义的前面。文档注释可以帮助程序员了解此类或方法具有哪些功能,需要什么样的参数等相关的信息。文档注释以/**开头,以 * /结尾。

类和接口的文档注释通常包含有关整个类或接口的信息,包括用途、如何使用、开发维护的日志等。如果必要的话,除了要注明该类或接口应该如何使用,还需要注明不应该如何使用。

方法注释的内容通常包括该方法的用途、该方法如何工作、方法调用代码示范、必须传入什么样的参数(@param)给这个方法、异常处理(@throws)、返回值(@return)等。

1.6　本　章　小　结

本章首先介绍智能移动设备的概念、常见智能移动设备操作系统以及 Android 系统的体系结构及其优点,然后介绍了 Android 程序设计必要的预备知识,包括 Java 语言基础和 XML 的相关知识等。掌握本章的知识可以为以后的学习打下基础。

习　　题

1. Android 操作系统与其他常见的智能移动设备操作系统相比有哪些优点?
2. 简述 Android 系统的体系结构。
3. Android 的 Dalvik 虚拟机有什么优点?
4. 简述 Java 标识符的定义规则,指出下面的标识符中哪些是不正确的,并说明理由。

Here,_there,this,it,2to1,_it,a_123,boolean,$abc,name,myAge

5. 编写显示下列图形的 Java 程序：

              ****

                *****

                  ***

                    *

6. 编写一个 Java 应用程序，以字符串的格式输出当前的日期和时间。

7. 编写一个 Java 应用程序，利用数组打印连续的小写字母。

8. 编写一个 Java 应用程序，实现以下功能：若原工资大于或等于 3000 元，增加工资 10%；若小于 3000 元且大于或等于 2000 元，则增加工资 15%；若小于 2000 元，则增加工资 20%。请根据用户输入的工资，计算出增加后的工资并显示输出。

9. 阅读代码段 1-6 所示的程序，写出其输出结果。

代码段 1-6　习题 9

```
void complicatedexpression_r(){
    int x=20, y=30;
    boolean b;
    b=x>50&&y>60||x>50&&y<-60||x<-50&&y>60||x<-50&&y<-60;
    System.out.println(b);
}
```

10. 阅读代码段 1-7 所示的程序，写出其输出结果。

代码段 1-7　习题 10

```
public class Exercises1_10 {
    public static void main(String[] args) {
        int n=1, m, j, i;
        for (i=3; i<=30; i+=2) {
            m=(int) Math.sqrt((double) i);
            for(j=2; j<=m; j++)
                if ((i%j)==0)
                    break;
            if (j>=m+1) {
                System.out.print(i+" ");
                if (n%5==0)
                    System.out.print("\n");
                n++;
            }
        }
    }
}
```

11. 阅读代码段 1-8 所示的程序，写出其输出结果。

代码段 1-8 习题 11

```
class Aclass {
    void go() {
        System.out.println("Aclass");
    }
}
public class Bclass extends Aclass {
    void go() {
        System.out.println("Bclass");
    }
    public static void main(String args[]) {
        Aclass a =new Aclass();
        Aclass b =new Bclass();
        a.go();
        b.go();
    }
}
```

12. 什么是对象？什么是类？二者有何关系？

13. 简述构造方法的特点与作用。

14. 什么是继承？继承的特性可以给面向对象编程带来什么好处？

15. 了解 XML 技术，简述 XML 文档的组成及其作用。

16. 编写一个 XML 文档，描述计算机系课程的设置及相关信息。

创建第一个 Android 应用程序

本章首先介绍在 Windows 系统中搭建 Android 应用程序开发平台的主要步骤,以及介绍集成开发环境的使用方法。其次,通过学习创建第一个 Android 应用程序,进一步熟悉 Android 集成开发环境,了解典型的 Android 应用程序的架构与组成。本章还介绍开发 Android 应用程序的一般流程,以及 Android 应用程序的调试方法和调试工具。

2.1 搭建 Android 应用程序开发环境

开发 Android 应用程序,可以在 Windows、Linux 等平台上完成。本书以 Windows 平台的 Android Studio 为例,介绍 Android 应用程序开发环境的搭建过程,在其他系统平台上搭建开发环境的方法与此类似,可参阅相关文献。

2.1.1 Android Studio 简介

早期的 Android 开发通常采用 Eclipse 作为编程 IDE。谷歌公司提供了 Eclipse 插件 ADT(Android Development Tools),ADT 在常规的 Eclipse 中创建了一个 Android 专属的开发环境,并扩展了 Eclipse 的功能,可以让程序开发者快速、方便地建立和调试 Android 工程项目。

2013 年谷歌公司推出 Android Studio,这是谷歌公司专门为 Android 开发者"量身定做"的 IDE,支持 Windows、MacOS、Linux 等操作系统,基于 Java 语言集成开发环境 IntelliJ 搭建而成。Android Studio 在几次更新之后已经成为非常稳定和强大的 IDE 开发环境。目前,谷歌公司已经终止了对其他 IDE 开发环境的支持,包括终止对 Eclipse ADT 插件以及 Android Ant 编译系统的支持。

与基于 Eclipse 的编程环境相比,Android Studio 具有无可比拟的优势。Android Studio 以 IntelliJ IDEA 为基础,整合了 Gradle 构建工具,为开发者提供了开发和调试工具,包括智能代码编辑、用户界面设计工具、性能分析工具等。Android Studio 的界面风格更受程序员欢迎,代码的修改会自动智能保存,自带了多设备的实时预览,具有内置命令行终端,具有更完善的插件系统(如 Git、Markdown、Gradle 等)和版本控制系统,在代码智能提示、运行响应速度等方面都更出色。

总之,Android Studio 使用更方便,支持多种 Android 设备的 APP 开发,是谷歌公司力荐的首选开发环境。

本节以 2017 年 6 月发布的 Android Studio 2.3.3 为例介绍安装和使用方法,该版本的安装文件是 android-studio-bundle-162. 4069837-windows. exe,Android SDK 版本为 API 26,Android 8. 0,可从官方网站(https：//developer. android. google. cn/studio/index. html)下载,也可以从中文网站(如 http：//www. android-studio. org/)下载。

2.1.2 Android Studio 的安装

在安装 Android Studio 前要先安装 JDK,并配置环境变量。详细过程见第 1 章。

下载并执行 Android Studio 安装程序,如图 2-1、图 2-2 所示。如果之前没有安装过其他版本,在安装时要勾选 Android SDK 和 Android Virtual Device 选项。

图 2-1　欢迎界面

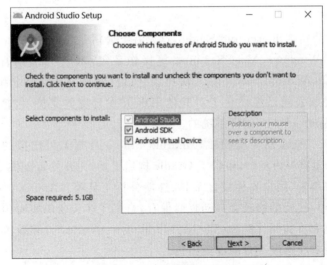

图 2-2　选择安装组件

然后设置安装路径,如图 2-3 所示。单击 Next 按钮开始执行安装,如图 2-4 所示。

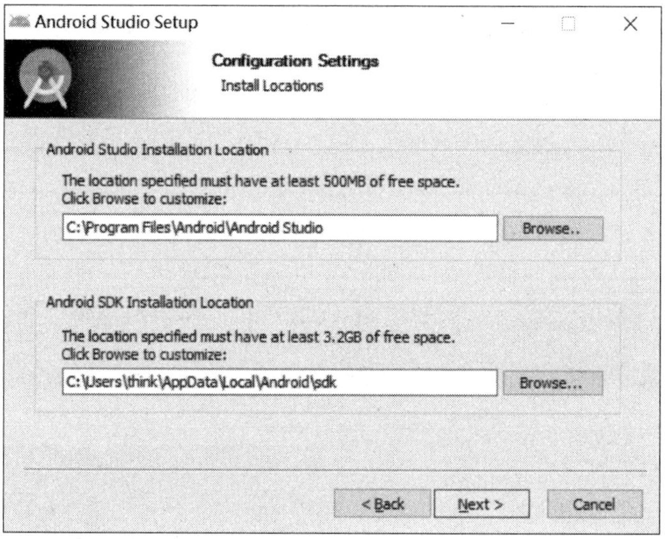

图 2-3 设置安装路径

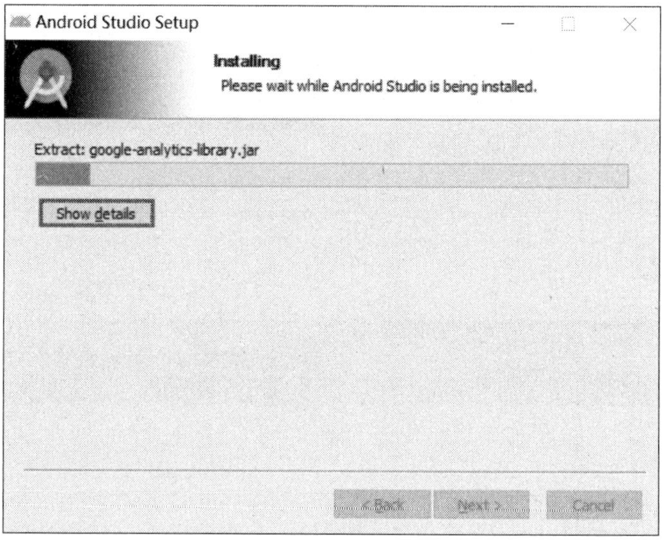

图 2-4 执行安装

如果以前安装过其他版本的 Android Studio,则可以在随后弹出的对话框中选择导入以前的设置参数,如图 2-5 所示。

如果在安装过程中选择了自定义安装,还可以设定 UI 风格,如图 2-6 所示。之后系统会下载并导入相关组件,如图 2-7 所示。导入组件完成后,出现如图 2-8 所示的快速启动选项对话框,至此 Android Studio 安装完成。

在如图 2-8 所示的快速启动选项对话框中有若干选项,这些选项的功能分别如下:

(1) Start a new Android Studio project:新建一个 Android Studio 项目。

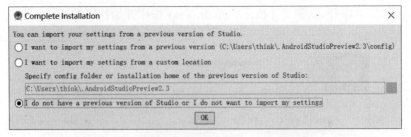

图 2-5 设定导入以前安装的版本的设置信息

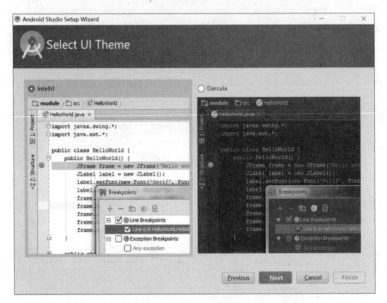

图 2-6 选择 UI 风格

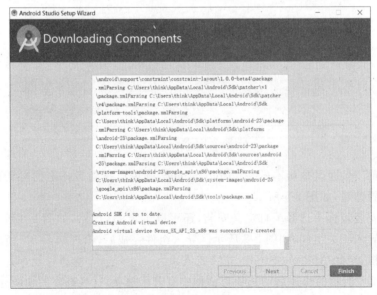

图 2-7 下载相关组件

图 2-8　快速启动选项对话框

（2）Open an existing Android Studio project：打开一个已存在的 Android Studio 项目。

（3）Check out project from Version Control：从版本服务器中签出项目。

（4）Import project(Eclipse ADT，Gradle，etc.)：导入包括 Eclipse ADT、Gradle 在内的项目。

（5）Import an Android code sample：导入 Android 代码示例。

2.1.3　创建和启动 Android 虚拟设备

Android 虚拟设备(Android Virtual Device，AVD)可以帮助程序开发人员在计算机上模拟真实的移动设备环境来测试所开发的 Android 应用程序。在 Android 程序开发过程中，需要创建至少一个 AVD，每个 AVD 模拟了一套设备来运行 Android 平台。在 Android Studio 中完成应用程序的开发后，可以先在虚拟设备(模拟器)上仿真运行，而不必将其真正放到移动设备上运行。

在 Android Studio 环境中创建 AVD 的方法如下：

打开 Tools 菜单，执行 Android→AVD Manager 命令，或单击工具栏中的 AVD Manager 按钮，可以打开如图 2-9 所示的 Android 虚拟设备管理器对话框，其中显示了已经创建的虚拟设备列表。

单击左下角的 Create Virtual Device 按钮，可以新建一个虚拟设备，如图 2-10 所示。在之后的对话框中可以设置要创建的 AVD 的名称、Android 版本、SD 卡的大小等，最后单击 Finish 按钮完成 AVD 创建。

创建完成之后，会在如图 2-9 所示的 Android 虚拟设备管理器对话框中列出所有已经创建的 AVD 模拟器。单击某个设备右侧的绿色小箭头按钮，则会启动该设备。启动

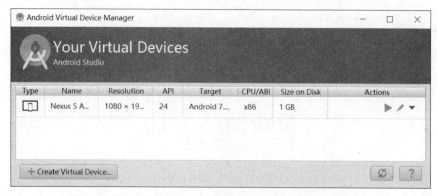

图 2-9　Android 虚拟设备管理器对话框

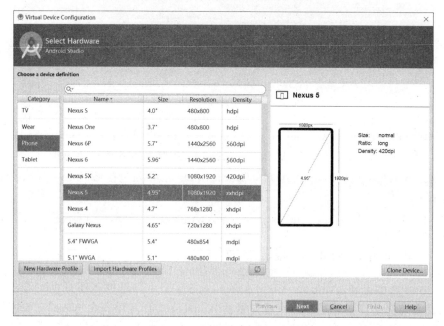

图 2-10　新建某种类型的虚拟设备

之后的模拟器如图 2-11 所示。

　　在 Android Studio 环境下运行 Android 应用程序时,如果模拟器处于关闭状态,系统会自动启动默认的模拟器,并在其中运行程序。模拟器的启动比较耗时,所以在启动之后最好不要关闭,每次运行应用程序时都使用这个已经启动的模拟器,这样比较节省时间。

　　在 Android Studio 中,可以方便地对模拟器或手机的显示效果进行截图或录制。单击如图 2-11 所示的模拟器右侧的 Take screenshot 按钮▣可以实现手机屏幕的截图。此时屏幕截图将以默认的名字自动存储到桌面,如图 2-12 所示。

　　除此之外,在 Android Studio 窗口下部的 Android Monitor 面板中,有截屏和录制按钮▣,如图 2-13 所示。单击该按钮,会弹出如图 2-14 所示的截图对话框,完成对手机屏

图 2-11 启动之后的虚拟设备

幕的截图处理。单击截图对话框下部的 Save 按钮,可以将截取的图片以 PNG 格式保存到指定位置。

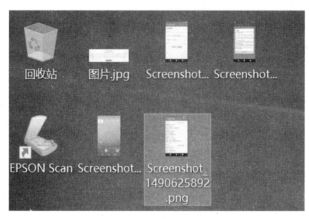

图 2-12 桌面上截图获取的图片

需要注意的是,模拟器 AVD 毕竟不是真实的手机,有一些真实手机的功能在模拟器上是不能实现的。例如,模拟器不支持实际呼叫和接听电话,不支持 USB 连接,不支持照片和视频的捕获,不能确定电池水平和充电状态,不能确定 SD 卡的插拔,等等。

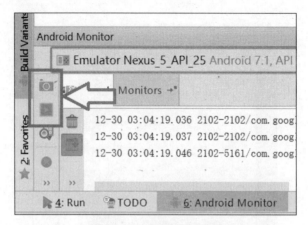

图 2-13　截图及录制按钮

图 2-14　截图对话框

2.1.4　Android Studio 的更新与设置

1. 配置 Gradle

在开发基于 Android Studio 的应用程序时,需要 Gradle 的支持,Android Studio 是用 Gradle 来管理项目的。Gradle 是以 Groovy 语言为基础、面向 Java 应用、基于 DSL(领域特定语言)语法的自动化构建工具,它提供了一种可切换的、像 Maven 一样的基于约定的构建框架,提供支持多工程的构建和依赖管理,支持传递性依赖管理,具有广泛的领域模型，其他插件可以暴露自己的 DSL 和 API 来让 Gradle 构建文件使用。

如果由于网络原因无法在线配置 Gradle，可以在 Android Studio 的 File 菜单下执行 Settings 命令，打开 Settings 对话框，通过离线方式完成对 Gradle 的配置。如图 2-15 所示，勾选 Offline work 复选框。这种基于离线使用 Gradle 的好处是加载本地的 Gradle，这样做可以使得运行速度较快。但这里存在一个隐患，即如果下载了一些第三方的插件，由于勾选了 Offline work 选项，这些插件有时候是不能正常运行的。此时，可以考虑不勾选 Offline work 选项。

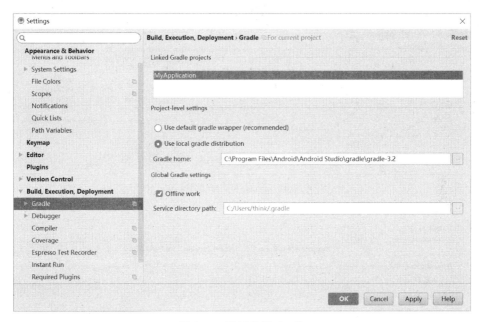

图 2-15　配置离线 Gradle

另外，如果 Android Studio 启动时在 fetching Android sdk component information 这个步骤停留很长时间，可以进入 Android Studio 安装目录下的 bin 目录，找到 idea. properties 文件，在 idea. properties 文件末尾添加一行：disable. android. first. run＝true，然后保存文件，关闭 Android Studio 后重新启动，在多数情况下可以解决上述问题。

2. 更新及帮助文档的获取

Android SDK 是不断更新的，而且用户默认安装的 SDK 也并不是 Android 提供的全部内容。执行 Android Studio 的菜单命令 Tools→Android→SDK Manager，在打开的对话框中通过勾选相关的组件可以下载或更新 SDK 包，如图 2-16 所示。

在图 2-16 所示的界面中，切换到 SDK Tools 选项卡，可以选择安装帮助文档（即 Document for Android SDK），如图 2-17 所示。这样就可以在本机的 SDK 安装文件夹（如当前用户所在目录/AppData/Local/Android/sdk）下的 docs 文件夹中找到 index. html 网页文档，打开后执行 Develop→Reference 命令，就会打开帮助文档。

另外，也可以根据系统给出的更新提示或者执行菜单命令 Help→Check for update

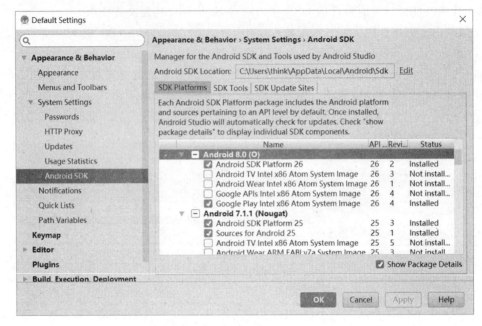

图 2-16　下载和更新 SDK 包

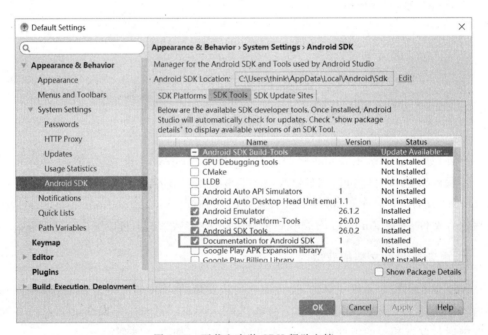

图 2-17　下载和安装 SDK 帮助文档

来更新 Android Studio 版本。

3. 设置外观和字体

执行菜单 File 下的 Settings 命令,就会弹出 Settings 对话框,在这个对话框中可以对

Android Studio 进行各种参数的设置。

在 Appearance & Behavior→Appearance 下可以选择界面外观的主题模式,如选择 Darcula 模式、经典的 IntelliJ 模式等,如图 2-18 所示。

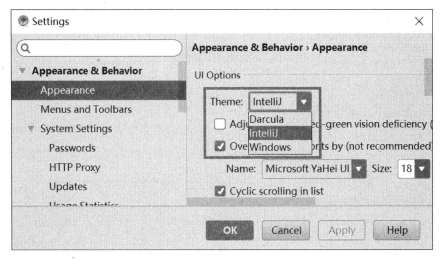

图 2-18　设置外观主题

如果需要更换 Android Studio 显示的字体、字号、行距等,也可以在 Settings 对话框的相应标签下完成设置。图 2-19 是对显示字体、字号的设置,具体细节不再赘述。

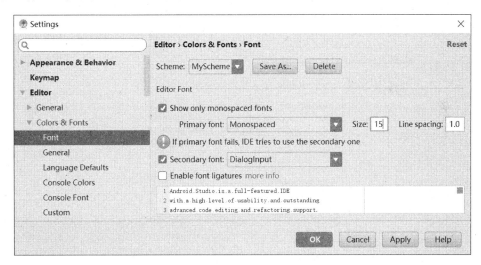

图 2-19　字体、字号等信息的设置

4. 安装或删除插件

Android Studio 已经默认安装了部分插件,以便于程序员使用。如果不想使用某种插件,或者需要安装新的插件,都可以在 Settings 对话框中的 Plugins 标签下进行相应的操作,如图 2-20 所示。

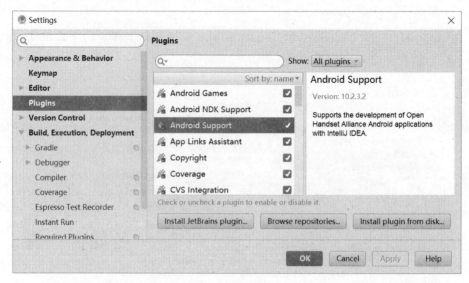

图 2-20　安装或删除插件

5. 设置 Android SDK 和 JDK 的路径

如果运行 Android Studio 时提示 JDK 或 Android SDK 不存在,可以关闭当前打开的所有工程,进入如图 2-8 所示的快速启动选项对话框,选择对话框右下部的 Configure→Project defaults→Project Structure,打开如图 2-21 所示的对话框。在这里可以设置 Android SDK 以及 JDK 的路径等信息。

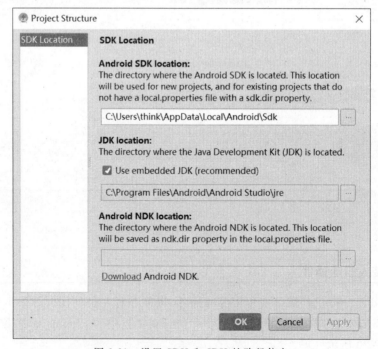

图 2-21　设置 SDK 和 JDK 的路径信息

6. Android Studio 窗口的侧边条和底部按钮

在 Android Studio 主界面左侧一般会有一个侧边条，如图 2-22 所示。单击侧边条上的按钮，可以显示相应的信息窗格。例如，单击 Project，可以打开工程结构的目录结构。

图 2-22 中左下角有一个显示这个侧边条的开关按钮，单击该按钮可以显示或隐藏侧边条。另外，鼠标放置在这个按钮上时，会弹出如图 2-23 所示的开关列表，单击其中的某项，会显示或隐藏相应的信息窗格。

侧边条

侧边条的
开关按钮

底部按钮

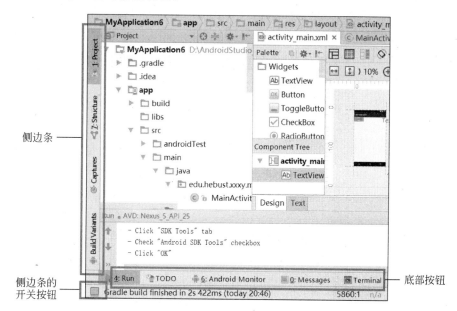

图 2-22　侧边条信息

图 2-23　开关列表

除了侧边条,在 Android Studio 的底部也有一些有用的按钮,分别用于打开相应的信息窗格,如图 2-22 所示。例如,在 Android Monitor 对应的窗格中,可以看到 DDMS 中的设备信息和 LogCat 输出;在 Terminal 对应的窗格中,可以直接输入并运行命令行命令。

7. 切换工程项目结构的视图

Android Studio 提供了工程项目结构的多种视图,并可以方便地实现多个视图之间的切换。方法是单击工程项目结构窗格左上方的下拉列表按钮,从列表中选择相应的视图,如图 2-24 所示。例如,分别选择图 2-24 中的 Project、Packages 和 Android,可列出当前工程的概览视图、包信息视图和 Android 开发视图,如图 2-25 所示。

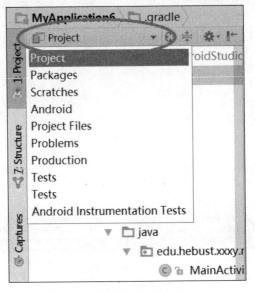

图 2-24　多个视图之间的切换

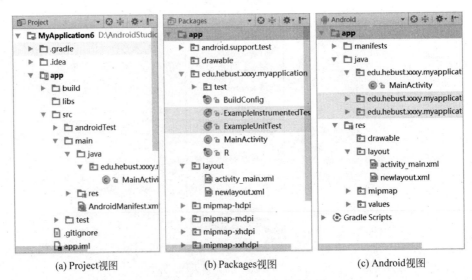

(a) Project视图　　　　　(b) Packages视图　　　　　(c) Android视图

图 2-25　工程项目结构的多种视图

2.2　创建第一个 Android 应用程序

在 Android Studio 开发环境搭建起来之后,就可以创建并运行 Android 应用程序了。Android SDK 工具使用一套默认的项目目录和文件,能够轻松地创建一个新的 Android 工程项目。

2.2.1　创建 Android 工程项目

【例 2-1】　创建一个新的 Android 工程项目,项目名称为 MyFirstApplication,该程序的运行结果是在模拟器上显示"Hello World!"字符串。

步骤 1:启动 Android Studio。

步骤 2:在如图 2-8 所示的快速启动对话框中选择 Start a new Android Studio project,新建一个 Android Studio 工程项目。也可以在 Android Studio 窗口中依次选择菜单命令 File→New→New Project,新建一个 Android Studio 工程项目。

步骤 3:弹出如图 2-26 所示的 Create New Project 对话框,开始建立一个新的 Android 工程项目。首先需要指定应用程序名、包名、工程文件存储位置等。

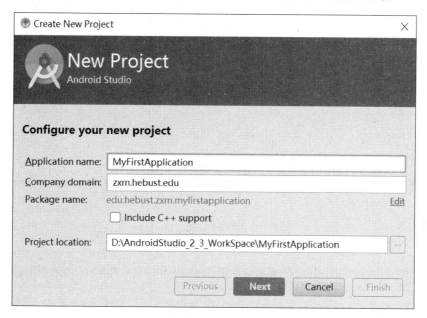

图 2-26　指定新应用程序的名称、存储位置等信息

Application name:显示给用户的应用程序名称,一般与工程名相同,本例设置为 MyFirstApplication。当安装该应用程序到模拟器上后,在模拟器中的应用程序列表中就会看到这个名称。当应用程序在模拟器上运行时,该名称将显示在应用程序的标题栏。

Company domain:开发组织的域名。此域名用于生成应用程序的包命名空间 (Package Name)。Android 工程项目使用与 Java 语言相同的包规则。在 Android 系统上安装的所有包中,每个包名必须是唯一的。Sun 公司推荐的避免包名冲突方法是把开发组织的域名倒过来写,例如谷歌公司的包名是 com. google。本书示例工程的域名统一采用 zxm. hebust. edu。在本例中,使用 edu. hebust. zxm. myfirstapplication 作为包名。

步骤 4:单击 Next 按钮,勾选设备类型,指定 SDK 的最低兼容版本,如图 2-27 所示。为了支持尽可能多的设备,应把这个版本号设置成应用程序提供的核心功能所能使用的最低版本。如果应用程序有一些功能只在较新的 Android 版本才可用,并且它们不是应用程序的核心功能,那么可以在运行时,在支持这些功能的版本上启用这些功能。本例选择 API 21,则这个应用程序只能运行在 Android 5.0 及其以上版本的 Android 设备上。

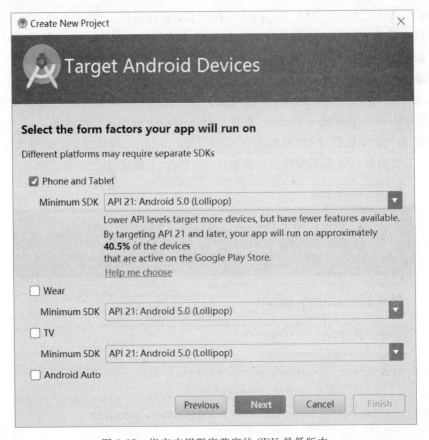

图 2-27　指定应用程序兼容的 SDK 最低版本

步骤 5:单击 Next 按钮,指定 Activity 所采用的模板,如图 2-28 所示。对于初学者,通常选择 Empty Activity 模板。

这个选项用于设置是否让 Android Studio 自动创建一个默认的继承自 Activity 的类。该类是一个启动和控制程序的类,主要用来创建窗口 Activity。

步骤 6:单击 Next 按钮,指定相关的 Activity 和 Layout 文件命名,将来 Android 系统运行该程序时,就是以这个 Activity 名称来辨别程序处于启动、暂停、继续还是关闭状态,以此来完成一个程序的活动周期。如图 2-29 所示,单击 Finish 按钮完成工程项目的创建。

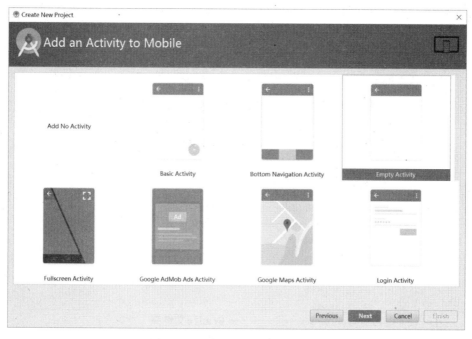

图 2-28　指定 Activity 采用的模板

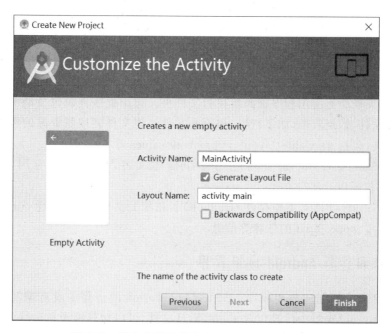

图 2-29　指定应用程序的 Activity 和 Layout 名称

　　这样，就成功地建立了一个带有一些默认文件的 Android 项目，并且已经可以编译和运行该应用程序了。创建完成后，可以在 Studio 窗口左侧的面板中看到工程项目文件夹的结构，如图 2-30 所示。Android 工程项目文件夹包含了组成 Android 应用程序源代码的所有文件。通常，一个标准的 Android 应用程序的工程项目包含 java 文件夹、res 文件夹、Gradle Scripts 文件夹、应用程序配置文件 AndroidManifest. xml 等。

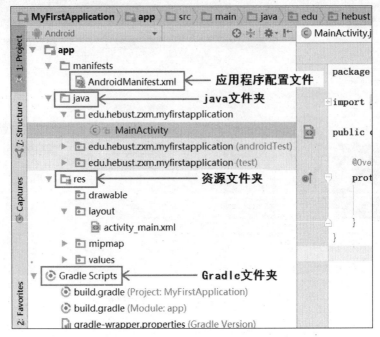

图 2-30　Android 工程项目的文件结构

java 文件夹是所有 Java 源代码所在的文件夹。如果在创建项目时指定了包路径和 Activity 文件名，那么在此文件夹中就会有默认的 MainActivity 类。

res 文件夹是所有应用程序资源所在的文件夹。应用程序资源包括动画、图像、布局文件、XML 文件、数据资源(如字符串)和原始文件。该文件夹按照资源的种类默认分为多个子文件夹，包括 drawable、layout、mipmap 和 values 等。

AndroidManifest. xml 是全局应用程序描述文件，它定义了应用程序的能力 (capability)、权限以及运行方式。

Gradle Scripts 文件夹主要存放 Gradle 脚本和相关文件，用于配置 Android 应用程序的 SDK 版本、appcompat 的依赖等信息。

2.2.2　编译和运行 Android 应用程序

虽然在 2.2.1 节创建应用程序 MyFirstApplication 的步骤中没有编写任何程序代码，但这个 Android 项目中已经包含了一些默认文件，可以对其编译和运行了。

1. 在模拟器上运行 Android 应用程序

单击 Android Studio 工具栏中的运行按钮，如图 2-31 所示，或选择 Run 菜单下的 Run 'app'选项，即可运行应用程序。

如果是第一次运行程序，系统会弹出如图 2-32 所示的对话框，指定其运行的设备。

运行按钮

图 2-31 工具栏中的运行按钮

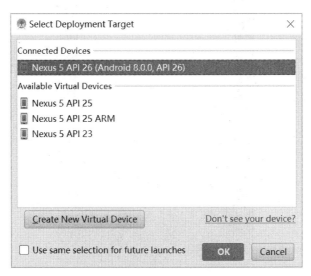

图 2-32 指定运行程序的设备

如果每次运行都发送到同一个设备,可以勾选对话框左下方的 Use same selection for future launches 选项,则下一次运行时就不会再弹出此对话框。单击 OK 按钮,就可以在这个设备上运行程序了。例 2-1 的运行结果如图 2-33 所示。

2. 在真实设备上运行 Android 应用程序

以手机为例,在真实设备上运行 Android 应用程序要先安装设备的 USB 驱动。驱动安装好后,在计算机上插入手机,计算机就会显示设备已识别。不同的 Android 手机有不同的驱动和安装方式,有些直接用 Android SDK and AVD Manager 安装,有些需要去手机公司的网站下载驱动,具体操作方法可参阅手机附带的手册,在此不再赘述。

设备和计算机正确连接后,设置 Android 手机为 USB 调试模式。具体步骤是:打开手机菜单,进入"系统设置"→"开发者选项",勾选"USB 调试"选项。

在正确连接了真实设备后,图 2-32 所示的对话框中就会列出该设备。选择该设备,程序就会发送到真实设备上运行,效果与在模拟器中的一样。在真实设备上运行的速度一般比用模拟器要快。

无论采用哪种方式运行程序,编译器都会将所有编译生成的资源文件打包到 APK 文件,包括 assets 目录、res 目录、资源项索引文件 resources.arsc、应用程序的配置文件 AndroidManifest.xml、应用程序代码文件 classes.dex、用来描述应用程序的签名信息的文件等。这个 APK 文件可以直接拿到模拟器或者设备上安装和运行。

图 2-33　在模拟器上的运行结果

2.3　Android Studio 工程项目的文件构成

　　Android Studio 的工程项目文件夹包含了组成 Android 应用程序源代码的所有文件，如图 2-34 所示。通常，一个标准的 Android 应用程序的工程项目包含 java 文件夹、res 文件夹、gradle 文件夹、应用程序配置文件 AndroidManifest. xml 等。

2.3.1　java 文件夹

　　java 文件夹是所有 Java 源代码文件所在的文件夹。对于图 2-34 所示的工程，在创建时已经指定了包路径和 Activity 文件名，所以在此文件夹中有一个自动生成的 MainActivity 类。设计程序的过程中，可以根据应用程序的功能需求，在这里创建新的包和类文件。

　　通常一个 Android 应用程序的程序逻辑以及功能代码都是写在 java 文件夹下的，不同功能的类可以通过 Java 包的机制进行区分。文件夹的内部结构根据用户所声明的包自动组织，包名就是在新建工程时指定的 Package name 项，包的作用就像文件夹一样，便于分门别类地管理程序。

　　如果在创建工程时选择了某个 Activity 模板，并为其指定名称，则在该文件夹下会自

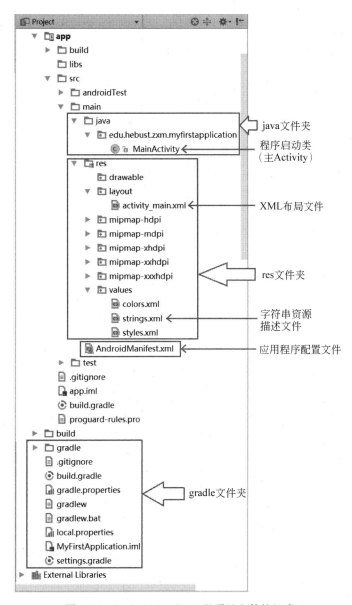

图 2-34　Android Studio 工程项目文件的组成

动生成继承自 Activity 的启动与控制程序的类,系统会将其定义为 Android 应用程序入口的源文件。

　　Activity 用于提供程序界面与用户交互。一般在程序启动后会首先呈现一个主 Activity,用于提示用户程序已经正常启动并显示一个初始的用户界面,图 2-34 中的 MainActivity 就是该应用程序的主 Activity。双击该文件名,在窗口的右部窗格中就会打开这个 MainActivity.java 文件的源代码,如图 2-35 所示。其中调用了 setContentView()方法来绑定指定的布局文件并在页面中显示。

```
ⓒ MainActivity.java ×                                    Gradle

    package edu. hebust. zxm. myfirstapplication;        ∨

  import android. support. v7. app. AppCompatActivity;
  import android. os. Bundle;

  public class MainActivity extends AppCompatActivity {

      @Override                                          Android Model
      protected void onCreate(Bundle savedInstanceState) {
          super. onCreate(savedInstanceState);
          setContentView(R. layout. activity_main);
      }
  }

: Run      TODO                    Event Log    Gradle Console
```

图 2-35 MainActivity. java 文件的源代码

2.3.2 res 文件夹

res 文件夹是所有应用程序资源所在的文件夹。应用程序资源包括动画、图像、布局文件、XML 文件、数据资源(如字符串、数组等)和原始文件。该文件夹按照资源的种类默认分为多个子文件夹,包括 drawable、mipmap、layout 和 values 等。通常,drawable 和 mipmap 文件夹中主要存放的是一些图片格式文件,支持 png、jpg 等格式的位图文件;layout 文件夹中主要存放的是界面布局的 XML 文件;values 文件夹中包含了所有的 XML 格式的参数描述文件,如 strings. xml(字符串资源描述文件)、colors. xml(颜色资源描述文件)、styles. xml(样式资源描述文件)、arrays. xml(数组资源描述文件)等。

Android 应用程序的用户界面有两种生成方式。一种方式是采用 XML 布局文件来指定用户界面,另一种方式是直接在 Activity 的 Java 代码中实例化布局及其组件来设定用户界面。

如果采用第一种方式,在 XML 文件中设置了某种布局,需要在 Activity 中调用 setContentView()方法来显示这个布局。例如,在图 2-35 所示的代码中,MainActivity 中的语句 setContentView(R. layout. activity_main);用来显示 activity_main. xml 布局文件中的布局。此时一般不需要编写很多的 Java 代码,其优点是直观、简洁,并实现了 UI 界面和 Java 逻辑代码的分离。

代码段 2-1 定义了一个布局文件,它对应工程 res/layout/activity_main. xml 文件。该示例采用相对布局方式,使用 TextView 显示文字信息,而文字的来源是 hello_world 这个字符串资源,该资源的定义在 values/strings. xml 文件中。

代码段 2-1 activity_main.xml 布局文件示例

```
<RelativeLayout xmlns:android="http://schemas.android.com/apk/res/android"
    xmlns:tools="http://schemas.android.com/tools"
```

```
    android:layout_width="match_parent"
    android:layout_height="match_parent">
    <TextView android:text="@string/hello_world"
        android:id="@+id/mytextview"
        android:layout_width="wrap_content"
        android:layout_height="wrap_content" />
</RelativeLayout>
```

　　不仅可以使用系统默认的布局文件 activity_main. xml,也可以自己建立新的布局文件。右击 res/layout 文件夹,在弹出的快捷菜单中选择 New → Layout Resource File 命令,会弹出如图 2-36 所示的对话框,在其中指定新的布局文件名称、采用的根布局(如线性布局 LinearLayout)。显而易见,在一个工程中,可以为不同的 Activity 指定不同的 XML 布局文件。

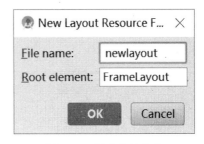

图 2-36　新建布局文件

　　默认情况下,这个新的布局文件中没有任何控件。此时可以拖曳 Widgets 列表中的控件到右侧的模拟器预览页面上,如图 2-37 所示。示例中拖曳了一个按钮图标到预览显示器上。然后,单击窗格下方的 Text 按钮,切换到代码视图中,可以看到刚才拖曳的按钮对应的代码,如图 2-38 所示。图 2-37 左下角的 Design 和 Text 按钮分别用于切换不同的方式来编辑界面。前者显示布局在实际手机上的预览,并使用图形化工具编辑界面;后者采用文本方式编辑 XML 布局文件。图 2-37 展示了前一种编辑方式。

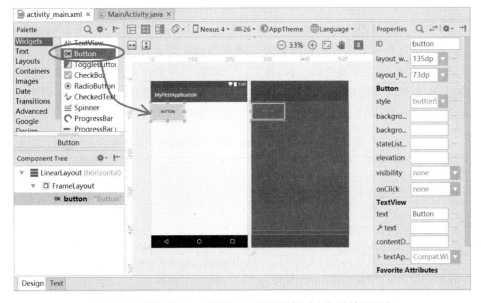

图 2-37　拖曳 Widgets 列表中的按钮控件到右侧的效果图中

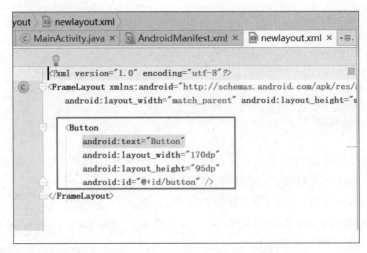

图 2-38   针对拖曳的按钮自动生成的布局代码

当建立了这个新的布局文件后,可以通过在 Activity 中调用 setContentView()方法来引用这个新的布局。在一个工程中,可以为不同的 Activity 指定不同的 XML 布局文件,它们就会有不同的用户界面。

在 XML 布局文件中并没有具体的处理逻辑,如按下按钮后的动作,也没有需要生成的事件或动作。它的作用仅仅是将控件显示到窗口中。

2.3.3   应用程序配置文件 AndroidManifest.xml

Android 程序必须包含一个全局应用程序描述文件 AndroidManifest.xml。

AndroidManifest.xml 定义了应用程序的整体布局、提供的内容与动作,还描述了程序的信息,包括应用程序的包名、所包含的组件以及它们各自的实现类、兼容的最低版本、图标、应用程序自身应该具有的权限以及其他应用程序访问该应用程序时应该具有的权限等。它是应用程序的重要组成文件,提供了 Android 系统所需要的关于该应用程序的必要信息,即在该应用程序的任何代码运行之前系统所必须拥有的信息。

表 2-1 对 AndroidManifest.xml 文件中的常用标签进行了说明。

表 2-1   AndroidManifest.xml 文件中的常用标签

XML 标签	说　　明
<manifest>	AndroidManifest 文件的根节点,包含了包名、软件的版本号、版本名称等属性。其中的包名是该应用程序的一个唯一标识
<application>	声明每一个应用程序的组件及其属性。它描述了该应用程序由哪些 Activity、Service、BroadcastReceiver 和 ContentProvider 组成,指定了实现每个组件的类以及公开发布它们的能力。这些声明使 Android 系统知道应用程序有什么组件以及在什么条件下它们可以被载入
<uses-permission>	声明该应用程序必须拥有哪些权限,以便访问 API 的被保护部分,以及与其他应用程序交互

续表

XML 标签	说　明
<permission>	声明其他应用程序在和该应用程序交互时需要拥有的权限
<instrumentation>	列出了 Instrumentation 类，可以在应用程序运行时提供文档和其他信息，用于探测和分析应用性能。这些声明仅当应用程序在开发和测试过程中被提供，它们将在应用程序正式发布之前被移除
<activity>	声明 Activity 组件
<receiver>	声明 BroadcastReceiver 组件
<service>	声明 Service 组件
<provider>	声明 ContentProvider 组件
<intent-filter>	intent 过滤标签，描述了组件启动的位置和时间。例如，打开网页或联系簿时，它创建一个 Intent 对象。Android 比较 Intent 对象和每个 Application 所暴露的 intent-filter 中的信息，找到最合适的组件来处理调用者所指定的数据和操作

代码段 2-2 是一个 AndroidManifest. xml 文件的示例。

代码段 2-2　AndroidManifest.xml 文件

```xml
<?xml version="1.0" encoding="utf-8"?>
<manifest xmlns:android="http://schemas.android.com/apk/res/android"
    package="edu.hebust.xxxy.myapplication">
    <application
        android:allowBackup="true"
        android:icon="@mipmap/ic_launcher"
        android:label="@string/app_name"
        android:supportsRtl="true"
        android:theme="@style/AppTheme">
        <activity android:name=".MainActivity">
            <intent-filter>
                <action android:name="android.intent.action.MAIN" />
                <category android:name="android.intent.category.LAUNCHER" />
            </intent-filter>
        </activity>
    </application>
</manifest>
```

AndroidManifest. xml 文件的根元素是＜manifest＞，它包含了 xmlns：android、package 等属性。示例代码中的第 1 行声明了 XML 版本以及编码方式。第 2 行声明了命名空间 android，自此以后所有的 android 变量都将代表 http：//schemas. android. com/apk/res/android，这样使得 Android 中各种标准属性能在文件中使用。第 3 行声明了主程序所在的包名。

第 4 行开始定义＜application＞元素。＜manifest＞根元素仅能包含一个
＜application＞元素,＜application＞元素中声明 Android 程序中的组成部分,包括
Activity、Service、Broadcast Receiver 和 Content Provider,＜application＞元素的属性将
影响所有组成部分。其中 icon 属性指出了应用程序安装完后的桌面图标,label 属性指出
了应用程序的标签文字,本例中分别通过 @ 符号引用了 res/mipmap 目录下的 ic_
launcher.png 图片和 res/values 目录下名为 app_name 的字符串,这种引用方式也是
Android 编程中常用的一种方法。

　　在＜application＞元素中要声明程序运行过程中用到的 Activity 类。本例中声明了
一个 Activity 类,即 MainActivity,其＜intent-filter＞子元素的属性指出该 Activity 是程
序启动时第一个启动的窗口。当 Activity 动作发生时它会创建一个 Intent 对象,这个
Intent 对象抽象地描述了 Activity 想要进行的动作,Intent 对象可以包含操作 Activity
启动时所要提供的数据或消息,共有如下几种形式:action(动作)、data(信息)、category
(种类)。不同的应用程序有不同的 Intent 对象,所以要通过一个 intent-filter 来筛选最适
当的数据或消息。本例使用＜action＞名称定义了由 android.intent.action 类进行
MAIN 动作,表示 Activity 的启动,无任何信息输出;使用类 android.intent.category.
LAUNCHER 启动这个程序,这也是 Intent 的另一种形式。

　　如果工程中有多个 Activity,则需要在＜application＞元素中添加声明,格式如下:

```
<activity android:name="包名.Activity名称" />
```

　　在应用程序的 AndroidManifest.xml 文件中还可以为应用程序指定相应的权限,例
如网络权限、短信权限、电话权限等。应用程序的所有权限全部封装在 android.Manifest
这个类中。

　　具体方法是在 AndroidManifest.xml 文件中添加用户权限元素。用户权限元素是
＜application＞＜/application＞的兄弟元素,通常写在＜/application＞后面、＜/manifest＞标
签之前,例如,某个应用程序需要添加发短信的权限时的声明如下:

```
<uses-permission android:name="android.permission.SEND_SMS" />
```

　　应用程序除了声明自身应该具有的权限外,还可以声明访问本程序的应用所应当具
有的权限。例如,要求其他应用程序访问本应用程序时应该具有 SEND_SMS 权限时,添
加以下权限声明:

```
<permission android:name="android.permission.SEND_SMS" />
```

2.3.4　Gradle 文件

　　Android Studio 安装完成后,新建项目时会下载相应版本的 Gradle,在 Windows 上
会默认下载到 C:\Users\＜用户名＞\.gradle\wrapper\dists 文件夹,如图 2-39 所示。
这个文件夹下会生成名称为 gradle-x.xx-all 的文件夹。如果下载太慢,可以到 Gradle 官

网下载对应的版本,然后将下载的.zip 文件复制到上述的 gradle-x.xx-all 文件夹下。

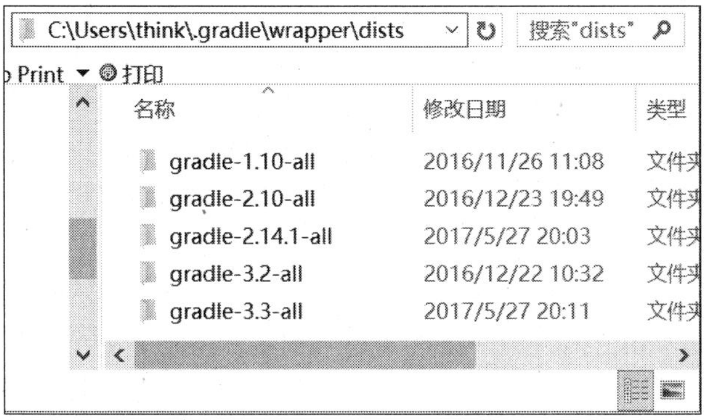

图 2-39　保存 Gradle 文件的默认路径

Gradle 是一个构建工具,主要面向 Java 应用。Gradle 脚本与传统的 XML 文件不同,它使用基于 Groovy 的内部领域特定语言(DSL),而 Groovy 语言是一种基于 JVM 的动态语言。

Android Studio 工程项目文件夹中存放的主要是 Gradle 脚本和相关文件。创建工程项目时,会默认创建 3 个 Gradle 文件:一个 settings.gradle 文件,两个 build.gradle 文件。这两个 build.gradle 文件分别放在根目录和 module 文件夹下,如图 2-40 所示。

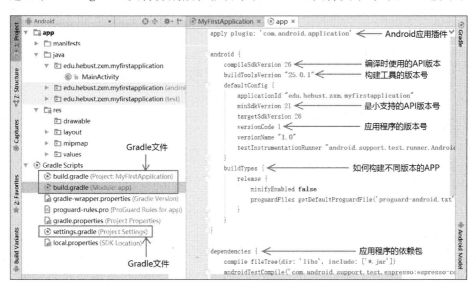

图 2-40　Gradle 脚本和相关文件

当工程项目只有一个模块的时候,settings.gradle 文件中的内容只有一行:

```
include ':app'
```

settings.gradle 文件将会在初始化时执行,定义哪一个模块将会被构建。例如,上述 settings.gradle 包含了 app 模块。settings.gradle 是针对多模块操作的,所以单独的模块工程完全可以删除掉该文件。在这之后,Gradle 会创建一个 Setting 对象,并为其包含必要的方法。

根目录的 build. gradle 文件中描述了定义在这个工程下的所有模块的公共属性,它默认包含 buildscript 和 allprojects 两个方法。buildscript 方法定义了全局的相关属性,allprojects 方法可以用来定义各个模块的默认属性。

Module 文件夹下的 Gradle 文件只对该模块起作用,例如图 2-40 中 app 文件夹中的 build. gradle 只对 app 模块起作用。

Android 应用程序的 SDK 版本、必要的 appcompat 的依赖等信息都在 Gradle 的配置中完成。图 2-40 为 app 文件夹中 build. gradle 文件的内容,在文件中声明了应用程序的 SDK 版本信息与依赖。该文件的第一行是 Android 应用插件,该插件是由谷歌公司 Android 开发团队编写的,能够提供所有关于 Android 应用和依赖库的构建、打包和测试功能。Android 方法包含了所有的 Android 属性,compileSdkVersion 定义了编译该应用程序时使用的 API 版本,buildToolsVersion 属性定义了构建工具的版本号。defaultConfig 方法包含了该应用程序的核心属性,该属性会重写 AndroidManifest. xml 中的对应属性。minSdkVersion 属性定义了最小支持 API 版本,versionCode 定义了应用程序的版本号。

buildTypes 方法定义了如何构建不同版本的 APP。Gradle 能够很轻松地构建不同版本的 APP。例如,可以同时创建一个免费版本和付费版本的 APP。

依赖模块作为 Gradle 默认的属性之一,为应用程序定义了所有的依赖包。默认情况下依赖所有在 libs 文件下的 jar 文件。

2.4　开发 Android 应用软件的一般流程

2.4.1　开发 Android 应用软件的一般流程

配置好 Android 开发环境后,应用程序一般按照以下流程完成开发。

1. 创建应用程序实例,搭建基本程序框架

在 Android Studio 中新建一个 Android 工程项目,设置应用名称、Package 名称、Activity 模板、Android API 版本等。

Android 应用程序一般包含 Activity 和资源文件,如布局资源文件、文字资源文件等。Android 应用程序就是由多个 Activity 间的相互交互和跳转切换构成的,所以 Activity 是应用程序必备的部分。启动应用程序时第一个运行的主 Activity 一般是在创建工程项目时就同时创建了,在其中可以指定处理逻辑、显示 XML 布局信息等。对于要实现多 Activity 跳转的情况,如菜单跳转、单击按钮后弹出另一个 Activity、捕捉用户的操作事件等的处理等,就需要设计多个 Activity。

2. 用 XML 构建基本的布局和控件

开发 Android 应用程序,一般需要设计用户界面。通常使用 XML 布局文件描述应用程序界面。布局文件和资源文件一般存放在工程的 res 文件夹下,一般有定义界面外观的 layout 文件夹以及定义参数资源的 values 文件夹。基本的布局构建在布局文件 res/layout/××.xml 文件中。一般地,activity_main.xml 描述了主 Activity 的布局信息。

对于界面中出现的文字,例如菜单名字、标题等,虽然可以直接写在 Java 文件中,但建议先写在 res/values/strings.xml 文件里,然后再在 Java 文件中引用。这样处理有诸多好处,例如,以后要修改某个字符串的内容,直接修改 strings.xml 文件就行,否则必须在 Java 程序里找到所有使用这个字符串的位置逐个修改,不仅费时费力,还容易遗漏。另外,如果要开发多语言版本,使用 strings.xml 文件定义字符串则更为方便,只需在 strings.xml 文件中修改一次,所有的界面文字就都随之改成某种语言了。

如果应用程序涉及数据处理方面的操作,还需要设计数据存储方式。常见的数据来源包括 SharedPreferences、文件系统、数据库、Content Provider、网络等。此时要明确数据的格式、内容、存储方式等。

3. 编写、调试 Java 程序

在 Java 程序中实例化 XML 的布局和控件,实现业务逻辑。在开发过程中可以使用 IDE 环境提供的各种调试和测试工具。开发过程中可以使用 Android 模拟器运行和调试程序,也可以通过数据线直接使用安装了 Android 系统的智能移动设备运行和调试程序。

4. 修改 AndroidManifest.xml 文件

在运行程序之前必须在 AndroidManifest.xml 文件中设置应用程序的相关信息,声明程序中所有用到的 Activity、Service、Receiver 等,添加程序运行过程中需要的各种权限,如发送短信、访问网络等,否则程序发布后相关功能将无法使用。

5. 打包发布

和其他 Java 应用程序不同,Android 应用程序一般要打包成 APK 文件后再发送到真实的手机上。APK 文件中包含了与某个 Android 应用程序相关的所有文件,如 AndroidManifest.xml、应用程序代码(.dex 文件)、资源文件等,将 APK 文件直接传入 Android 模拟器或 Android 手机中即可安装。另外,在 Android 平台上开发的所有应用程序,在安装到模拟器或手机前都必须进行数字签名。如果强行将没有数字签名的 Android 程序安装到模拟器中,将会返回错误提示。

IDE 开发环境会利用其内置的 debug key 为 APK 文件自动进行数字签名,这使编程者可以快速完成程序的调试。但是如果想将其上传到 Android 电子市场上供别人下载,则不能使用 debug key,而必须使用私有密钥对 Android 程序进行数字签名。Android 电子市场一般要求发布的应用程序是经过签名的且不能是 Debug 模式下的签名。另外要特别注意,同一个应用的不同版本一定要使用同一个签名,这样在安装程序的时候才会自动升级,用新版本代替旧版本。否则,系统会认为是不同的应用。

2.4.2　APK 文件的签名和打包

如前所述,在 Android 平台上开发的所有应用程序,在安装到模拟器或手机前都必须进行数字签名。Android Studio 开发环境下签名和打包的方法如下。

步骤 1:执行菜单 Build→Generate Signed APK 命令,如图 2-41 所示。

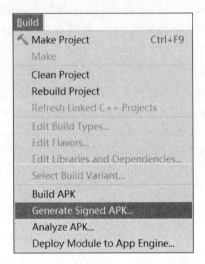

图 2-41　Generate Signed APK 菜单命令

步骤 2:弹出 Generate Signed APK 对话框,指定签名文件所在位置、账号密码以及别名等,如图 2-42 所示。

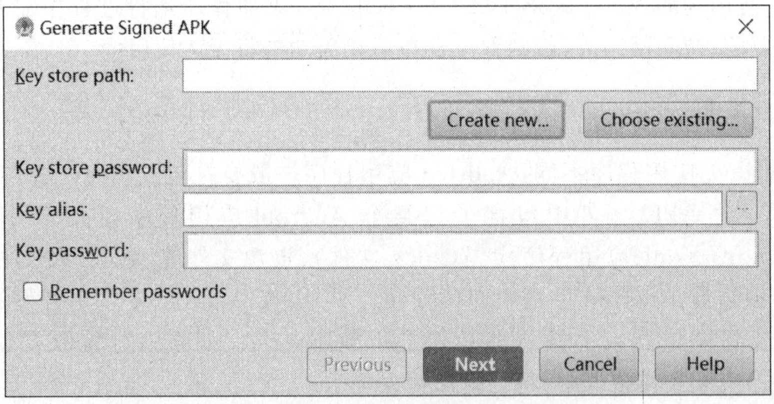

图 2-42　Generate Signed APK 对话框

步骤 3:单击 Create new 按钮,弹出 New Key Store 对话框,新建一个签名文件并指定文件的位置、账号密码、别名等信息,如图 2-43 所示。单击 OK 按钮,回到前一对话框。

或者在图 2-42 所示的对话框中单击 Choose existing 按钮,选择以前生成的 APK 文件,再次对其生成签名。

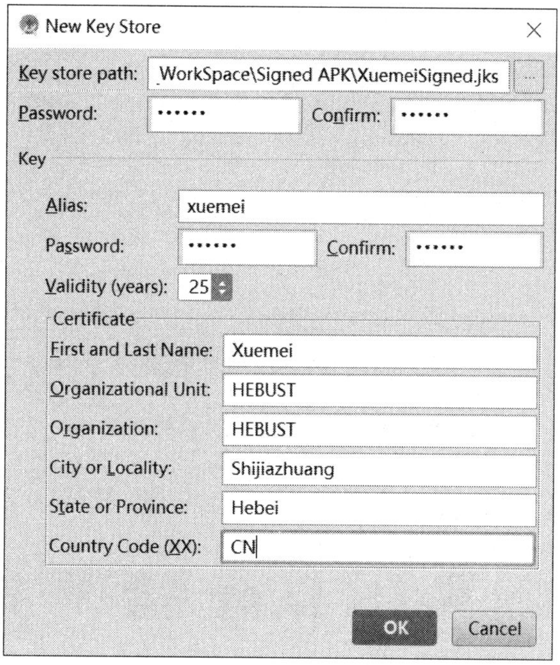

图 2-43 New Key Store 对话框

步骤 4：在 Generate Signed APK 对话框中填写完内容后，单击 Next 按钮，如图 2-44 所示。

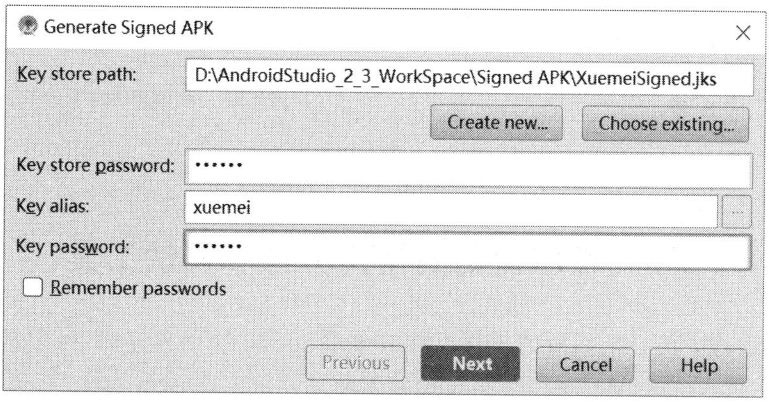

图 2-44 Key Store 设置

步骤 5：设定 APK 文件存储路径，如图 2-45 所示。单击 Finish 按钮生成 APK 文件并同时生成签名文件。

打包后的文件中包括资源文件、配置文件和可执行文件。可以使用 WinRAR 解压软件将其解压缩，会看到相应的 AndroidMainifest.xml、resources.arsc 资源文件、res 文件夹以及一个 classes.dex 文件，如图 2-46 所示。dex 是 Dalvik VM Executes 的简称，即 Android Dalvik 虚拟机可执行程序。

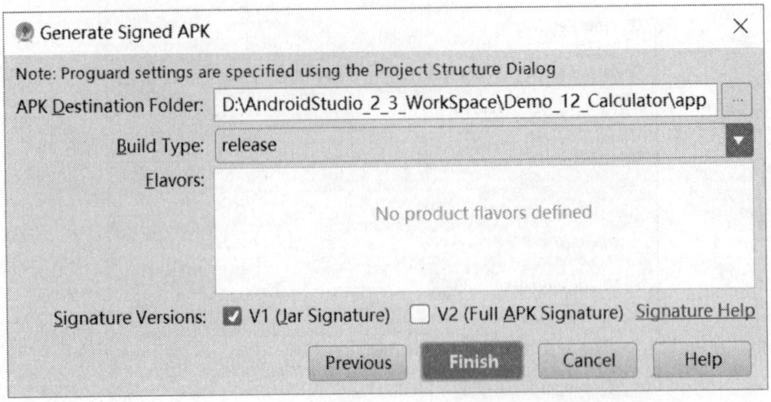

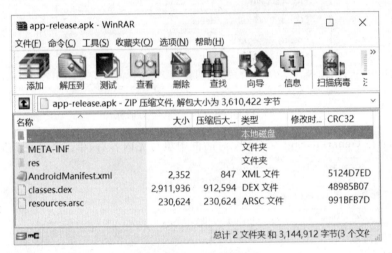

图 2-45　设置 APK 文件存储路径

图 2-46　APK 文件的内容

2.5　程序调试的常用方法和调试工具

调试是编程人员必须面对的工作。在开发 Android 应用程序时,可以使用 DDMS、LogCat 等工具来调试 Android 项目,输出错误信息。

2.5.1　使用 Android Studio 的调试器

Android Studio 提供了所有标准的调试功能,包括单步执行、设置断点和值、检查变量和值、挂起和恢复线程等。

1. 设置断点

最常见的调试方法是设置断点,这样可以方便地检查条件语句或循环内的变量和值。设置断点的方法是:在左侧面板中双击需要设置断点的源代码文件,在右侧编辑器中打开它。选定要设置断点的代码行,在行号的区域后面单击即可设置断点,如图 2-47 所示。
再次单击则可以取消断点。设置断点时要注意,不要将多条语句放在一行上,不能为同一
行上的多条语句设置行断点,这样也无法单步执行。

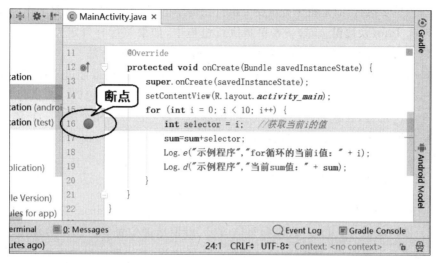

图 2-47 设置断点

2. 进入调试模式

单击工具栏的 Debug APP 按钮，进入调试模式。IDE 下方出现 Debug 面板,其布
局如图 2-48 所示。Debug 面板管理与程序调试相关的功能。面板中的视图呈树状结构,
每一个线程对应一个树节点,图中显示的是暂挂线程 Main 的调试堆栈帧结构。在代码
编辑区域,调试程序停留的代码行会高亮显示。窗口左下方是程序的方法调用栈区,在这
个区域中显示了程序执行到断点处所调用过的方法,越下面的方法被调用得越早。窗口
右下方是变量观察区,显示相关变量当前的值。

图 2-48 Debug 面板

当调试器停止在一个断点处时,可以单击 Debug 面板工具栏中的 Step Over 按钮,继

续单步执行代码。Android Studio 提供了 Step Over、Step Into、Force Step Into、Step Out 4 个命令来支持单步调试。它们的具体区别如下：

- Step Over(快捷键：F8)。在单步执行过程中，在方法内遇到子方法时不会进入子方法内单步执行，而是将子方法整个执行完再停止，也就是把子方法整个作为一步。
- Step Into(快捷键：F7)。在单步执行过程中，如果该行有自定义方法，则进入自定义方法并且继续单步执行，但是不会进入官方类库的方法。
- Force Step Into(快捷键：Alt+Shift+F7)。在调试的时候能进入任何方法。
- Step Out(快捷键：Shift+F7)。单步执行到子方法内时，可以一步执行完子方法余下的部分，并返回到上一层方法，即返回到该方法被调用处的下一行语句。

单击工具栏的 Stop APP 按钮■，可以终止程序的调试。

2.5.2　图形化调试工具 DDMS

DDMS 即 Dalvik Debug Monitor Service，主要用于监控 Android 应用程序的运行并打印日志、模拟电话打入与接听、模拟短信收发、虚拟地理位置等。DDMS 集成在 Dalvik 虚拟机中，主要用于管理运行在模拟器或设备上的进程，并协助用户进行调试。可以用它来处理进程，选择特定应用程序调试，生成跟踪数据，查看堆和线程数据，对模拟器或设备进行屏幕快照等。

在 Android Studio 窗口中选择菜单命令 Tools→Android→Android Device Monitor，可以打开 DDMS 窗口，如图 2-49 所示。DDMS 视图中的左上部是 Devices 面板，在这里可以看到与 DDMS 连接的设备终端的信息及设备终端上运行的应用程序。如果没有终端设备在运行，则这个面板为空。

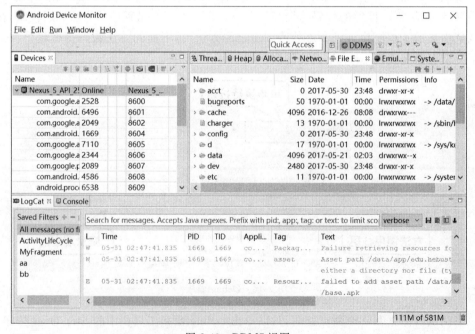

图 2-49　DDMS 视图

如果支持 GSM 等通信网络,在 DDMS 中的 Emulator Control 面板中可以向模拟器 AVD 打电话或发送短信,还可以虚拟模拟器的位置信息等。

DDMS 有各种输出面板,可用于获取程序调试过程中的各种信息。主要有以下信息:

(1) Thread 更新信息。要使该窗口输出信息,需要单击 Devices 面板中的 Update Threads 按钮。这个窗口主要显示应用程序当前状态下所有正在执行的线程的状态。

(2) Heap 更新信息。要使该窗口输出信息,需要单击 Devices 面板中的 Update Heap 按钮。这个窗口主要显示当前状态下堆分配与回收信息。

(3) File Explorer。该窗口主要显示 Android 模拟器中的文件,如果模拟器启动时加载了 SD 卡,也可以在该窗口中查看 SD 卡的信息。

(4) LogCat。显示应用程序的运行信息、调试信息、警告信息、错误信息等。不同类型的信息文字具有不用的颜色。当 LogCat 输出的信息量很大时,可以根据需要对其内容进行过滤。LogCat 的具体使用方法见 2.5.3 节。

2.5.3　查看工程项目在运行过程中的日志信息

LogCat 是 Android 系统提供的一个调试工具,用来获取系统日志信息。LogCat 能够捕获的信息包括 Dalvik 虚拟机产生的信息、进程信息、Activity Manager 信息、Packager Manager 信息、Homeloader 信息、Windows Manager 信息、Android 运行时信息和应用程序信息等。

LogCat 可以显示在 Android Studio 集成开发环境的 Android Monitor 面板中,也可以显示在 DDMS 视图中的 LogCat 面板中。

利用 LogCat,可以在程序中预先设置一些日志信息,当程序运行时,这些日志信息就会输出到 LogCat 窗口。这样,就可以在调试程序的过程中通过 LogCat 查看工程项目在运行过程中的状态。具体方法如下。

步骤 1:在程序中使用 import 语句引入 android.util.Log 包文件。

步骤 2:调用 Log.v()、Log.d()、Log.i()、Log.w()、Log.e()方法在程序中设置"日志点"。

Log.v()用来输出详细信息,Log.d()用来输出调试信息,Log.i()用来输出通告信息,Log.w()用来输出警告信息,Log.e()用来输出错误信息。这些函数都有两个参数,两个参数的数据类型都是字符串。第一个参数是日志的标签(Tag),第二个参数是在 LogCat 中要显示的日志内容。标签是一个字符串,通常在程序中将其定义成符号常量。标签可以帮助我们在 LogCat 中找到目标程序生成的日志信息,同时也能够利用标签对日志信息进行过滤。

步骤 3:当程序运行到"日志点"时,预先设置的日志信息便被发送到 LogCat 窗口中。

在调试程序时可以用这种方法显示日志信息,然后判断"日志点"信息与预期的内容是否一致,进而判断程序是否存在错误。

【例 2-2】　工程 Demo_02_LogCat 演示了 Log 类的具体使用方法。

MainActivity 类的代码如代码段 2-3 所示。

代码段 2-3　LogCat 示例

```
package edu.hebust.zxm.demo_02_logcat;
import android.support.v7.app.AppCompatActivity;
import android.os.Bundle;
import android.util.Log;
public class MainActivity extends AppCompatActivity {
    final static String TAG ="MY_LOGCAT_EXAMPLE";
                                    //定义一个用于日志标签的符号常量
    @Override
    protected void onCreate(Bundle savedInstanceState) {
        super.onCreate(savedInstanceState);
        setContentView(R.layout.activity_main);
        Log.v(TAG,"My information:Verbose");   //产生一个详细信息
        Log.d(TAG,"My information:Debug");      //产生一个调试信息
        Log.i(TAG,"My information:Info");       //产生一个通告信息
        Log.w(TAG,"My information:Warn");       //产生一个警告信息
        Log.e(TAG,"My information:Error");      //产生一个错误信息
    }
}
```

上例 Demo_02_LogCat 工程的运行结果如图 2-50 所示，LogCat 对不同类型的信息使用了不同的颜色加以区别。

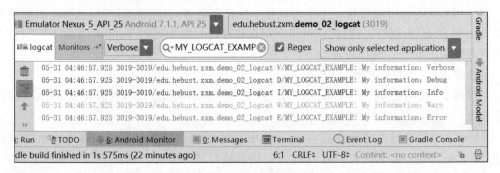

图 2-50　示例工程输出的 LogCat 信息

　　LogCat 面板的上方有一个下拉列表，选项分别是 verbose、debug、info、warn、error，它们分别表示 5 种不同类型的日志信息，分别是详细信息、调试信息、通告信息、警告信息、错误信息。它们的级别依次增高。单击这些选项，可以使 LogCat 面板中仅输出指定类型的日志信息，级别高于所选类型的信息也会在 LogCat 中显示，但级别低于所选类型的信息则不会被显示。

2.6　本 章 小 结

　　本章主要介绍了 Windows 平台下 Android 应用程序开发环境的搭建方法,并利用开发环境创建了第一个 Android 应用程序;介绍了典型 Android 应用程序的构成、布局文件等,并对涉及的代码进行了初步分析;介绍了开发 Android 软件的一般流程、APK 文件的签名打包方法以及 Android 应用程序的常用调试方法;介绍了 Android Studio 的操作方法和使用技巧,作为开发 Android 应用的首选 IDE 环境,掌握其基本的使用技巧是十分必要的。

习　　题

　　1. 简述 Android 开发环境搭建的步骤。

　　2. 尝试安装 Android 开发环境,并记录安装和配置过程中所遇到的问题。

　　3. 一个 Android 工程包含哪些资源文件? 它们分别位于工程文件夹的什么位置? 有什么作用?

　　4. 新建一个 Android 应用程序,打开其 AndroidManifest. xml 配置文件,了解各组成部分及其功能。

　　5. 如果在程序中想要使用一个图像文件,应该将这个文件放置到工程的哪个文件夹中?

　　6. 将 SDK 自带的 API Demos 示例导入 Android Studio 开发环境中,通过浏览代码了解 Android 应用程序的组成和编程风格。

　　7. 一个应用程序中只能有一个 Activity 对象吗?

　　8. Android 应用程序由哪些部分组成? 它们之间的关系是什么?

第3章 Activity 的界面布局

Activity 是 Android 应用程序最主要的展示窗口。本章首先介绍 Android 应用的组成和有关 Activity 的基础知识；然后介绍基于 XML 文件完成 Activity 布局的方法、在Activity 中通过 Java 编程方式设定布局的方法，以及 Android 的资源管理与使用方法；最后介绍常用的布局方式，内容涉及相对布局、线性布局、绝对布局、表格布局、帧布局等。

3.1 Activity 及其生命周期

3.1.1 Android 应用的基本组件

一般来说，Android 应用程序由 Activity、ContentProvider、Service、Broadcast-Receiver 等组成。当然，有些应用程序可能只包含其中的一部分而非全部。它们在AndroidManifest.xml 配置文件中以不同的 XML 标签声明后，才可以在应用程序中使用。

Activity 一般含有一组用于构建用户界面 UI 的 Widget 控件，如按钮 Button、文本框EditText、列表 ListView 等，实现与用户的交互，相当于 Windows 应用程序的对话框窗口或网络应用程序的 Web 页面窗口。一个功能完善的 Android 应用程序一般由多个Activity 构成，这些 Activity 之间可互相跳转，可进行页面间的数据传递。例如显示一个Email 通讯簿列表的界面就是一个 Activity，而编辑通讯簿的界面则是另一个 Activity。

ContentProvider 是 Android 系统提供的一种标准的数据共享机制。在 Android 平台下，一个应用程序使用的数据存储都是私有的，其他应用程序是不能访问和使用的。私有数据可以是存储在文件系统中的文件，也可以是 SQLite 中的数据库。当需要共享数据时，ContentProvider 提供了应用程序之间数据交换的机制。一个应用程序通过实现一个ContentProvider 的抽象接口将自己的数据暴露出去，并且隐蔽了具体的数据存储实现，这样既实现了应用程序内部数据的保密性，又能够让其他应用程序使用这些私有数据。一个 ContentProvider 提供了一组标准的接口，能够让应用程序保存或读取各种数据，同时实现了权限机制，保护了数据交互的安全性。

Service 是与 Activity 独立且可以保持后台运行的服务，相当于一个在后台运行的没有界面的 Activity。如果应用程序并不需要显示交互界面但却需要长时间运行，就需要使用 Service。例如在后台运行的音乐播放器，为了避免音乐播放器在后台运行时被终止而停播,需要为其添加 Service,通过调用 Context. startService()方法,让音乐播放器一直在后台运行,直到使用者再调出音乐播放器界面并关掉它为止。用户可以通过 StartService()方法启动一个 Service,也可通过 Context. bindService()方法来绑定一个 Service 并启动它。

在 Android 中,广播是一种广泛运用在应用程序之间传输信息的机制。而 BroadcastReceiver 是用来接收并响应广播消息的组件,不包含任何用户界面。可以通过启动 Activity 或者 Notification 通知用户接收到重要信息。Notification 能够通过多种方法提示用户,包括闪动背景灯、振动设备、发出声音或在状态栏上放置一个持久的图标。

Activity、Service 和 BroadcastReceiver 都是由 Intent 异步消息激活的。Intent 用于连接以上各个组件,并在其间传递消息。例如,广播机制一般通过下述过程实现:首先在需要发送信息的地方,把要发送的信息和用于过滤的信息(如 Action、Category)装入一个 Intent 对象,然后通过调用 Context. sendBroadcast ( )、sendOrderBroadcast ( ) 或 sendStickyBroadcast()方法,把 Intent 对象以广播方式发送出去。Android 使用 intent-filter 来处理对这种广播信息的接收。当 Intent 发送以后,所有已经注册的 BroadcastReceiver 会检查注册时的 intent-filter 是否与发送的 Intent 相匹配,若匹配则就会调用 BroadcastReceiver 的 onReceive()方法,对其接收并响应。例如对于一个电话程序,当有来电时,电话程序就自动使用 BroadcastReceiver 取得对方的来电消息并显示。使用 Intent 还可以方便地实现各个 Activity 间的跳转和参数传递。

3.1.2　什么是 Activity

Activity 是 Android 四大组件中最基本的组件,是 Android 应用程序中最常用也是最重要的部分。在应用程序中,用户界面主要通过 Activity 呈现,包括显示控件、监听并处理用户的界面事件并做出响应。Activity 在界面上的表现形式有全屏窗体、非全屏悬浮窗体、对话框等。在模拟器上运行应用程序时,可以按 Home 键或回退键退出当前 Activity。

对于大多数与用户交互的程序来说,Activity 是必不可少的,也是非常重要的。刚开始接触 Android 应用程序时,可以暂且将 Activity 简单地理解为用户界面。新建一个 Android 项目时,系统默认生成一个启动的主 Activity,其默认的类名为 MainActivity,源码文件中的主要内容如代码段 3-1 所示。

```
代码段 3-1  MainActivity 源代码
import android.app.Activity;
                        //每一个 Android 的 Activity 都需要继承自 Activity 类
import android.os.Bundle;  //用于映射字符串值
public class MainActivity extends Activity {
                    //MainActivity 是类名称,其父类是 Activity
    @Override
    protected void onCreate(Bundle savedInstanceState) {
```

```
        super.onCreate(savedInstanceState);
        setContentView(R.layout.activity_main);
        //设置布局,它调用了 res/layout/activity_main.xml 中定义的界面元素
    }
}
```

应用程序中的每个 Activity 都继承自 android. app. Activity 类并重写(Override)其 OnCreate()方法。

Activity 通常要与布局资源文件(res/layout 目录下的 XML 文件)相关联,并通过 setContentView()方法将布局呈现出来,如代码段 3-1 所示。在 Activity 类中通常包含布局控件的显示、界面交互设计、事件的响应设计以及数据处理设计、导航设计等内容。

一个 Android 应用程序可以包含一个或多个 Activity,一般在程序启动后会首先呈现一个主 Activity,用于提示用户程序已经正常启动并显示一个初始的用户界面。需要注意的是,应用程序中的所有 Activity 都必须在 AndroidManifest. xml 文件中添加相应的声明,并设置其属性和 intent-filter。例如,代码段 3-2 含有对两个 Activity (MainActivity 和 SecondActivity)的声明,代码中有两个<activity>元素,第一个是系统默认生成的 MainActivity,第二个是用户新建的 SecondActivity,其中的 MainActivity 是程序入口。

代码段 3-2　AndroidManifest.xml 文件中的声明

```
<application
    android:allowBackup="true"
    android:icon="@drawable/ic_launcher"
    android:label="@string/app_name"
    android:theme="@style/AppTheme" >
    <activity
        android:name="com.example.myfirstapplication.MainActivity"
        android:label="@string/app_name" >
        <intent-filter>
            <action android:name="android.intent.action.MAIN" />
            <category android:name="android.intent.category.LAUNCHER" />
        </intent-filter>
    </activity>
    <activity
        android:name="com.example.myfirstapplication.SecondActivity"
        android:label="SecondActivity" >
    </activity>
</application>
```

3.1.3　Activity 的生命周期

所有 Android 组件都具有自己的生命周期,生命周期是指从组件建立到组件销毁的

整个过程。在生命周期中,组件会在可见、不可见、活动、非活动等状态中不断变化。

　　Activity 的生命周期指 Activity 从启动到销毁的过程。生命周期由系统控制,程序无法改变,但可以用 onSaveInstanceState()方法保存其状态。了解 Activity 的生命周期有助于理解 Activity 的运行方式和编写正确的 Activity 代码。

　　Activity 在生命周期中表现为 4 种状态,分别是活动状态、暂停状态、停止状态和非活动状态。处于活动状态时,Activity 在用户界面中位于最上层,完全能被用户看到,能够与用户进行交互。处于暂停状态时,Activity 在界面上被部分遮挡,该 Activity 不再位于用户界面的最上层,且不能够与用户进行交互。处于停止状态时,Activity 在界面上完全不能被用户看到,也就是说这个 Activity 被其他 Activity 全部遮挡。非活动状态指不在以上 3 种状态中的 Activity。

　　参考 Android SDK 官网文档中的说明,Activity 生命周期如图 3-1 所示。该示意图中涉及的方法被称为生命周期方法,当 Activity 状态发生改变时,相应的方法会被自动调用。

　　android. app. Activity 类是 Android 提供的基类,应用程序中的每个 Activity 都继承自该类,通过重写父类的生命周期方法来实现自己的功能。在代码段 3-1 中,@Override 表示重写父类的 onCreate()方法,Bundle 类型的参数保存了应用程序上次关闭时的状态,并且可以通过一个 Activity 传递给下一个 Activity。在 Activity 的生命周期中,只要离开了可见阶段(即失去了焦点),它就很可能被进程终止,这时就需要有一种机制能保存当时的状态,这就是其参数 savedInstanceState 的作用。有关 Bundle 的细节详见后续章节。

　　(1) 启动 Activity 时,系统会先调用 onCreate()方法,然后调用 onStart()方法,最后调用 onResume()方法,Activity 进入活动状态。

　　(2) 当 Activity 被其他 Activity 部分覆盖或被锁屏时,Activity 不能与用户交互,系统会调用 onPause()方法,暂停当前 Activity 的执行,Activity 进入暂停状态。

　　(3) 当 Activity 由被覆盖状态回到前台或解除锁屏时,系统会调用 onResume()方法,再次进入活动状态。

　　(4) 当切换到新的 Activity 界面或按 Home 键回到主屏幕时,当前 Activity 完全不可见,转到后台。系统会先调用 onPause()方法,然后调用 onStop()方法,Activity 进入停止状态。

　　(5) 当 Activity 处于停止状态时,用户后退回到此 Activity,系统会先调用 onRestart()方法,然后调用 onStart()方法,最后调用 onResume()方法,Activity 再次进入运行状态。

　　(6) 当 Activity 处于被覆盖状态或者后台不可见,即处于暂停状态或停止状态时,如果系统内存不足,就有可能杀死这个 Activity。而后用户如果退回到这个 Activity,则会再次调用 onCreate()方法、onStart()方法、onResume()方法,使其进入活动状态。

　　(7) 用户退出当前 Activity 时,系统先调用 onPause()方法,然后调用 onStop()方法,最后调用 onDestroy()方法,结束当前 Activity。

　　Activity 生命周期可分为可视生命周期和活动生命周期,可视生命周期是 Activity

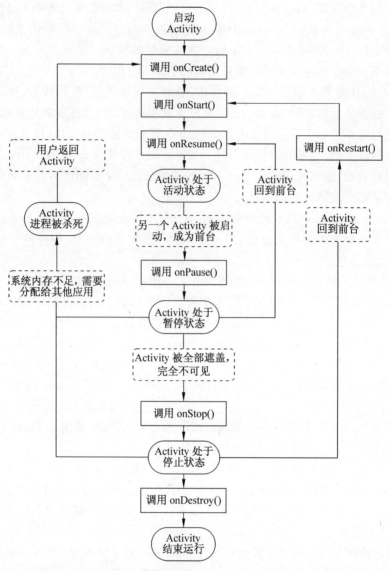

图 3-1 Activity 对象生命周期示意图

在界面上从可见到不可见的过程,开始于 onStart(),结束于 onStop()。活动生命周期是 Activity 在屏幕的最上层,并能够与用户交互的阶段,开始于 onResume(),结束于 onPause()。在 Activity 的状态变换过程中 onResume()和 onPause()经常被调用,因此 这两个方法中应使用简单、高效的代码。

编程人员可以在 Activity 中定义当处于什么状态时做什么事情。例如,当第一次启 动一个 Activity 时,会调用 onCreate()方法;当 Activity 处于可见状态时,会调用 onStart() 方法;当 Activity 得到用户焦点时,会调用 onResume()方法;当 Activity 没有被销毁,重 新启动这个 Activity 就会调用 onRestart()方法;当 Activity 被遮挡住的时候,会调用 onPause()方法;当 Activity 处于不可见状态的时候,会调用 onStop()方法;当 Activity 被销毁时,会调用 onDestroy( )方法。

【例 3-1】　示例工程 Demo_03_ActivityLifeCycle 用于验证 Activity 生命周期方法被
调用的情况,其主要代码如代码段 3-3 所示。

代码段 3-3　验证 Activity 生命周期方法的示例程序

```java
package edu.hebust.zxm.demo_03_activitylifecycle;
import android.support.v7.app.AppCompatActivity;
import android.os.Bundle;
import android.util.Log;

public class MainActivity extends Activity {
    private static final String TAG = "生命周期示例";
    @Override
    protected void onCreate(Bundle savedInstanceState) {
        super.onCreate(savedInstanceState);
        setContentView(R.layout.activity_main);
        Log.d(TAG, "--onCreate()被调用--");
    }
    @Override
    protected void onStart() {
        super.onStart();
        Log.d(TAG, "--onStart()被调用--");
    }
    @Override
    protected void onResume() {
        super.onResume();
        Log.d(TAG, "--onResume()被调用--");
    }
    @Override
    protected void onPause() {
        super.onPause();
        Log.d(TAG, "--onPause()被调用--");
    }
    @Override
    protected void onStop() {
        super.onStop();
        Log.d(TAG, "--onStop()被调用--");
    }
    @Override
    protected void onDestroy() {
        super.onDestroy();
        Log.d(TAG, "--onDestroy()被调用--");
    }
```

```
@Override
protected void onRestart() {
    super.onRestart();
    Log.d(TAG, "--onRestart()被调用--");
}
}
```

运行这个 Activity 后,在 LogCat 窗口中能看到给出的提示信息,从中可看到 Activity 的生命周期是如何运行的。例如,启动这个 Activity 后 LogCat 窗口输出的提示信息如图 3-2 所示,onCreate( )、onStart( )和 onResume( )方法被依次调用;关闭这个 Activity 时,LogCat 窗口输出的提示信息如图 3-3 所示,onPause( )、onStop( )和 onDestroy()方法被依次调用。

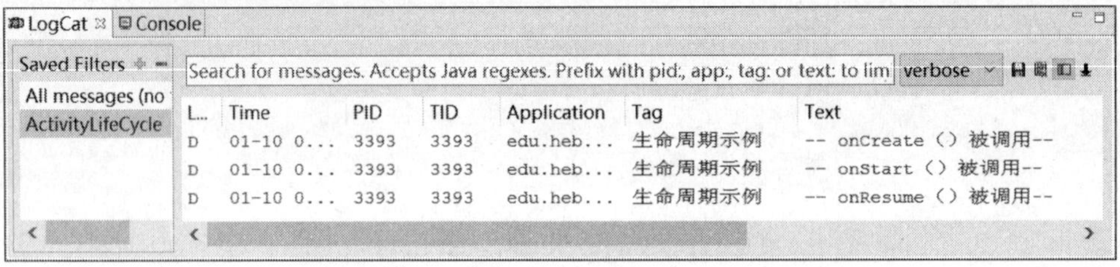

图 3-2　Activity 启动时调用的生命周期方法

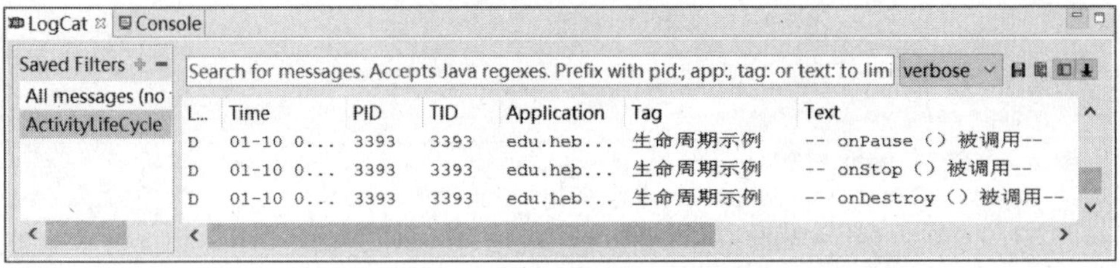

图 3-3　Activity 结束时调用的生命周期方法

3.1.4　Activity 的启动模式

主 Activity 在启动应用程序时就创建完毕,在其中可以显示 XML 布局信息、指定处理逻辑等。对于功能较复杂的应用程序,往往一个界面是不够用的,这就需要多个 Activity 来实现不同的用户界面。在 Android 系统中,所有的 Activity 由堆栈进行管理, Activity 栈遵循"后进先出"的规则。如图 3-4 所示,当一个新的 Activity 被执行后,它将会被放置到堆栈的最顶端,并且变成当前活动的 Activity,而先前的 Activity 原则上还是会存在于堆栈中,但它此时不会在前台。Android 系统会自动记录从首个 Activity 到其他 Activity 的所有跳转记录并且自动将以前的 Activity 压入系统堆栈,用户可以通过编程的方式删除历史堆栈中的 Activity 实例。

Activity 的启动方式有 4 种,分别是 standard、singleTop、singleTask、singleInstance。可根据实际需求为 Activity 设置对应的启动模式,从而避免创建大量重复的 Activity 等

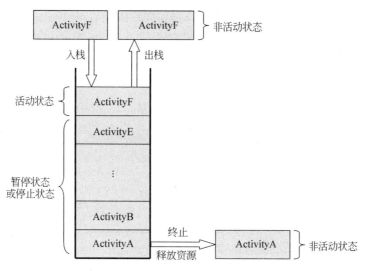

图 3-4　Activity 堆栈示意图

问题。设置 Activity 启动模式的方法是在 AndroidManifest. xml 里对应的＜activity＞标签中设置 android：launchMode 属性。

【例 3-2】　示例工程 Demo_03_ActivityLaunchMode 演示了 Activity 不同启动模式的区别。

首先，新建一个基于空白模板的应用程序。然后在 XML 布局中添加一个 TextView 并给默认的 TextView 增加 ID 号以便以后引用它；添加一个按钮，设置其显示内容、ID 号等信息。之后，在侦听按钮单击事件中显示任务栈中的 ID 号和实例号。示例程序的主要代码如代码段 3-4 所示。

```
代码段 3-4　Activity 的启动模式
private TextView tv;                          //定义显示文字的 TextView 实例对象
@Override
protected void onCreate(Bundle savedInstanceState) {
    super.onCreate(savedInstanceState);
    setContentView(R.layout.activity_main); //设置布局
    TextView tv=(TextView)findViewById(R.id.mytv);   //通过 ID 号引用 TextView
    tv.setText(String.format("任务堆栈中的 ID 号: %d\n Activity 实例 ID: %s\n",
        getTaskId(), this.toString()));
    findViewById(R.id.button).setOnClickListener(new View.OnClickListener() {
                                              //设置按钮单击事件

        @Override
        public void onClick(View v) {
            startActivity(new Intent(MainActivity.this, MainActivity.class));
                                              //启动自身
        }
    });
}
```

之后,可以在工程的 AndroidManifest. XML 文件中设置 Activity 的启动模式,通过引用 android: launchMode 的不同参数,完成对不同 Activity 启动模式的设置,如图 3-5 所示。

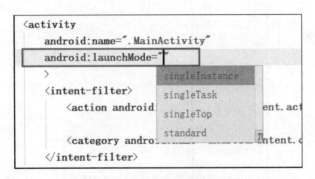

图 3-5　在 AndroidManifest. XML 中设置 Activity 的启动模式

Standard 是默认模式,若当前 Activity 名为 ActivityA,单击按钮可再次跳转到 ActivityA,则单击按钮便会启动一个新的 ActivityA 实例叠加在刚才的 ActivityA 之上;再次点击,又会启动一个新的 ActivityA 实例并放置在它之上。此时 Activity 是在同一个任务栈里,只不过是不同的实例而已,单击手机上的回退键会依照栈顺序依次退出。图 3-6 中给出了任务堆栈的 ID 号(图中显示 319)。随着用户单击界面中的按钮,这个 ID 号是不变的,变化的是下方显示在@后的 Activity 实例号(图中显示 3a200df)。如果单击手机的回退键,会根据堆栈"后进先出"的特性依次显示各个实例号,但任务栈的 ID 号是不变的,始终唯一的。在图 3-6 中的表现形式是上面框中的数据维持不变,而下面框中的数据会发生变化。

图 3-6　示例程序的运行结果

在图 3-5 所示的其他 3 种启动模式中,SingleTop 模式可以有多个实例,但是不允许多个相同 Activity 叠加在一起,如果 Activity 在堆栈顶时启动相同的 Activity,则不会创建新的实例,表现在图 3-6 中是两个框中的数据都不会发生变化。SingleTask 模式只有一个实例,在同一个应用程序中启动它时,若 Activity 不存在,则会在当前创建一个新的实例;若存在,则会把任务列表中在其之上的其他 Activity 取消并调用它的 onNewIntent()方法。SingleInstance 模式只有一个实例,不允许有别的 Activity 存在,也就是说,一个实例堆栈中只有一个 Activity。

3.1.5　Context 及其在 Activity 中的应用

Context 的中文解释是"上下文"或"环境",在 Android 中应该理解为"场景"。例如,正在打电话时,场景就是用户所能看到的在手机里显示出来的拨号键盘,以及虽然看不到,但是却在系统后台运行的对应着拨号功能的处理程序。

Context 描述的是一个应用程序环境的上下文信息,是访问全局信息(如字符串资源、图片资源等)的接口。通过它可以获取应用程序的资源和类,也包括一些应用级别操作,如启动 Activity、发送广播、接收 Intent 信息等。也就是说,如果需要访问全局信息,就要使用 Context。在代码段 3-5 中,this 指的是这个语句所在的 Activity 对象,同时也是这个 Activity 的 Context。

```
代码段 3-5　通过 Context 获取 Activity 上下文中的字符串信息
public class MainActivity extends ActionBarActivity {
    private TextView tv;
    @Override
    protected void onCreate(Bundle savedInstanceState) {
        super.onCreate(savedInstanceState);
        tv = new TextView(this);              //得到当前 Activity 的上下文信息
        tv.setText(R.string.hello_world);     //通过 Context 得到字符串资源
        setContentView(tv);
    }
}
```

Android 系统中有很多 Context 对象,例如前述的 Activity 继承自 Context,也就是说每一个 Activity 对应一个 Context。Service 也继承自 Context,每一个 Service 也对应一个 Context。

常用的 Context 对象有两种,一种是 Activity 的 Context,另一种是 Application 的 Context。二者的生存周期不同。Activity 的 Context 生命周期仅在 Activity 存在时,也就是说,如果 Activity 已经被系统回收了,那么对应的 Context 也就不存在了;而 Application 的 Context 生命周期却很长,只要应用程序运行着,这个 Context 就是存在的,所以要根据自己程序的需要使用合适的 Context。

3.2　布局文件及其加载

Activity 主要用于呈现用户界面,包括显示 UI 控件、监听并处理用户的界面事件并做出响应等。

3.2.1　View 类和 ViewGroup 类

在一个 Android 应用程序中,用户界面一般由一组 View 和 ViewGroup 对象组成。

View 对象是继承自 View 基类的可视化控件对象,是 Android 平台上表示用户界面的基本单元,如 TextView、Button、CheckBox 等。View 是所有可视化控件的基类,提供了控件绘制和事件处理的属性和基本方法,任何继承自 View 的子类都会拥有 View 类的属性及方法。表 3-1 给出了 View 类常用属性的说明。View 及其子类的相关属性既可以在 XML 布局文件中进行设置,也可以通过成员方法在 Java 代码中动态设置。

表 3-1　View 类的部分常用属性

XML 属性	在 Java 代码中对应的方法	功能及使用说明
android：background	setBackgroundResource(int)	设置背景颜色
android：clickable	setClickable(boolean)	设置是否响应点击事件
android：visibility	setVisibility(int)	设置该 View 控件是否可见
android：focusable	setFocusable(boolean)	设置 View 控件是否能捕获焦点
android：id	setId(int)	设置该 View 控件标识符
android：layout_width	setWidth(int)	设置宽度
android：layout_height	setHeight(int)	设置高度
android：text	setText(CharSequence)/setText(int)	设置控件上显示的文字
android：textSize	setTextSize(float)	设置控件上显示文字的大小
android：textColor	setTextColor(int)	设置控件上显示文字的颜色

ViewGroup 类是 View 类的子类,与 View 类不同的是,它可以充当其他控件的容器。ViewGroup 类作为一个基类为布局提供服务,其主要功能是装载和管理一组 View 和其他的 ViewGroup,可以嵌套 ViewGroup 和 View 对象,其关系如图 3-7 所示,而它们共同组建的顶层视图可以由应用程序中的 Activity 调用 setContentView()方法来显示。Android 中的一些复杂控件如 Gallery、GridView 等都继承自 ViewGroup。

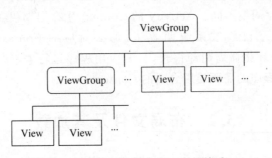

图 3-7　View 与 ViewGroup 的关系

View 是屏幕上的一个矩形区域,负责绘制和事件处理,它是所有布局和 Widget 控件的基类,其继承结构如图 3-8 所示。

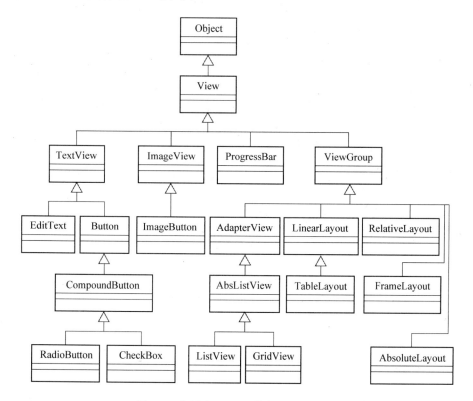

图 3-8　布局和 Widget 控件的继承结构

3.2.2　XML 布局及其加载

在 Android 应用程序中,常见的布局方式有线性布局(linear layout)、相对布局(relative layout)、绝对布局(absolute layout)、表格布局(table layout)、帧布局(frame layout)等。这些布局都通过 ViewGroup 的子类实现。

界面的布局可以在 XML 文件中进行设置,也可以通过 Java 代码设计实现。如果采用第一种方式,则需要在资源文件夹 res\layout 中定义相应的布局文件。这个 XML 布局文件由许多 View 对象嵌套组成。如果布局中有多个元素,那么最顶层的根节点必须是 ViewGroup 对象;如果整个布局只有一个元素,那么最顶层元素就是唯一的元素,它可以是一个单一的 Widget 对象。

代码段 3-6 就是一个自定义的布局文件 mylayout.xml,在其中声明了布局的实例,该例采用线性布局,布局中包括一个 TextView 控件。

代码段 3-6　自定义的 XML 布局文件

```
<?xml version="1.0" encoding="utf-8"?>
<LinearLayout xmlns:android="http://schemas.android.com/apk/res/android"
    android:orientation="vertical"
```

```
        android:layout_width="match_parent"
        android:layout_height="match_parent" >
        <TextView
            android:id="@+id/tvHello"
            android:layout_width="match_parent"
            android:layout_height="wrap_content"
            android:text="@string/hello"
            />
</LinearLayout>
```

定义了布局文件之后,需要在 Activity 中的 onCreate()回调方法中通过调用 setContentView()方法来加载这个布局,如代码段 3-7 所示。

代码段 3-7　通过重写 onCreate()方法加载用户界面的布局

```
public class MainActivity extends Activity {
    @Override
    protected void onCreate(Bundle savedInstanceState) {
        super.onCreate(savedInstanceState);
        setContentView(R.layout.mylayout);                          //加载布局
    }
}
```

3.2.3　在 Activity 中定义和引用布局

除了上述直接调用已经设定好的 XML 布局外,还可以在 Java 代码中直接引用某种布局,此时就不需要在工程的 res 文件夹下存放 XML 布局文件了。在将 Widget 对象实例化并设置属性值后,通过调用 addView()方法可将其添加到设定的布局。

【例 3-3】　工程 Demo_03_DefineLayoutInActivity 演示在 Java 代码中定义并引用布局的方法。

此例是通过在 MainActivity 中添加线性布局而非通过 XML 布局文件来设置布局的。通过循环语句定义了 3 个按钮,并通过 addView()方法将其添加到布局中,如代码段 3-8 所示。

代码段 3-8　在 Activity 中设定布局

```
public class MainActivity extends Activity {
    @Override
    protected void onCreate(Bundle savedInstanceState) {
        super.onCreate(savedInstanceState);
        LinearLayout myLayout =new LinearLayout(this);
                                            //通过上下文设定线性布局对象
        myLayout.setGravity(Gravity.CENTER_HORIZONTAL);
        myLayout.setOrientation(LinearLayout.VERTICAL);   //垂直布局
```

```
        myLayout.setPadding(0,20,0,0);              //设置左、上、右、下边距
        setContentView(myLayout);                   //加载布局
        Button myBtn;                               //定义按钮对象
        for (int i=1; i<4; i++){                    //添加几个按钮
            myBtn =new Button(this);
            myBtn.setText("按钮" +i);
            myBtn.setTextSize(20);                  //设置字体大小
            myBtn.setHeight(35);                    //设置按钮的高度
            myLayout.addView(myBtn);                //将 Button 对象添加到布局中
            myBtn.getLayoutParams().width=300;
        }
    }
}
```

示例程序的运行结果如图 3-9 所示。

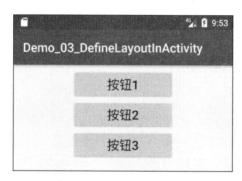

图 3-9　示例程序的运行结果

3.2.4　资源的管理与使用

在 Android 中,对字符、颜色、图像、音视频等资源的使用与管理也是很方便的,只要调用或设置资源文件夹 res 下的相关媒体文件或 XML 文件,就可以实现相关功能。

1. R.java 文件

R.java 文件由 Android Studio 自动生成与维护,提供了对 Android 资源的全局索引。

Android 应用程序中,XML 布局和资源文件并不包含在 Activity 的 Java 源码中,各种资源文件由系统自动生成的 R.java 文件来管理。每一个资源类型在 R.java 文件中都有一个对应的内部类。例如,类型为 layout 的资源项在 R.java 文件中对应的内部类是 layout,而类型为 string 的资源项在 R.java 文件中对应的内部类就是 string。R.java 文件的作用相当于一个项目字典,项目中的用户界面、字符串、图片、声音等资源都会在该类中创建其唯一的 ID,当项目中使用这些资源时,会通过该 ID 得到资源的引用。如果程序

开发人员变更了任何资源文件的内容或属性,R. java 文件会随之变动并自动更新
R. java 类。

可以打开 R. java 文件查看其内容,如图 3-10 所示,但开发者不需要也不能修改此文
件,否则资源的内存地址会发生错误,程序就无法运行了。

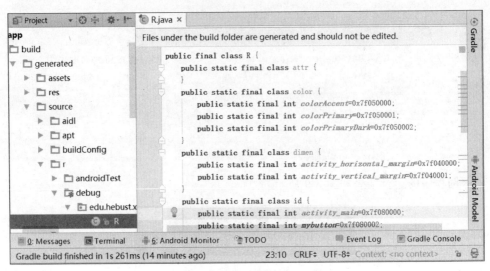

图 3-10　R. java 文件及其内容

在 Java 程序中通过 R. java 类引用资源的方法是"R. 资源类型. 资源名称",其中的
"资源类型"可以是放置图像的文件夹、XML 文件或布局文件,而"资源名称"是资源文件
名或 XML 文件中的变量名。例如,R. drawable. background 表示使用资源目录中的 res\
drawable\ background. png 图片文件;R. string. title 表示使用资源文件 res \ values \
string. xml 中定义的 title 字符串变量;R. layout. activity_main 表示使用资源目录中的
res\layout\activity_main. xml 布局文件;R. anim. anim 表示使用 res\anim\anim. xml 动
画定义文件。

2. 图片资源的管理与使用

Android Studio 工程项目提供了 mipmap 文件夹和 drawable 文件夹管理图片资源文
件。新建工程项目时,系统会在 res 资源文件夹中自动创建多个 drawable 或 mipmap 文
件夹,如 drawable-hdpi、drawable-mdpi、mipmap-hdpi、mipmap-mdpi 等,具体取决于
Android Studio 的版本。当应用程序安装在不同显示分辨率的终端上时,程序会自适应
地选择加载 xxhdpi、xhdpi、hdpi 或 mdpi 文件夹中的资源。例如一部屏幕密度为 320 的
手机,会自动使用 drawable_xhdpi 文件夹下的图片。如果有默认文件夹 drawable,则系
统如果在其他 dpi 文件夹下找不到图片时会使用 drawable 中的图片。

谷歌公司建议将应用程序的图标文件放在 mipmaps 文件夹中,这样可以提高系统渲
染图片的速度,提高图片质量,减小 GPU 压力。mipmap 支持多尺度缩放,系统会根据当
前缩放范围选择 mipmap 文件夹中适当的图片。而如果将图片放在 drawable 文件夹下,
将根据当前设备的屏幕密度选择恰当的图片。

【例 3-4】 工程 Demo_03_UseImageResource 以设置 ImageView 的图片属性为例演示了如何在 XML 文件中引用图片资源的方法。

首先将某个图片文件复制到工程中的 mipmap 文件夹下,图 3-11 是把 background.jpg 复制到工程中以后的效果。

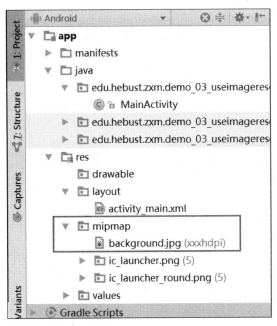

图 3-11 在工程中添加图片

在布局 XML 文件中,通过"@mipmap/图片文件名"的方式引用 mipmap 文件夹中的图片文件,实现代码如代码段 3-9 所示,运行结果如图 3-12 所示。

代码段 3-9 在 XML 文件中引用图片资源

```xml
<?xml version="1.0" encoding="utf-8"?>
<RelativeLayout xmlns:android="http://schemas.android.com/apk/res/android"
    android:id="@+id/activity_main"
    android:layout_width="match_parent"
    android:layout_height="match_parent">
    <ImageView
        android:layout_width="wrap_content"
        android:layout_height="wrap_content"
        android:src="@mipmap/background"
        android:id="@+id/imageView" />
</RelativeLayout>
```

【例 3-5】 工程 Demo_03_SetBackgroundForActivity 以设置 Activity 的背景图片为例演示了如何在 Java 源代码中引用图片资源的方法。

首先将某个图片文件复制到工程中的 mipmap 文件夹下。在 Java 源代码中,通过

"R. mipmap. 图片文件名"的方式引用 mipmap 文件夹中的图片文件。本例中,通过调用 this. getWindow(). setBackgroundDrawableResource()方法设定某个图片作为 APP 的背景,在 onCreate()方法中的实现代码如代码段 3-10 所示,运行结果如图 3-13 所示。

代码段 3-10　在 Activity 中设定 APP 的背景

```
protected void onCreate(Bundle savedInstanceState) {
    super.onCreate(savedInstanceState);
    this.getWindow().setBackgroundDrawableResource(R.mipmap.background);
    //用指定图片作为背景
    setContentView(R.layout.activity_main);
}
```

图 3-12　设置 ImageView 的图片属性

图 3-13　设置 Activity 背景

3. 字符串资源的管理与使用

字符串资源描述文件 strings. xml 一般位于工程 res 文件夹下的 values 子文件夹中。如果需要在 Activity 代码或布局文件中使用字符串,可以在 strings. xml 文件中的 <resources>标签下添加相应的<string>元素,定义字符串资源。<string>元素的基本格式是

```
<string name="字符串变量名">字符串的内容</string>
```

代码段 3-11 是一个典型的 strings. xml 示例,其中定义了两个字符串变量。

代码段 3-11 典型的 **string.xml** 代码段

```xml
<?xml version="1.0" encoding="utf-8"?>
<resources>
    <string name="app_name">MyFirstApplication</string>
    <string name="hello_world">Hello world!</string>
</resources>
```

上述代码段的第 1 行定义了 XML 版本与编码方式。第 2 行以后在＜resources＞标签下定义了两个＜string＞元素，分别定义了两个字符串，字符串的名称分别为 app_name 和 hello_world。如果需要在 Java 程序代码中使用这些字符串，可以用"R. string. 字符串名称"的方式引用。如果在 XML 文件中使用这些字符串，则用"@string/字符串名称"的方式引用。Android 解析器会从工程的 res/values/strings. xml 文件里读取相应名称变量的值并进行替换。

4. 数组资源的管理与使用

与字符串资源类似，数组描述文件 arrays. xml 位于工程 res 文件夹下的 values 子文件夹中。数组资源也定义在＜resources＞标签下，其基本语法如下：

```xml
<数据类型-arrayname="数组名">
    <item>数组元素值</item>
    <item>数组元素值</item>
    ⋮
</数据类型-array>
```

代码段 3-12 是一个典型的 array. xml 示例，在其中定义了两个字符串数组，数组名分别是 citys 和 modes。

代码段 3-12 典型的 **array.xml** 代码段

```xml
<?xml version="1.0" encoding="utf-8"?>
<resources>
    <string-arrayname="citys">
        <item>北京</item>
        <item>天津</item>
        <item>上海</item>
    </string-array>
    <integer-arrayname="modes">
        <item>1</item>
        <item>2</item>
        <item>3</item>
    </integer-array>
</resources>
```

在 XML 中引用数组资源的方法是"@array/数组名称"，在 Java 代码中引用数组资源的方法是"getResources(). getXxxArray(R. array. 数组名称)",例如：

```
String[] citys =getResources().getStringArray(R.array.citys);
int[] modes =getResources().getIntArray(R.array.modes);
```

5. 颜色描述资源的管理与使用

颜色描述文件 strings. xml 位于工程 res 文件夹下的 values 子文件夹中,其典型内容如代码段 3-13 所示。

代码段 3-13　典型的 color.xml 代码段
```
<?xml version="1.0" encoding="utf-8"?>
<resources>
    <color name="colorPrimary">#3F51B5</color>
    <color name="colorPrimaryDark">#303F9F</color>
    <color name="colorAccent">#FF4081</color>
</resources>
```

在<resources>标签下添加相应的<color>元素,定义颜色资源,其基本格式如下：

```
<string name="颜色名称">该颜色的值</string>
```

颜色值通常为 8 位的十六进制的颜色值,表达式顺序是♯aarrggbb,其中 aa 表示 alpha 值(00~FF,00 表示完全透明,FF 表示完全不透明),rr 表示红色分量的值(00~FF),gg 表示绿色分量的值(00~FF),bb 表示蓝色分量的值(00~FF)。例如,♯7F0400ff,其中 7F 表示透明度,0400ff 表示色值(red 值为 04,green 值为 00,blue 值为 FF)。任何一种颜色的值范围都是 0~255(00~FF)。

颜色值也可以为 6 位的十六进制的颜色值,表示一个完全不透明的颜色,表达式顺序是♯rrggbb。例如,♯0400FF,则 red 值为 04,green 值为 00,blue 值为 FF。

在 XML 中引用颜色资源的方法是"@color/颜色名称",例如：

```
android:textColor="@color/colorAccent"
```

在 Java 代码中引用颜色资源的方法是"getResources(). getColor(R. color. 颜色名称)"或"ContextCompat. getColor(context,R. color. 颜色名称)",例如：

```
TextView hello= (TextView)findViewById(R.id.hello);
hello.setTextColor(getResources().getColor(R.color.colorPrimary));
```

6. 引用 assets 文件夹中的资源

同 res 文件夹相似,assets 也是存放资源文件的文件夹,但两者有所不同,res 文件夹中的内容会被编译器所编译,assets 文件夹则不会。也就是说,应用程序运行的时候,res

文件夹中的内容会在启动的时候载入内存,assets 文件夹中的内容只有在被用到的时候才会载入内存,所以一般将一些不经常使用的大资源文件存放在该目录下,例如应用程序中使用的音视频文件、图片、文本文件等。

在程序中可以使用 getResources. getAssets(). open("文件名")的方式得到资源文件的输入流 InputStream 对象。

3.3　界面元素的常用属性

每个 View 和 ViewGroup 对象支持其自身的各种 XML 属性。一些属性对所有 View 对象可用,因为它们是从 View 基类继承而来的,例如 id 属性;而有些属性只有特定的某一种 View 对象及其子类可用,例如 TextView 及其子类支持 textSize 属性。

3.3.1　控件 ID 及其使用

在 XML 布局文件中,可以通过设置 android：id 属性来给相应的 Widget 控件指定 ID,通常是以字符串的形式定义一个 ID;而在 Java 中则可以通过调用 setId(int)方法来实现给控件指定 ID。通过这个 ID,可在 XML 布局或 Activity 代码中引用相应的控件。

例如,如果新添加了一个按钮 Button,在 XML 布局文件中采用如下方式为其分配 ID 号:

```
android:id="@+id/my_button"
```

这里在"@+id/"后面的字符是设定的 ID 号,@表示 XML 解析器应该解析 ID 字符串并把它作为 ID 资源;"+"表示这是一个新的资源名字,它被创建后应加入到资源文件 R. java 中。在 Java 代码中引用相应的 ID 时,则不需要+符号,只需创建这个 View 对象(如 Button)的实例名,并通过其 ID 号获取它。例如,代码段 3-14 给出在 Activity 中通过 ID 号取得布局上的元素句柄,此例中 ID 为 my_button。

代码段 3-14　通过 findViewById()取得控件句柄
```
@Override
public void onCreate(Bundle savedInstanceState) {
    super.onCreate(savedInstanceState);
    setContentView(R.layout.activity_main);
    //在 activity_main.xml 中应提前定义好 Button 的 ID
    Button myButton = (Button) findViewById (R.id.my_button);
    //取得 Button 控件句柄,存储到 myButton 对象中
    myButton.setText("hello");
                            //字符串 hello 显示在 ID 号为 my_button 的 Button 控件中
}
```

在定义资源之前,要先使用 android：id 属性定义其 ID 号,这样该资源才能被记录到

R. java 中，然后才能在 Activity 中引用它。在调用 findViewById( )方法后，一般要进行相应的类型转换。另外，同一个 Activity 中的 XML 布局文件中各个 Widget 控件的 ID 号不能相同，不同 XML 布局文件中的控件 ID 号可以相同。

3.3.2　布局尺寸参数及其使用

布局尺寸参数一般是指名为 layout_xxx 的 XML 布局属性，例如 layout_height、layout_width 等。布局尺寸参数为视图定义适合它所驻留的 ViewGroup 的大小，例如：

```
android:layout_width="match_parent"
```

所有的控件都要求定义宽度和高度（layout_width 和 layout_height）属性，可以指定宽度和高度的具体值，如 50dp，也可采用参数 match_parent 或者 wrap_content。match_parent 参数使控件扩展以填充布局单元内尽可能多的空间，如果设置控件的 layout_width 和 layout_height 属性值为 match_parent，它将被强制性布满整个父容器。而 wrap_content 参数使控件扩展以显示其全部内容，例如 TextView 和 ImageView 控件，设置其 layout_width 和 layout_height 属性值为 wrap_content 将恰好完整显示其内部的文本或图像，布局元素将会根据内容自动更改大小并包裹住文字或图片内容。除此之外，还可以设置控件的对齐方式、边距、边界等，其相关属性如表 3-2 所示。

表 3-2　部分布局参数属性

XML 属性	功能及使用说明
android：layout_gravity	用来指定控件在布局中的对齐方式。默认为 top，可取 bottom、left、right、fill _ vertical、fill _ horizontal、center、fill、center _ vertical、center_horizontal 等
android：layout_weight	表示控件在布局中的权重，即所占空间比例
android：layout_centerHorizontal	水平居中，属性值为 true 或 false
android：layout_centerVertical	垂直居中，属性值为 true 或 false
android：layout_centerInparent	相对于父元素完全居中，属性值为 true 或 false
android：layout_marginBottom	离某元素底边缘的距离，属性值为具体的像素值
android：layout_marginLeft	与某元素左边缘的距离
android：layout_marginRight	与某元素右边缘的距离
android：layout_marginTop	与某元素上边缘的距离
android：paddingLeft	控件中子元素与控件左边的距离
android：paddingRight	控件中子元素与控件右边的距离
android：paddingBottom	控件中子元素与控件底边的距离
android：paddingTop	控件中子元素与控件顶边的距离

代码段 3-15 演示了在 XML 布局中设定按钮的 ID、尺寸、边界等属性的方法。

代码段 3-15　在 XML 中设定 Widget 组件的 ID、尺寸、边界等属性信息

```
<RelativeLayout
    android:layout_width="match_parent"
    android:layout_height="match_parent"
    android:paddingTop="32dp"
    android:paddingLeft="16dp" >
    <Button
        android:text="按钮"
        android:id="@+id/button1"
        android:layout_width="match_parent"
        android:layout_height="wrap_content"
        android:layout_marginRight ="5px"
        android:layout_centerVertical="true" />
</RelativeLayout>
```

3.3.3　XML 常用布局控件的标签及属性

表 3-3 列出了 XML 常用布局控件的标签，它们通常在 XML 布局文件中被引用，用来定义相应类型的界面元素对象。

表 3-3　部分 XML 常用布局控件标签

标　　签	说　　明
<AutoCompleteTextView>	自动提示文本输入框
<TextView>	文本显示框
<EditText>	文本输入框
<Button>	按钮
<ImageButton>	图片按钮
<RadioButton>	单选按钮
<RadioGroup>	单选按钮组
<CheckBox>	复选框按钮
<ListView>	列表
<DatePicker>	日期选择控件
<TimePicker>	时间选择控件
<ImageView>	图片显示控件
<Spinner>	下拉列表选择框
<VideoView>	视频播放控件
<WebView>	网页显示控件

表 3-4 列出了 XML 布局控件中常用的属性。有的 Widget 控件可能没有表中列出的某些属性,根据具体情况选择。这些属性标记有些有对应的 Java 方法,而有些则没有对应的 Java 方法。

表 3-4　XML 布局控件常用属性

XML 属性标记	功能及使用说明
android：orientation	为线性布局设置排列方向。取值为 vertical 或 horizontal
android：layout_x	绝对布局中设置 x 坐标位置
android：layout_y	绝对布局中设置 y 坐标位置
android：text	指定控件显示在界面上的文字(如按钮上显示的文字)。取值如@string/myname,或直接给定字符串
android：textSize	文字的大小,取值如 20sp,20dip 等
android：textColor	指定文字的颜色。格式为♯rgb、♯argb、♯rrggbb、♯aarrggbb 等。如取值为♯ff8c00 等,或 COLOR. BLUE 等(需引用相应的包)
android：textStyle	指定字体风格,取值为 bold、italic、bolditalic 等
android：textScaleX	控制字与字之间的间距,如取值 1.5
android：maxLines	指定输入文本的最大行数
android：singleLine	设置是否为单行输入,如设置 true,则不自动换行
android：hint	指定显示在控件上的提示性文本信息
android：background	用来设置背景,值可以是颜色,也可以是图片
android：layout_span	表示控件占据的列数
android：divider	指定 ListView 分隔线的颜色或样式
android：src	为 ImageView 指定显示的图片
android：visibility	设置控件的可见属性,值有 3 个：visible,表示控件是可见的;invisible 表示控件是不可见的,但是却占有原来的位置;gone 表示控件是不可见的,也不占用原来的位置

3.4　常用的布局

3.4.1　线性布局 LinearLayout

线性布局将其包含的子元素按水平或者垂直方向顺序排列。布局方向由属性 android：orientation 的值来决定,其值为 vertical 时子元素垂直排列,为 horizontal 时子元素水平排列。同时,可使用 android：layout_gravity 属性调整子元素向左、右或居中对齐,或使用 android：padding 属性来微调各子元素的摆放位置,还可以通过设置子元素的 android：layout_weight 属性值控制各个元素在容器中的相对大小。

在 XML 布局文件中,线性布局的子元素定义在<LinearLayout></LinearLayout>标签之间。

每一个线性布局的所有子元素,如果垂直分布则仅占一列,如果水平分布则仅占一行。线性布局中如果子元素所需位置超过一行或一列,不会自动换行或换列,超出屏幕的子元素将不会被显示。

【例 3-6】 工程 Demo_03_LinearLayout 演示了线性布局的用法。

在 Android Studio 中新建一个工程,选用空白的 Activity 模板,系统会自动为该 Activity 建立一个位于 res/layout/中的布局文件,自动建立的内容采用约束布局。可以把这个约束布局直接修改为线性布局。在 Android Studio 的 Design 面板下,将左侧 Layouts 列表中的线性布局(水平或垂直)拖动到右侧的模拟器界面中,会在原有的布局中添加相应的水平线性布局或垂直线性布局。

代码段 3-16 给出其中部分实现的代码,程序运行结果如图 3-14 所示。

代码段 3-16　线性布局示例

```xml
<?xml version="1.0" encoding="utf-8"?>
<LinearLayout
    xmlns:android="http://schemas.android.com/apk/res/android"
    android:orientation="vertical"
    android:layout_width="match_parent"
    android:layout_height="match_parent"
    android:gravity="center_horizontal">
    <Button
        android:text="按钮 1"
        android:layout_width="wrap_content"
        android:layout_height="wrap_content"
        android:id="@+id/button1" />
    <Button
        android:text="按钮 2"
        android:id="@+id/button2"
        android:layout_width="wrap_content"
        android:layout_height="wrap_content" />
    <Button
        android:text="按钮 3"
        android:id="@+id/button3"
        android:layout_width="wrap_content"
        android:layout_height="wrap_content" />
</LinearLayout>
```

【例 3-7】 工程 Demo_03_BrowserByLinearLayout 实现了一个简易浏览器界面的布局。

本例演示了线性布局中子元素在容器中的相对大小比例的控制。本例使用了 android:layout_weight 属性,该属性用于定义控件对象所占空间分割父容器的比例。

android:layout_weight 属性只有在 LinearLayout 中才有效,其默认值为 0。其含义

图 3-14　线性布局示例程序的运行结果

是一旦 View 对象设置了该属性,那么该对象的所占空间等于 android：layout_width 和 layout_height 设置的空间加上剩余空间的占比。即 LinearLayout 如果显式包含 layout_weight 属性时,会计算两次对象所占尺寸,第一次将正常计算所有 View 对象的宽高,第二次将结合 layout_weight 的值分配剩余的空间。例如,假设屏幕宽度为 L,两个 View 对象的宽度都为 match_parent,其 layout_weight 的值分别是 1 和 2,则两个 View 的原有宽度都为 L,那么剩余宽度为 $L-(L+L)=-L$,第一个 View 对象占比为 1/3,所以总宽度是 $L+(-L)*1/3=(2/3)L$。

谷歌公司官方推荐,当使用 layout_weight 属性时,将 android：layout_width 和 layout_height 设为 0dip,这样 layout_weight 值就可以简单理解为空间占比了。

示例程序的布局效果如图 3-15 所示,XML 布局文件的内容如代码段 3-17 所示。

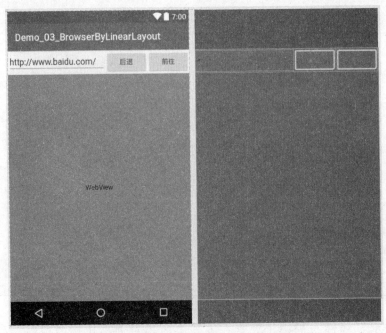

图 3-15　线性布局实现简易浏览器界面

代码段 3-17　线性布局实现简易浏览器界面

```xml
<?xml version="1.0" encoding="utf-8"?>
<LinearLayout xmlns:android="http://schemas.android.com/apk/res/android"
    android:layout_width="match_parent"
    android:layout_height="match_parent"
    android:orientation="vertical">
    <LinearLayout
        android:layout_width="match_parent"
        android:layout_height="wrap_content"
        android:orientation="horizontal">
        <EditText
            android:layout_weight="1"
            android:layout_width="wrap_content"
            android:layout_height="wrap_content"
            android:inputType="textUri"
            android:text="http://www.baidu.com/"/>
        <Button
            android:id="@+id/btn_back"
            android:text="后退"
            android:layout_height="wrap_content"
            android:layout_width="wrap_content"/>
        <Button
            android:id="@+id/btn_go"
            android:text="前往"
            android:layout_height="wrap_content"
            android:layout_width="wrap_content"/>
    </LinearLayout>
    <WebView
        android:id="@+id/webView"
        android:layout_width="match_parent"
        android:layout_height="wrap_content"
        android:layout_weight="1"/>
</LinearLayout>
```

3.4.2　绝对布局 AbsoluteLayout

绝对布局以坐标的方式来定位子元素在屏幕上的位置。由于通过坐标确定子元素位置后，系统无法根据不同屏幕大小对元素位置进行调整，降低了布局对不同类型和尺寸屏幕的适应能力，所以谷歌公司官方并不提倡使用这种布局。

绝对布局的子元素定义在<AbsoluteLayout></AbsoluteLayout>标签之间。

【例 3-8】　示例工程 Demo_03_BrowserByAbsoluteLayout 采用绝对布局完成例 3-7 中的简易浏览器界面。其布局文件如代码段 3-18 所示。

代码段 3-18 绝对布局实现简易浏览器界面

```
<AbsoluteLayout xmlns:android="http://schemas.android.com/apk/res/android"
    android:layout_width="match_parent"
    android:layout_height="match_parent"
    android:padding="5dp">
    <EditText
        android:layout_x="5dp"
        android:layout_y="10dp"
        android:layout_width="180dp"
        android:layout_height="wrap_content"
        android:singleLine="true"
        android:text="http://www.baidu.com/"/>
    <Button
        android:id="@+id/btn_back"
        android:text="后退"
        android:layout_x="185dp"
        android:layout_y="5dp"
        android:layout_height="wrap_content"
        android:layout_width="wrap_content" />
    <Button
        android:id="@+id/btn_go"
        android:text="前往"
        android:layout_x="270dp"
        android:layout_y="5dp"
        android:layout_height="wrap_content"
        android:layout_width="wrap_content"/>
    <WebView
        android:id="@+id/webView"
        android:layout_x="5dp"
        android:layout_y="55dp"
        android:layout_width="match_parent"
        android:layout_height="match_parent"
        android:layout_weight="1"/>
</AbsoluteLayout>
```

3.4.3 相对布局 RelativeLayout

在相对布局中,子元素的位置是相对于兄弟元素或父容器而确定的,例如在某一个给定 View 对象的左边或者下面,或相对于某个特定区域的位置(如底部对齐、中间偏左)等来定位元素。在设计相对布局时,要按照元素之间的依赖关系排列,如 View A 的位置相对于 View B 来决定,则需要保证在布局文件中 View B 在 View A 的前面。还需要注意的是,在进行相对布局时要避免出现循环依赖,例如设置相对布局的父容器排列方式为

WRAP_CONTENT,就不能再将其子元素设置为 ALIGN_PARENT_BOTTOM。因为这样会造成子元素和父元素相互依赖和参照的错误。

相对布局的子元素定义在<RelativeLayout></RelativeLayout>标签之间。

相对布局可以单独指定某个 Layout 或某个对象对齐到另一个 Layout 或对象的位置,而不必像线性布局一样必须将所有的 Layout 与对象水平或垂直对齐,是一种比较灵活的布局。

在进行相对布局时用到的属性很多,很多属性都与位置和距离方式有关。表 3-5 列出了部分可用在相对布局中的属性,限于篇幅,具体请参阅相关 API 文档。

表 3-5　部分相对布局的属性

属性标记	功　能	可用参数取值
android：layout_above	将此组件放在其他某个组件上方	@id/其他组件 ID 号
android：layout_below	将此组件放在其他某个组件下方	@id/其他组件 ID 号
android：layout_toStartOf	将此组件放在其他某个组件左边	@id/其他组件 ID 号
android：layout_toEndOf	将此组件放在其他某个组件右边	@id/其他组件 ID 号
android：layout_alignTop	将此组件和其他某个组件顶端对齐	@id/其他组件 ID 号
android：layout_alignBottom	将此组件和其他某个组件底端对齐	@id/其他组件 ID 号
android：layout_alignLeft	将此组件和其他某个组件左端对齐	@id/其他组件 ID 号
android：layout_alignRight	将此组件和其他某个组件右端对齐	@id/其他组件 ID 号
android：layout_marginTop	此组件与顶边缘的距离	10dp、10dip 等
android：layout_marginBottom	此组件与底边缘的距离	10dp、10dip 等
android：layout_marginLeft	此组件与左边缘的距离	10dp、10dip 等
android：layout_marginRight	此组件与右边缘的距离	10dp、10dip 等
android：layout_alignParentTop	和父容器的顶边齐平	True
android：layout_alignParentBottom	和父容器的底边齐平	True
android：layout_alignParentEnd	和父容器的右边齐平	True
android：layout_alignParentStart	和父容器的左边齐平	True
android：layout_centerHorizontal	水平居中	True
android：layout_centerVertical	垂直居中	True
android：layout_centerInParent	相对于父元素完全居中	True

【例 3-9】　示例工程 Demo_03_BrowserByRelativeLayout 采用相对布局完成例 3-7 中的简易浏览器界面。其布局文件如代码段 3-19 所示。

代码段 3-19　相对布局实现简易浏览器界面

```
<?xml version="1.0" encoding="utf-8"?>
<RelativeLayout xmlns:android="http://schemas.android.com/apk/res/android"
```

```
        android:layout_width="match_parent"
        android:layout_height="match_parent"
        android:padding="5dp">
    <Button
        android:id="@+id/btn_go"
        android:layout_alignParentEnd="true"
        android:text="前往"
        android:layout_height="wrap_content"
        android:layout_width="wrap_content"/>
    <Button
        android:id="@+id/btn_back"
        android:text="后退"
        android:layout_height="wrap_content"
        android:layout_width="wrap_content"
        android:layout_toStartOf="@id/btn_go"/>
    <EditText
        android:id="@+id/editText"
        android:layout_width="match_parent"
        android:layout_height="wrap_content"
        android:text="http://www.baidu.com/"
        android:layout_toStartOf="@id/btn_back"/>
    <WebView
        android:id="@+id/webView"
        android:layout_below="@id/btn_go"
        android:layout_width="match_parent"
        android:layout_height="match_parent"/>
</RelativeLayout>
```

3.4.4　表格布局 TableLayout

　　表格布局的子元素定义在<TableLayout></TableLayout>标签之间。

　　表格布局是一种以类似表格的方式显示元素的布局，它将包含的元素以行和列的形式进行排列，但它并没有表格线，而是用行和列标识位置。一个 TableLayout 由许多的"行"组成。行可以是一个 TableRow 对象，也可以是一个 View 对象。当行是一个 View 对象时，该 View 对象将跨越该行的所有列。

　　一般在<TableLayout></TableLayout>标签中间定义<TableRow></TableRow>元素，每个 TableRow 代表一个"行"，在 TableRow 中可以添加子元素，每添加一个子元素为一列。TableLayout 中可以有空的单元格，也可以有跨越多个列的单元格。在 TableLayout 布局中，一个列的宽度由该列中最宽的那个单元格决定，而表格的宽度是由父容器决定。要特别注意的是，行号和列号是从 0 开始的。

　　TableLayout 继承自 LinearLayout 类，除了继承来自父类的属性和方法，TableLayout 类

中还包含表格布局所特有的属性和方法,例如 android：layout_span 属性用于设置该控件所跨越的列数。表 3-6 是部分可用在表格布局中的属性。

表 3-6　表格布局的部分属性

属 性 标 记	功　　　能
android：layout_column	设置该控件在 TableRow 中所处的列
android：layout_span	设置该控件所跨越的列数
android：collapseColumns	将 TableLayout 里面指定的列隐藏。列 ID 从 0 开始,多个列用“,”分隔
android：stretchColumns	设置指定的列为可自动伸展的列。列 ID 从 0 开始,多个列用“,”分隔
android：shrinkColumns	设置指定的列为可自动收缩的列。列 ID 从 0 开始,多个列用“,”分隔。可以用 * 表示所有列,同一列可以同时设置为 shrinkable 和 stretchable。

表格布局的总宽度由其父容器决定,子对象不能指定 android：layout_width 属性,宽度永远是 match_parent。子对象可以定义 android：layout_height 属性,其默认值是 wrap_content,但是如果子对象是 TableRow,其高度永远是 wrap_content。

列的宽度由该列所有行中最宽的一个单元格决定,但是表格布局可以通过 shrinkColumns 和 stretchColumns 两个属性来标记某些列可以收缩或可以拉伸,以使表格能够适应其父容器的大小。如果标记为可以收缩,列宽可以收缩以使表格适合容器的大小;如果标记为可以拉伸,列宽可以拉伸以占用多余的空间。列可以同时具有可拉伸和可收缩属性。

【例 3-10】 示例工程 Demo_03_BrowserByTableLayout 采用表格布局完成例 3-7 中的简易浏览器界面。其布局文件如代码段 3-20 所示。

代码段 3-20　表格布局实现简易浏览器界面

```
<?xml version="1.0" encoding="utf-8"?>
<TableLayout xmlns:android="http://schemas.android.com/apk/res/android"
    android:layout_width="match_parent"
    android:layout_height="match_parent"
    android:padding="5dp"
    android:stretchColumns="0">
    <TableRow
        android:layout_width="match_parent"
        android:layout_height="match_parent">
        <EditText
            android:id="@+id/editText"
            android:layout_width="match_parent"
            android:layout_height="wrap_content"
            android:text="http://www.baidu.com/"/>
        <Button
            android:id="@+id/btn_back"
            android:text="后退"
```

```
            android:layout_height="wrap_content"
            android:layout_width="wrap_content"
            android:layout_weight="1"/>
        <Button
            android:id="@+id/btn_go"
            android:text="前往"
            android:layout_height="wrap_content"
            android:layout_width="wrap_content"
            android:layout_weight="1"/>
    </TableRow>
    <TableRow
        android:layout_width="match_parent"
        android:layout_height="match_parent"
        android:layout_weight="1">
        <WebView
            android:id="@+id/webView"
            android:layout_below="@+id/btn"
            android:layout_width="match_parent"
            android:layout_height="match_parent"
            android:layout_span="3"/>
    </TableRow>
</TableLayout>
```

3.4.5 帧布局 FrameLayout

帧布局的子元素定义在<FrameLayout></FrameLayout>标签之间。采用帧布局时,子元素只能放置在父容器空间的左上角。如果在一个帧布局上有多个元素,后放置的元素将遮挡先放置的元素,所以如果子元素一样大,同一时刻只能看到最上面的子元素。例如,在代码段 3-21 中依次放了 3 个 TextView 控件在帧布局中,由于覆盖的原因,出现了图 3-16 所示的效果。该布局在运行时所有的子元素都自动地对齐到父容器的左上角,由于 3 个 TextView 是按照字号从大到小排列的,所以字号小的在最上层。

代码段 3-21 帧布局示例

```
<?xml version="1.0" encoding="utf-8"?>
<FrameLayout xmlns:android="http://schemas.android.com/apk/res/android"
    android:layout_width="match_parent"
    android:layout_height="match_parent" >
    <TextView
        android:text="较大的文字"
        android:layout_width="wrap_content"
        android:layout_height="wrap_content"
        android:textSize="26pt"
        android:textColor ="#dddddd"/>
```

```
    <TextView
        android:text="中等的文字"
        android:layout_width="wrap_content"
        android:layout_height="wrap_content"
        android:textSize="18pt"
        android:textColor ="#aaaaaa"/>
    <TextView
        android:text="较小的文字"
        android:layout_width="wrap_content"
        android:layout_height="wrap_content"
        android:textSize="10pt"
        android:textColor ="#000000"/>
</FrameLayout>
```

图 3-16   帧布局的显示效果

【例 3-11】   工程 Demo_03_FrameLayout 利用帧布局实现了一个带背景图片的用户界面。

示例程序中用到 ImageView 控件,它负责显示图片,而图片的来源既可以是资源文件的 ID,也可以是 drawable 对象,还可以是 ContentProvider 的 URI。本例中显示的图片来自本书配套资源文件。

在帧布局中包含一个 ImageView 对象和一个 LinearLayout 布局,LinearLayout 布局中包括用户名、密码、登录等界面元素。由于采用帧布局,所以 ImageView 对象和 LinearLayout 布局是相互重叠的,这样就实现了一个带背景图片的用户界面。

示例程序的运行结果如图 3-17 所示,布局文件如代码段 3-22 所示。

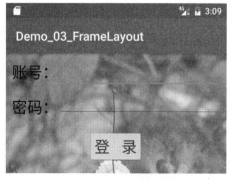

图 3-17   帧布局示例

代码段 3-22 帧布局示例

```xml
<FrameLayout xmlns:android="http://schemas.android.com/apk/res/android"
    android:layout_width="match_parent"
    android:layout_height="match_parent">
    <ImageView
        android:layout_width="match_parent"
        android:layout_height="match_parent"
        android:src="@mipmap/image04"
        android:scaleType="fitXY"/>
    <LinearLayout
        android:layout_width="match_parent"
        android:layout_height="match_parent"
        android:orientation="vertical"
        android:padding="10dp">
        <LinearLayout
            android:layout_width="match_parent"
            android:layout_height="wrap_content"
            android:orientation="horizontal">
            <TextView
                android:layout_width="wrap_content"
                android:layout_height="wrap_content"
                android:textSize="25sp"
                android:textColor="#000000"
                android:text="账号:"/>
            <EditText
                android:layout_width="match_parent"
                android:layout_height="wrap_content"/>
        </LinearLayout>
        <LinearLayout
            android:layout_width="match_parent"
            android:layout_height="wrap_content"
            android:orientation="horizontal">
            <TextView
                android:layout_width="wrap_content"
                android:layout_height="wrap_content"
                android:textSize="25sp"
                android:textColor="#000000"
                android:layout_marginTop="10dp"
                android:text="密码:"/>
            <EditText
                android:layout_width="match_parent"
                android:layout_height="wrap_content"/>
        </LinearLayout>
```

```
    <Button
        android:layout_width="wrap_content"
        android:layout_height="wrap_content"
        android:text="登录"
        android:textSize="25sp"
        android:layout_marginTop="20dp"
        android:padding="10dp"
        android:layout_gravity="center_horizontal"/>
    </LinearLayout>
</FrameLayout>
```

3.5　本章小结

本章介绍 Activity 的相关知识和 Android 界面布局与常用资源的使用方法,包括以 XML 配置文件和 Activity 源码编程两种方法设定和使用布局的方法,如何使用存放在 Android 工程中的资源文件,以及常用的界面布局类型。学习本章要重点掌握 Activity 的生命周期以及线性布局、相对布局、表格布局、帧布局等常用布局的使用方法,并能灵活运用这几种布局。

习　题

1. 简述 Android 系统的 4 种基本组件 Activity、Service、BroadcastReceiver 和 ContentProvider 的用途。

2. 简述 Activity 生命周期的 4 种状态以及状态之间的变换关系。

3. 对一些资源以及状态的操作保存,最好是在 Activity 生命周期的哪个方法中进行?

4. 如果后台的 Activity 由于某个原因被系统回收了,如何在被系统回收之前保存当前状态?

5. Android 应用程序的界面布局有哪几种方式? 各有什么优缺点?

6. 分别以 Java 编程的方法和 XML 布局文件的方法实现一个 Activity。要求界面有说明文字,以及姓名、性别、年龄输入框,底部给出"确定"和"取消"两个按钮。

7. 分别以线性布局、相对布局、表格布局的方式实现一个 Activity。要求界面有说明文字,以及姓名、性别、年龄输入框,底部给出"确定"和"取消"两个按钮。

8. 如果想让 TextView 中的文本居中显示,应当设置 android:gravity 属性的值还是 android:layout_ gravity 属性的值为 center?

9. 设计一个提交订单的用户界面,要求在不同屏幕尺寸时显示效果相同。

第4章 常用界面控件及其应用

本章介绍 Android 中常用的 UI 控件及其事件处理机制，内容包括按钮 Button、文本显示框 TextView、文本输入框 EditText、带自动提示的文本输入框 AutoCompleteTextView、提示信息 Toast、单选按钮 RadioButton、复选框 CheckBox、列表 ListView、下拉列表选择框 Spinner 等常用 Widget 控件的设计与编程技巧，以及相关的事件处理方法。

4.1 Widget 控件概述

在 Android 系统中进行用户界面设计时，Widget 控件是必不可少的重要元素。Widget 作为一组用于绘制交互屏幕元素的类都是 View 或 ViewGroup 类的子类，可以嵌入到应用程序中的人机交互界面上，相当于 Windows 应用程序中的小插件。前几章中提到过的文本显示框 TextView、按钮 Button 等 UI 元素都属于 Widget。

常见的 Widget 控件有 TextView、AutoCompleteTextView、EditText、Button、ImageButton、CheckBox、RadioButton、ListView、Spinner、GridView、ScrollView、WebView、ProgressBar、RatingBar、SeekBar、Switch、DatePicker、TimePicker 等，它们对应的类大都定义在 android. widget 包中。限于篇幅，本章仅介绍部分常用 Widget 控件。

通常，首先在 XML 布局文件中提前定义 Widget 控件对象并设置属性，然后通过在 Activity 类中调用 setContentView()方法来引用该布局文件，并调用 findViewById()方法引用该布局文件中的 Widget 控件对象。很多 Widget 控件既可以在 XML 文件中设定各种属性，也可以在 Java 源代码中设定属性。如果需要在程序运行的过程中动态改变某些属性值，则通常要在 Java 代码中实现。

4.2 Android 的事件处理机制

在图形用户界面的开发设计中，有两个非常重要的内容：一个是界面控件对象的布局，另一个就是控件对象的事件处理。Android 的事件处理机制主要涉及 3 个概念：

（1）事件。表示用户在图形界面的操作的描述，通常被封装成各种类，例如，键盘事件相关的类为 KeyEvent，触摸屏的移动事件类为 MotionEvent 等。

（2）事件源。指发生事件的控件对象，例如 Button 对象、EditText 对象等。

（3）事件处理者。指接收事件并对其进行处理的对象，事件处理者一般是一个实现某些特定接口类的对象。

  Android 系统的用户与应用程序之间的交互是通过事件处理来完成的,各控件对象在不同情况下触发的事件可能并不相同,但对事件的处理方法主要有两类,即基于监听接口的处理方法和基于回调机制的处理方法。前者使用事件监听器 Event Listeners 来处理事件,后者使用 Event Handlers 来处理事件。另外,Android 还提供了一种更简单的绑定事件监听器的方式,即直接在界面布局文件中为控件对象绑定事件处理方法。

4.2.1 基于监听接口的事件处理方式

  与 Java 中的监听处理模型一样,Android 也提供了同样的基于监听接口的事件处理模型。事件监听器(Event Listener)是一个在 View 类中的接口,包括一个单独的回调函数。部分常见的事件监听器如表 4-1 所示。

表 4-1   部分常见的事件监听器

监 听 器	说 明
View. onClickListener	当前 View 被单击时,或者当前 View 获得焦点时,或在用户按下轨迹球后被调用,并触发其中的 onClick(View v)方法
View. onLongClickListener	当前 View 被长按时被调用,并触发其中的 onClick(View v)方法
View. onFocusChangeListener	当前 View 焦点变化时被调用,并触发其中的 onFocusChange(View view,Boolean hasFocus)方法
View. onKeyListener	当前组件获得焦点,或者用户按下键时被调用,并触发其中的 onKey(View v,int keyCode,KeyEvent event)方法
View. onTouchListener	当触摸事件(包括按下、抬起、移动等)传递给当前组件时,注册在当前组件内部的 onTouchListener 会被执行并触发其中的 onTouch(View v,MotionEvent event)方法

  将事件源与事件监听器联系在一起,就需要为事件源注册事件监听器,即为事件源对象添加某个事件的监听。当事件发生时,系统会将事件封装成相应类型的事件对象,并发送给注册到事件源的事件监听器。当监听器对象接收到事件对象之后,会调用监听器中相应的事件处理方法来处理事件,并给出响应。

1. 对按钮点击事件的处理

  按钮 Button 是用户界面中的基本元素。在 XML 布局文件中可以添加及设定 Button 的位置、形态、显示文字等。如果需要设计其点击后的处理逻辑,通常在 Activity 类中通过监听相应的事件来进行处理。

  控件对象的点击事件由接口 android. view. View. OnClickListener 监听并进行处理。在触控模式下,它是针对某个 View 上(如 Button)按下并抬起的组合动作;在键盘模式下它是针对某个 View(如 Button)获得焦点后按确定键或者按下轨迹球的事件,该接口对应的回调方法定义如下:

```
public void onClick (View v)
```

参数 v 就是事件发生的事件源。处理按钮点击事件时,一般需要调用该按钮实例的 setOnClickListener()方法注册事件监听器,并把 View. OnClickListener 对象的实例作为参数传入。通过侦听按钮点击事件,可以完成相应的功能。一般是在 View. OnClickListener 的 onClick()方法里处理按钮的点击事件。

采用基于监听接口的事件处理方法,可以在定义 Activity 时直接实现接口,这样 Activity 本身就是事件监听器,可以实现对事件的监听和响应;也可以定义内部类或使用匿名内部类实现接口,从而实现对事件的监听和响应。

【例 4-1】 示例工程 Demo_04_ButtonOnClickListener 演示了对按钮的点击事件处理的方法。该示例的 Activity 中有一个按钮,程序侦听这个按钮被点击的次数,当点击次数达到设定的次数时就退出应用程序。

代码段 4-1 采用 Activity 直接实现接口的方式实现对单击事件的监听和响应。

代码段 4-1 通过 Activity 直接实现接口 onClickListener 对按钮点击动作响应

```java
//package 和 import 语句略
public class MainActivity extends Activity implements OnClickListener {
                                                        //Activity实现监听器接口
    int count=0;
    Button myBtn;
    @Override
    protected void onCreate(Bundle savedInstanceState) {
        super.onCreate(savedInstanceState);
        setContentView(R.layout.activity_main);
        myBtn= (Button)findViewById(R.id.button);
        myBtn.setOnClickListener(this);               //为事件源注册事件监听器
    }
    @Override
    public void onClick(View v) {                     //处理按钮的点击事件
        count++;
        if (count ==5)
            finish();                                 //退出
        else
            myBtn.setText("我被点击了:" +count+"次");
    }
}
```

点击按钮前的程序界面如图 4-1(a)所示,点击按钮后的程序界面如图 4-1(b)所示。

(a) 点击按钮前的界面   (b) 点击按钮后的界面

图 4-1 工程 Demo_04_ButtonOnClickListener 的运行结果

从上例可以看出,对事件的处理主要是继承并完成 OnClickListener 接口中的 onClick 方法,并且将其绑定在事件源中,从而达到事件处理的效果。

2. 对键盘按键事件的处理

对手机键盘进行监听的接口是 android. view. View. OnKeyListener。它对某个 View 对象进行监听,即当该对象获得焦点并有按键操作时,触发该接口中的回调方法 OnKey()。该抽象方法的定义如下:

```
public boolean OnKey(View v, int keyCode, KeyEvent event)
```

其中第 1 个参数 v 为事件源控件,第 2 个参数 KeyCode 为手机键盘的键盘码,第 3 个参数 event 为键盘事件封装类的对象,其中包含了事件的详细信息,如发生的事件、类型等。

该方法的返回值是一个 boolean 类型的值。返回 true 时表示已经完整地处理了事件,不希望其他回调方法再次处理;而返回 false 时表示并没有完全处理完该事件,希望其他回调方法继续对其进行处理。

处理键盘按键事件时,一般需要调用对应 View 对象的 setOnKeyListener()方法注册事件监听器,并把 OnKeyListener 对象的实例作为参数传入。具体实现方法与处理点击事件类似,可以使用 Activity 直接实现接口的处理方式、内部类处理方式或匿名内部类处理方式。

【例 4-2】　示例工程 Demo_04_OnKeyListener 演示了以内部类方式处理键盘按键事件的方法。

该程序监听被按下的按键信息,并将按键时间和键盘码显示到 TextView 中,采用内部类方式处理键盘按键事件,如代码段 4-2 所示。运行结果如图 4-2 所示。

代码段 4-2　通过内部类方式处理键盘按键事件

```
//package 和 import 语句略
public class MainActivity extends AppCompatActivity {
    TextView textView;
    EditText editText;
    String keyCodeStr="";
    @Override
    protected void onCreate(Bundle savedInstanceState) {
        super.onCreate(savedInstanceState);
        setContentView(R.layout.activity_main);
        textView= (TextView)findViewById(R.id.textView);
        editText= (EditText)findViewById(R.id.editText);
        editText.setOnKeyListener(new MyOnKeyListener());
    }
    class MyOnKeyListener implements OnKeyListener{
                                        //定义实现监听器接口的内部类
```

```
@Override
public boolean onKey(View v, int keyCode, KeyEvent event) {
    keyCodeStr=keyCodeStr+"键盘码: "+keyCode+"\n";
    textView.setText(keyCodeStr);
    return false;
}
}
}
```

图 4-2　工程 Demo_04_OnKeyListener 的运行结果

3. 对触摸事件的处理

对触摸事件进行监听的接口是 android. view. View. OnTouchListener。它对某个 View 对象进行监听，当指定区域监听到用户的触摸动作时，触发该接口中的回调方法 OnTouch()，并传入两个参数 v 和 event，该抽象方法的定义如下：

```
public boolean onTouch(View v, MotionEvent event)
```

其中第 1 个参数 v 为事件源控件，第 2 个参数 event 为事件码。该方法的返回值是一个 boolean 类型的值。返回 true 时表示已经完整地处理了事件，不希望其他回调方法再次处理；而返回 false 时表示并没有完全处理完该事件，希望其他回调方法继续对其进行处理。

触摸动作包括从手指按下到离开手机屏幕的整个过程，在微观形式上，具体表现为 ACTION_DOWN、ACTION_MOVE 和 ACTION_UP 等过程。在重写事件处理的 onTouch()方法时，可以根据不同的 event 参数判断出不同的微观过程，从而执行不同的处理逻辑。

处理触摸事件时，一般需要调用对应 View 对象的 setOnTouchListener()方法注册事件监听器，并把 OnTouchListener 对象的实例作为参数传入。具体实现方法与处理点击事件类似。

【例 4-3】　工程 Demo_04_OnTouchListener 演示了监听 ImageView 上的触摸事件

并将触摸点坐标信息显示到下方的 TextView 中。程序采用匿名内部类方式实现事件的监听和处理,主要代码如代码段 4-3 所示,运行结果如图 4-3 所示。

代码段 4-3　通过匿名内部类处理触摸事件

```
protected void onCreate(Bundle savedInstanceState) {
    super.onCreate(savedInstanceState);
    setContentView(R.layout.activity_main);
    final TextView tvMessage=(TextView)findViewById(R.id.tv_message);
    ImageView image= (ImageView)findViewById(R.id.imageView);
    image.setOnTouchListener(new OnTouchListener() {       //注册 OnTouch 监听器
        @Override
        public boolean onTouch(View v, MotionEvent event) {
            String sInfo="触摸点坐标:X="+String.valueOf(event.getX())+"Y="
            +String.valueOf(event.getY());
            tvMessage.setText(sInfo);
            return true;
        }
    });
}
```

图 4-3　工程 Demo_04_OnTouchListener 的运行结果

Android 系统的坐标系与 Java 相同,以左上顶点为原点坐标(0,0),向右为 X 轴正方向,向下为 Y 轴正方向。

4.2.2　基于回调机制的事件处理

在 Android 中任何一个控件和 Activity 都是间接或者直接继承自 android. view. View,几乎每个 View 都有自己的处理事件的回调方法,开发人员可以通过重写 View 中的这些回调方法来实现对事件的响应。当某个事件没有被任何一个 View 处理时,便会调用 Activity 中相应的回调方法。

1. onKeyDown()和 onKeyUp()方法

onKeyDown()和 onKeyUp()方法是接口 KeyEvent.Callback 中的抽象方法,用于捕获按键信息并对其处理。onKeyDown()方法用于捕获设备键盘被按下的事件,所有的 View 全部实现了该接口并重写了该方法,方法定义如下:

```
public boolean onKeyDown(int KeyCode, KeyEvent event)
```

其中,参数 KeyCode 为被按下的键盘码,设备键盘中每个按钮都会有其单独的键盘码,在应用程序中通过键盘码可以知道用户按下的是哪个键。参数 event 是按键事件对应的对象,其中包含了触发事件的详细信息,例如事件的状态、事件的类型、事件发生的时间等。当用户按下按键时,系统会自动将事件封装成 KeyEvent 对象供应用程序使用。

该方法的返回值是一个 boolean 类型的值。返回 true 时表示已经完整地处理了事件,不希望其他回调方法再次处理;而返回 false 时表示并没有完全处理完该事件,希望其他回调方法继续对其进行处理。

【例 4-4】 示例工程 Demo_04_OnKeyDown 演示了通过 onKeyDown()方法来监听被按下的按键信息并将其显示到 TextView 中的方法。Java 代码如代码段 4-4 所示,程序运行后,当按下某键时,显示按键的键盘码和键值,运行结果如图 4-4 所示。

代码段 4-4 通过 Activity 的回调方法处理键盘按键事件

```java
//package 和 import 语句略
public class MainActivity extends AppCompatActivity {
    String keyCodeStr="";
    @Override
    protected void onCreate(Bundle savedInstanceState) {
        super.onCreate(savedInstanceState);
        setContentView(R.layout.activity_main);
    }
    @Override
    public boolean onKeyDown(int keyCode, KeyEvent event) {
        TextView tvMessage =(TextView) findViewById(R.id.tv_message);
        tvMessage.setTextSize(25);                              //设置文字大小
        keyCodeStr=keyCodeStr+"键盘码:" +keyCode+" 按键:"
            +KeyEvent.keyCodeToString(keyCode).substring(8)+"\n";
        tvMessage.setText(keyCodeStr);
        return super.onKeyDown(keyCode, event);
    }
}
```

类似地,可以调用 onKeyUp()方法用来捕捉设备键盘按键抬起的事件,其参数和使用方法与 onKeyDown()类似,在此不再赘述。

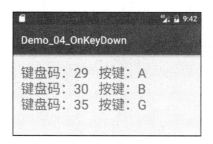

图 4-4　工程 Demo_04_OnKeyDown 的运行结果

2. onTouchEvent()方法

onTouchEvent()是在 View 中定义的一个方法,用于捕获触摸屏事件并对其进行处理。所有的 View 子类全部重写了该方法。onTouchEvent()处理传递到 View 的手势事件,包括 ACTION_DOWN、ACTION_MOVE、ACTION_UP、ACTION_CANCEL 4 种事件。Android 系统支持触摸屏操作,应用程序可以通过该方法处理移动设备屏幕的触摸事件。

onTouchEvent()方法的定义如下:

```
public boolean onTouchEvent (MotionEvent event)
```

其中,参数 event 为手机屏幕触摸事件封装类的对象,它封装了该事件的所有信息,如触摸的位置、类型以及触摸的时间等。该对象会在用户触摸手机屏幕时被创建。onTouchEvent()方法的返回值与 onKeyDown()等方法相似,当已经完整地处理了该事件且不希望其他回调方法再次处理时返回 true,否则返回 false。

一般情况下,当触控笔按下、触控笔抬起(离开屏幕)、触控笔在屏幕上滑动 3 种事件全部由 onTouchEvent()方法处理。onTouchEvent()方法捕捉到这些事件后,调用 event.getAction()方法来获取动作值,判断发生的是哪一个事件,然后分别对其处理。MotionEvent.getAction()的值为 MotionEvent.ACTION_DOWN 时,处理触控笔按下的事件;MotionEvent.getAction()的值为 MotionEvent.ACTION_UP 时,处理触控笔抬起的事件;MotionEvent.getAction()的值为 MotionEvent.ACTION_MOVE 时,处理触控笔在屏幕上滑动事件。在重写 public boolean onTouchEvent (MotionEvent event)方法时,根据侦听到的不同情况分别处理。

【例 4-5】　工程 Demo_04_OnTouchEvent 演示了通过 onTouchEvent()方法来监听触摸屏事件并将触摸点坐标信息显示到 TextView 中。

其主要代码如代码段 4-5 所示。示例程序运行后,触摸屏幕的响应结果如图 4-5 所示。

代码段 4-5　通过 Activity 的回调方法处理触摸事件

```
//package 和 import 语句略
public class MainActivity extends AppCompatActivity {
```

```
TextView TxtAction,TxtPosition;
@Override
protected void onCreate(Bundle savedInstanceState){
    super.onCreate(savedInstanceState);
    setContentView(R.layout.activity_main);
    TxtAction=(TextView) findViewById(R.id.tv_action);
    TxtPosition=(TextView) findViewById(R.id.tv_position);
}
@Override
public boolean onTouchEvent(MotionEvent event){
    String actionString="";
    int myAction=event.getAction();
    switch (myAction){
        case MotionEvent.ACTION_DOWN:
            actionString="ACTION_DOWN";
            break;
        case MotionEvent.ACTION_MOVE:
            actionString="ACTION_MOVE";
            break;
        case MotionEvent.ACTION_UP:
            actionString="ACTION_UP";
            break;
    }
    float x=event.getX();
    float y=event.getY();
    TxtAction.setText("触屏动作:"+actionString+"\n 动作值:"+myAction);
    TxtPosition.setText("触摸点坐标:"+"("+x+" , "+y+")");
    return true;
}
}
```

图 4-5 工程 Demo_04_OnTouchEvent 的运行结果

4.2.3 直接绑定到 XML 标签的事件处理方法

Android 还提供了一种更简单的绑定事件监听器的方式,直接在界面布局文件中为指定控件绑定事件处理方法。对于很多 Widget 控件而言，它们都支持 onClick、onLongClick 等属性，这种属性的属性值就是一个形如 xxx(View source)的方法的方法名。

【例 4-6】　示例工程 Demo_04_ButtonClickByXML，采用上述方法处理按钮的点击事件，完成例 4-1 的功能。

该示例的 XML 布局文件中定义了一个按钮，并设置了这个按钮的 android：onClick 属性，为按钮绑定一个事件处理方法 buttonClick(View v)，如代码段 4-6 所示。

代码段 4-6　在布局文件中定义按钮

```
<Button
    android:layout_width="wrap_content"
    android:layout_height="wrap_content"
    android:text="请点击我！"
    android:id="@+id/button"
    android:textSize="20dp"
    android:onClick="buttonClick"/>
                            //定义 onClick 属性，指定按钮点击时的响应方法
```

同时需要在该界面布局对应的 Activity 中定义一个 void buttonClick(View v)方法，该方法负责处理该按钮上的点击事件，如代码段 4-7 所示。

代码段 4-7　在 Activity 中定义 void buttonClick(View v)方法

```
//package 和 import 语句略
public class MainActivity extends AppCompatActivity {
    int count=0;
    Button myBtn;
    @Override
    protected void onCreate(Bundle savedInstanceState) {
        super.onCreate(savedInstanceState);
        setContentView(R.layout.activity_main);
        myBtn=(Button)findViewById(R.id.button);
    }
    public void buttonClick(View v){
        count++;
        if (count ==5)
            finish();                          //退出
        else
            myBtn.setText("我被点击了：" +count+"次");
    }
}
```

4.3　文本的输入和输出

4.3.1　TextView

TextView 通常用于在 Activity 上显示文字,而 EditText 通常用于在 Activity 上接收用户从键盘输入的文本信息。TextView 常用于 EditText 的前面,作为文本输入框的提示信息。

TextView 和 EditText 的创建与使用方法类似,通常的使用步骤如下:

(1) 在 XML 布局文件中定义 TextView 并设置其属性,例如 ID 属性,显示文字的内容、宽度、高度等。此外还可以设置字体、字号、颜色等属性。

(2) 在 Activity 中声明 TextView 实例对象。

(3) 在 Activity 中调用 findViewById()方法获取布局文件中定义的 TextView 对象,设置或获取对象的属性。例如,调用 setText()方法设置 TextView 对象上的显示文字,调用 getText()方法取得 TextView 对象上的文字。

在 XML 布局文件和 Java 程序中都可以设置 TextView 的各种属性,如文字的字体、字号、颜色等。如果 TextView 显示文字内容较多,可以将其放置在 ScrollView 中,使 TextView 成为 ScrollView 的子元素,这样运行程序后在 TextView 上会出现滚动条,以保证 TextView 的文字内容显示完整。

【例 4-7】　示例工程 Demo_04_TextViewStyle 演示了在 XML 布局文件和 Java 文件中设置 TextView 对象的属性,包括字体、字号、颜色等,XML 文件的代码如代码段 4-8 所示,Java 文件的部分代码如代码段 4-9 所示。程序运行结果如图 4-6 所示。

代码段 4-8　在 XML 布局文件中设置 TextView 对象的属性

```
<?xml version="1.0" encoding="utf-8"?>
<LinearLayout xmlns:android="http://schemas.android.com/apk/res/android"
    android:orientation="vertical"
    android:layout_width="match_parent"
    android:layout_height="match_parent"
    android:paddingLeft="10dp"
    android:paddingTop="10dp">
    <TextView
        android:layout_width="match_parent"
        android:layout_height="wrap_content"
        android:id="@+id/tv_message1"
        android:text="TextView 通常用于在 Activity 上显示文字"
        android:textColor="#ff00ff"
        android:textStyle ="italic"
        android:gravity="center_horizontal"/>
    <TextView
```

```
        android:id="@+id/tv_message2"
        android:layout_width="match_parent"
        android:layout_height="wrap_content"
        android:textSize="25sp"
        android:textStyle="bold|italic"
        android:text=""/>
</LinearLayout>
```

代码段 4-9　在 Java 文件中设置 TextView 对象的属性

```
protected void onCreate(Bundle savedInstanceState) {
    super.onCreate(savedInstanceState);
    setContentView(R.layout.activity_main);
    TextView tvMessage1 = (TextView) findViewById(R.id.tv_message1);
    TextView tvMessage2 = (TextView) findViewById(R.id.tv_message2);
    tvMessage1.setTextSize(18.0f);                          //设置文字大小
    tvMessage1.setTypeface(null, Typeface.BOLD);           //设置文字字体
    tvMessage1.setTextColor(Color.BLUE);                   //设置文字颜色
    tvMessage2.setText("\nEditText 是 TextView 的子类");   //设置文字内容
    tvMessage2.setTextColor(Color.RED);
}
```

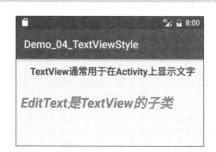

图 4-6　示例工程 Demo_04_TextViewStyle 的运行结果

4.3.2　EditText

EditText 用于在 Activity 上接收用户从键盘输入的内容。EditText 是 TextView 的子类，所以 TextView 的方法和属性同样适用于 EditText。EditText 控件还具有一些与 TextView 不同的属性，如以密码方式显示、设定其 hint 提示信息等。TextView 和 EditText 的创建与使用方法类似，在 XML 布局文件和 Java 程序中都可以设置 EditText 对象的各种属性，如输入方式、hint 提示信息、字体、文字风格、文字大小等。通过指定 EditText 对象的 inputType 属性，还可以设置其输入方式，如图 4-7 所示。

在 Java 程序中经常需要获取文本框中用户输入的内容，这可以通过调用 getText() 方法实现。

【**例 4-8**】　示例工程 Demo_04_TextViewAndEditText 演示了如何在一个 Activity

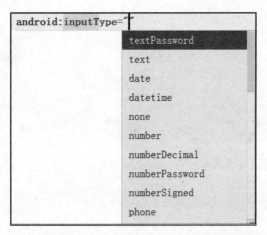

图 4-7　指定 EditText 对象的 inputType 属性

中使用 activity_main.xml 中的 TextView 和 EditText 控件。该程序在 EditText 中输入的内容以密码形式显示,而 TextView 则将输入的密码以明文的方式显示。

首先,在 Android Studio 中新建一个工程项目,在资源文件夹 res\layout 中定义 XML 布局文件,本例中设置 EditText 对象的文本以密码方式显示,其 android:inputType 属性值设置为 textPassword。在 Java 代码中处理了 EditText 的按键事件,当用户在文本框中输入字符时,更新 TextView 对象(ID 为 tv_out)显示的文字内容。

activity_main.xml 文件内容如代码段 4-10 所示,Java 代码如代码段 4-11 所示。示例程序的运行结果如图 4-8 所示。

代码段 4-10　在布局文件中定义 TextView 和 EditText 对象

```xml
<?xml version="1.0" encoding="utf-8"?>
<LinearLayout xmlns:android="http://schemas.android.com/apk/res/android"
    android:orientation="vertical"
    android:layout_width="match_parent"
    android:layout_height="match_parent"
    android:paddingLeft="10dp"
    android:paddingTop="10dp">
<TextView
    android:id="@+id/tv_message"
    android:layout_width="match_parent"
    android:layout_height="wrap_content"
    android:text="请输入密码:"
    android:textSize="20sp"/>
<EditText
    android:id="@+aid/txt_input"
    android:layout_width="match_parent"
    android:layout_height="wrap_content"
    android:textSize="18sp"
```

```
            android:inputType="textPassword"
            android:hint ="请在这里输入密码"/>
    <TextView
            android:id="@+id/tv_out"
            android:layout_width="wrap_content"
            android:layout_height="wrap_content"
            android:textSize="20sp"
            android:textColor="#000000"/>
</LinearLayout>
```

代码段 4-11 设置 TextView 和 EditText 的相关属性

```
//package 和 import 语句略
public class MainActivity extends AppCompatActivity {
    TextView tvOut;
    EditText txtInput;
    @Override
    protected void onCreate(Bundle savedInstanceState) {
        super.onCreate(savedInstanceState);
        setContentView(R.layout.activity_main);
        tvOut =(TextView) findViewById(R.id.tv_out);
        txtInput =(EditText) findViewById(R.id.txt_input);
        txtInput.setOnKeyListener(new View.OnKeyListener() {
                                            //侦听对输入框的操作

            @Override
            public boolean onKey(View v, int keyCode, KeyEvent event) {
                tvOut.setText("\n您输入的密码是:"+txtInput.getText().toString());
                //得到文本框的输入内容并在 TextView 中显示
                return false;
            }
        });
    }
}
```

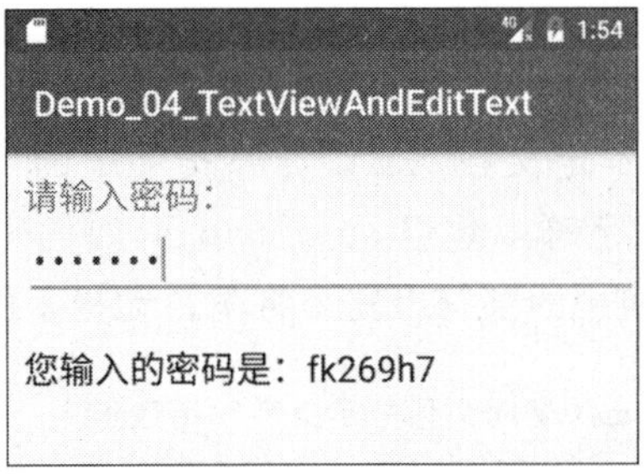

图 4-8 示例程序的运行结果

4.3.3　AutoCompleteTextView

使用自动提示文本输入框可以简化输入过程,在输入框中输入部分内容后,和内容相关的文字选项会被自动列出来,用户可以从中选择一项快速完成输入。Android 系统中提供了两种类型的智能文本输入框,即 AutoCompleteTextView 和 MultiAutoCompleteTextView,限于篇幅,本书仅介绍 AutoCompleteTextView 的使用方法。

AutoCompleteTextView 继承自 android. widget. EditText。输入框显示的自动提示文本一般是从一个数组数据适配器 ArrayAdapter 中获取,ArrayAdapter 能够将控件和底层数据绑定到一起。

ArrayAdapter 的构造函数如下:

```
ArrayAdapter(Context context, int textViewResourceId, List<T>objects)
```

它需要 3 个参数,依次为当前的上下文环境、列表项布局文件的资源 ID、数据源。例如,可以这样定义 ArrayAdapter 的实例对象:

```
ArrayAdapter<String>adapter =new ArrayAdapter<String>(this, R.layout.list_
item, getResources().getStringArray(R.array.autoStrings));
```

这里的布局文件描述的是提示文字列表每一行的布局,可以引用自己定义的布局,也可以引用系统定义好的布局,例如 android. R. layout. simple_dropdown_item_1line、android. R. layout. simple_spinner_dropdown_item 等。

调用 AutoCompleteTextView 对象的 setAdapter()方法,可以为 AutoCompleteTextView 控件对象设置适配器,例如:

```
atv.setAdapter(adapter);
```

系统会根据用户在输入框中已经输入的文字到适配器中查找前几个字符与输入相匹配的字符串,并将其列于输入框的下方,供用户选择。

【例 4-9】　示例工程 Demo_04_AutoCompleteTextView 演示了具有自动提示功能的 AutoCompleteTextView 控件的用法。

本示例工程的实现步骤如下。

步骤 1:将自动提示文本定义在 XML 资源文件中的一个字符串数组中。本例在 arrays. xml 资源文件中定义字符串数组 autoStrings,如代码段 4-12 所示。或者在 Java 代码中定义字符串数组,数组中的字符串就是将来自动提示的字符串。

代码段 4-12　在 arrays.xml 资源文件中定义字符串数组
```
<?xml version="1.0" encoding="utf-8"?>
<resources>
    <string-array name="autoStrings">
```

```
        <item>北京大学</item>
        <item>北京交通大学</item>
        <item>北京天安门</item>
        <item>北京理工大学</item>
        <item>北方天气</item>
        <item>南方航空</item>
        <item>南方航空公司</item>
    </string-array>
</resources>
```

步骤 2：定义列表项的布局文件 list_item.xml。如代码段 4-13 所示，其中定义了列表项的文字大小、颜色和间距。

代码段 4-13　列表项的布局文件 list_item.xml

```
<?xml version="1.0" encoding="utf-8"?>
<TextView xmlns:android="http://schemas.android.com/apk/res/android"
    android:layout_width="match_parent"
    android:layout_height="match_parent"
    android:padding="10dp"
    android:textSize="18sp"
    android:textColor="#0000ff">
</TextView>
```

步骤 3：在 activity_main.xml 布局文件中加入 AutoCompleteTextView 控件，如代码段 4-14 所示。

代码段 4-14　在 activity_main.xml 布局文件中加入 AutoCompleteTextView 控件

```
<AutoCompleteTextView
    android:id="@+id/autoComplete"
    android:layout_width="match_parent"
    android:layout_height="wrap_content"/>
```

步骤 4：在 Activity 中利用字符串数组创建并实例化适配器。在 Activity 中获得 AutoCompleteTextView 实例，调用其 setAdapter() 方法设置适配器。Activity 的主要代码如代码段 4-15 所示。

代码段 4-15　通过 ArrayAdapter 设置 AutoCompleteTextView 的数据源

```
//package 和 import 语句略
public class MainActivity extends AppCompatActivity {
    @Override
    protected void onCreate(Bundle savedInstanceState) {
        super.onCreate(savedInstanceState);
        setContentView(R.layout.activity_main);
```

```
        //创建适配器
        ArrayAdapter<String>adapter =new ArrayAdapter<String>(this,R.
            layout.list_item,getResources().getStringArray(R.array.autoStrings));
        AutoCompleteTextView textView = (AutoCompleteTextView) findViewById
            (R.id.autoComplete);
        //为 AutoCompleteTextView 对象设置适配器:
        textView.setAdapter(adapter);
    }
}
```

示例工程 Demo_04_AutoCompleteTextView 的运行结果如图 4-9 所示。当输入两个字符之后就会根据当前已经输入的文字列出自动提示。

图 4-9　示例工程的运行结果

4.3.4　Toast

Toast 是 Android 中用来显示提示信息的一种机制。与其他界面控件不同的是，Toast 不能获取焦点且显示时间有限，它不会打断用户当前的操作，信息浮动显示片刻（显示时长可设定）后会自动消失。创建 Toast 的一般步骤如下：

首先，调用 Toast 的静态方法 makeText()或 make()，添加显示文本和时长，格式如下：

```
Toast.makeText(getApplicationContext(),"显示文本",显示时长);
```

然后，调用 Toast 的 show()方法显示提示信息。如果需要显示较为复杂的信息，可以使 Toast 通过 setView(view)添加 view 组件的方式来实现。另外可以调用 setGravity()方法来定位 Toast 在屏幕上的位置，例如：

```
toast.setGravity(Gravity.CENTER_VERTICAL, 0, 0);
```

【例 4-10】　示例工程 Demo_04_Toast 演示了相应的方法，其中用到两种方法来设置和显示 Toast，涉及的部分核心代码如代码段 4-16 所示，工程实际运行效果如图 4-10

所示。

代码段 4-16　设置 Toast 及其参数

```
//package 和 import 语句略
public class MainActivity extends AppCompatActivity {
    private Button mButton1,mButton2;                    //实例化两个按钮
    private EditText mEditText;                          //实例化一个 EditText
    @Override
    public void onCreate(Bundle savedInstanceState) {
        super.onCreate(savedInstanceState);
        setContentView(R.layout.activity_main);         //采用 main 布局
        mButton1=(Button)findViewById(R.id.mybtn1 );
        mButton2=(Button)findViewById(R.id.mybtn2);
        mEditText =(EditText)findViewById(R.id.et_mywish );
        mButton1.setOnClickListener(new View.OnClickListener() {
            //侦听按钮 1 被按下的动作
            @Override
            public void onClick(View v) {
                String yourwish =mEditText.getText().toString();
                                            //得到用户输入的内容
                Toast.makeText(getApplicationContext(), "您的愿望:"
                    +yourwish, Toast.LENGTH_LONG).show();
                //用 makeText()方式产生 Toast 信息,时长为较长
            }
        });
        mButton2.setOnClickListener(new Button.OnClickListener() {
                                            //侦听按钮 2 被按下的动作
            @Override
            public void onClick(View v) {
                Toast toast =new Toast(getApplicationContext());//实例化 toast
                ImageView myview =new ImageView(getApplicationContext());
                //实例化 ImageView
                myview.setImageResource(R.mipmap.ic_launcher);
                toast.setView(myview);
                //将 toast 实例 ImageView 实例关联
                toast.setGravity(Gravity.CENTER_VERTICAL, 0, -100);
                //定位图片显示位置,否则以默认位置显示
                toast.show();                           //显示 toast
            }
        });
    }
}
```

图 4-10 Toast 的运行效果

4.4 单选按钮和复选框

4.4.1 RadioButton 和 RadioGroup

RadioButton 为单选按钮,主要用于多值选一的操作,例如性别的选择,仅能从"男"或"女"中选择一项,那么就可以使用单选按钮实现。在 Android 中实现单选需要用到 RadioButton 和 RadioGroup 两个视图控件,它们结合使用才能达到单选按钮的效果。

RadioButton 继承自 android. widget. CompoundButton 类,在 android. widget 包中。使用 RadioButton 时一般要使用 RadioGroup 来对几个 RadioButton 分组。RadioGroup 是 RadioButton 的承载体,但 RadioGroup 在程序运行时不可见。一个 Activity 中可包含一个或多个 RadioGroup,而每个 RadioGroup 可包含一个或多个 RadioButton。

默认选中按钮的设置可以在 XML 文件中通过设置 RadioButton 的 android:checked 属性值实现,也可以在 Java 程序代码中通过调用 RadioButton 对象的 setChecked()方法或 RadioGroup 对象的 Check()方法实现。

对于单选按钮组,通常需要监听并处理 CheckedChange 事件。具体方法是调用 RadioGroup 对象的 setOnCheckedChangeListener()方法注册事件监听器,并把 android. widget. RadioGroup. OnCheckedChangeListener 接口的实例作为其参数传入。在接口实例的 onCheckedChanged()方法里,可以取得单选按钮的状态并进行事件的响应和处理。

【例 4-11】 示例工程 Demo_04_RadioButton 演示了 RadioButton 和 RadioGroup 的用法。

　　activity_main. xml 文件的代码如代码段 4-17 所示。Activity 的主要代码如代码段 4-18 所示。示例程序运行的效果如图 4-11 所示,当改变单选按钮的选项时,下方显示出相应的文字提示。本例的布局中包括 2 个 TextView 和 3 个 RadioButton,按钮是垂直排列的。

代码段 4-17　XML 布局文件

```xml
<?xml version="1.0" encoding="utf-8"?>
<LinearLayout xmlns:android="http://schemas.android.com/apk/res/android"
    android:orientation="vertical"
    android:layout_width="match_parent"
    android:layout_height="match_parent"
    android:paddingLeft="10dp"
    android:paddingTop="10dp">
    <TextView
        android:id="@+id/favourite_label"
        android:layout_width="match_parent"
        android:layout_height="wrap_content"
        android:textSize="20sp"
        android:text="请选择一个您感兴趣的图书类别"/>
    <RadioGroup
        android:id="@+id/favor"
        android:layout_width="match_parent"
        android:layout_height="wrap_content"
        android:orientation="vertical">
        <RadioButton
            android:id="@+id/rbt_classical"
            android:checked="true"
            android:layout_width="match_parent"
            android:layout_height="wrap_content"
            android:text="古典文学"/>
        <!--设置 android:checked 属性值为 true,将该选项设置为选中状态-->
        <RadioButton
            android:id="@+id/rbt_novel"
            android:layout_width="match_parent"
            android:layout_height="wrap_content"
            android:text="当代小说"/>
        <RadioButton
            android:id="@+id/rbt_essays"
            android:layout_width="match_parent"
            android:layout_height="wrap_content"
            android:text="散文随笔"/>
    </RadioGroup>
    <TextView
```

```
        android:id="@+id/tv_result"
        android:layout_width="match_parent"
        android:layout_height="wrap_content"
        android:textColor="#0000ff"
        android:textSize="17sp"
        android:text="\n 您感兴趣的图书:古典文学"/>
</LinearLayout>
```

代码段 4-18 Activity 的主要代码

```java
//package 和 import 语句略
public class MainActivity extends AppCompatActivity {
    RadioButton rb1, rb2, rb3;
    RadioGroup rg;
    TextView tvResult;
    @Override
    protected void onCreate(Bundle savedInstanceState) {
        super.onCreate(savedInstanceState);
        setContentView(R.layout.activity_main);
        tvResult = (TextView) findViewById(R.id.tv_result);
        rb1 = (RadioButton) findViewById(R.id.rbt_classical);
                                            //通过 ID 找到单选按钮
        rb2 = (RadioButton) findViewById(R.id.rbt_novel);
        rb3 = (RadioButton) findViewById(R.id.rbt_essays);
        rg = (RadioGroup) findViewById(R.id.favor);
        rb3.setChecked(true);
                //设置"散文随笔"为选中状态,也可写为 rg.check(R.id.rbt_essays);
        tvResult.setText("\n 您感兴趣的图书:" + rb3.getText().toString());
        rg.setOnCheckedChangeListener(cBoxListener);   //对 CheckBox 进行监听
    }
    private OnCheckedChangeListener cBoxListener = new OnCheckedChangeListener() {
        @Override
        public void onCheckedChanged(RadioGroup group, int checkedId) {
            if (R.id.rbt_classical == checkedId) {
                tvResult.setText("\n 您感兴趣的图书:" + rb1.getText().toString());
                setTitle(String.valueOf(rb1.getText()));
            } else if (R.id.rbt_novel == checkedId) {
                tvResult.setText("\n 您感兴趣的图书:" + rb2.getText().toString());
                setTitle(String.valueOf(rb2.getText()));
            } else if (R.id.rbt_essays == checkedId) {
                tvResult.setText("\n 您感兴趣的图书:" + rb3.getText().toString());
            }
        }
    };
}
```

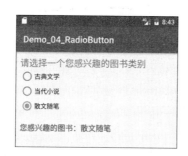

图 4-11　示例程序的运行结果

4.4.2　CheckBox

CheckBox(复选框)继承自 android. widget. CompoundButton 类,在 android. widget 包中,是一个可以同时选择多个选项的界面控件。CheckBox 对象的勾选状态可以在 XML 布局文件中通过声明 CheckBox 的 android: checked 参数值设置,也可以在 Java 代码中通过调用 CheckBox 对象的 setChecked()方法动态改变。

与单选按钮类似,通常需要监听并处理 CheckBox 对象的 CheckedChange 事件。具体方法是调用 CheckBox 对象的 setOnCheckedChangeListener()方法注册事件监听器,并把 android. widget. CompoundButton. OnCheckedChangeListener 接口的实例作为其参数传入,在接口实例的 onCheckedChanged()方法里,取得复选框的状态并进行事件的响应和处理。

【例 4-12】　示例工程 Demo_04_CheckBox 演示了对复选框的操作,包括设置选中状态、CheckedChange 事件的监听和处理等。

本例的布局中包括 2 个 TextView 和 3 个 CheckBox,布局文件的内容如代码段 4-19 所示,Activity 的主要代码如代码段 4-20 所示。示例程序的运行效果如图 4-12 所示。当改变复选框的选择状态时,下方显示出相应的文字提示。

代码段 4-19　XML 布局文件

```xml
<?xml version="1.0" encoding="utf-8"?>
<LinearLayout xmlns:android="http://schemas.android.com/apk/res/android"
    android:orientation="vertical"
    android:layout_width="match_parent"
    android:layout_height="match_parent"
    android:paddingLeft="10dp"
    android:paddingTop="10dp">
    <TextView
        android:id="@+id/favourite_label"
        android:layout_width="match_parent"
        android:layout_height="wrap_content"
        android:textSize="20sp"
        android:text="请勾选您感兴趣的图书类别"/>
```

```xml
<CheckBox
    android:id="@+id/cbox_classical"
    android:layout_width="match_parent"
    android:layout_height="wrap_content"
    android:checked ="true"
    android:textSize="20sp"
    android:text="古典文学"/>
<!--设置 android:checked 属性值为 true,将"古典文学"选项设置为选中状态-->
<CheckBox
    android:id="@+id/cbox_novel"
    android:layout_width="match_parent"
    android:layout_height="wrap_content"
    android:textSize="20sp"
    android:text="当代小说"/>
<CheckBox
    android:id="@+id/cbox_essays"
    android:layout_width="match_parent"
    android:layout_height="wrap_content"
    android:textSize="20sp"
    android:text="散文随笔"/>
<TextView
    android:id="@+id/tv_result"
    android:layout_width="match_parent"
    android:layout_height="wrap_content"
    android:textColor="#0000ff"
    android:textSize="17sp"
    android:text="\n 您感兴趣的图书:古典文学"/>
</LinearLayout>
```

代码段 4-20　CheckBox 及其 CheckedChange 事件的监听和处理

```java
//package 和 import 语句略
public class MainActivity extends AppCompatActivity {
    CheckBox cbox1,cbox2,cbox3;
    TextView tvResult;
    String myResults="";
    @Override
    protected void onCreate(Bundle savedInstanceState) {
        super.onCreate(savedInstanceState);
        setContentView(R.layout.activity_main);
        tvResult = (TextView) findViewById(R.id.tv_result);
        cbox1 = (CheckBox) findViewById(R.id.cbox_classical);
                                            //通过 ID 找到 CheckBox
        cbox2 = (CheckBox) findViewById(R.id.cbox_novel);
```

```
        cbox3 = (CheckBox) findViewById(R.id.cbox_essays);
        cbox1.setOnCheckedChangeListener(cBoxListener);
                                        //对 CheckBox 进行监听
        cbox2.setOnCheckedChangeListener(cBoxListener);
        cbox3.setOnCheckedChangeListener(cBoxListener);
    }
    private OnCheckedChangeListener cBoxListener =new OnCheckedChangeListener() {
        @Override
        public void onCheckedChanged(CompoundButton buttonView, boolean isChecked) {
            myResults="\n 您感兴趣的图书:";
            if (cbox1.isChecked()) {        //如果第一个复选框处于选中状态
                myResults =myResults+" "+cbox1.getText().toString();
            }
            if (cbox2.isChecked()) {        //如果第二个复选框处于选中状态
                myResults =myResults+" "+cbox2.getText().toString();
            }
            if (cbox3.isChecked()) {        //如果第三个复选框处于选中状态
                myResults =myResults+" "+cbox3.getText().toString();
            }
            tvResult.setText(myResults); //将选中的信息显示在 TextView 对象中
        }
    };
}
```

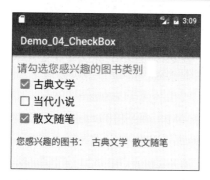

图 4-12　示例程序 4-9 的运行结果

4.5　列　　表

ListView(列表)是 android.view.GroupView 的间接子类。ListView 以垂直列表的形式展示内容,可以按设定的规则自动填充并展示一组列表信息,并且能够根据数据的长度自适应显示,如果显示内容过多,会自动出现垂直滚动条。

一般来说,ListView 的设置需要如下 3 个要素:

(1) ListView 实例化对象。是用来展示列表内容的视图对象。

(2) Adapter(适配器)。是用于把数据映射到 ListView 上的"桥梁"。Adapter 有 ArrayAdapter、SimpleAdapter 和 SimpleCursorAdapter 等几种不同的类型。其中，ArrayAdapter 最简单，但每一项只能展示一行文字；SimpleAdapter 有较好的扩充性，可以自定义各种效果；SimpleCursorAdapter 可以看作是 SimpleAdapter 与数据库的简单结合，可以把数据库的内容以列表的形式展示出来。

(3) 数据。是指将被映射到列表中的具体字符串、图片或 View 对象等，如字符串数组。

ListView 支持列表项点击事件的处理，列表项 Item 被点击会触发 ItemClick 事件。响应 ItemClick 事件会调用事件监听器接口定义的 onItemClick() 方法，该方法的定义如下：

```
onItemClick(AdapterView<?>parent, View view, int position, long id)
```

ListView 也支持列表项长按事件的处理，列表项 Item 被长按会触发 ItemLongClick 事件。响应 ItemLongClick 事件会调用事件监听器接口定义的 onItemLongClick() 方法，该方法的定义如下：

```
onItemLongClick(AdapterView<?>parent, View view, int position, long id)
```

这两个方法都有 4 个参数。其中，parent 表示适配器控件，就是发生事件的 ListView 对象；view 表示适配器内部的控件，就是被点击的 Item 子项；position 表示子项的位置；id 表示子项的 ID 号。

本节以 ArrayAdapter 和 SimpleAdapter 为例介绍 ListView 的使用方法。

【例 4-13】 示例工程 Demo_04_ListViewWithArrayAdapter 演示了如何设置 ListView 及对列表项 Item 被点击做出响应。本例使用了 ArrayAdapter 装配数据。

实现过程如下。

步骤 1：将列表项文字定义到一个字符数组中。本例定义到 XML 资源文件中，如代码段 4-12 所示，在 arrays.xml 资源文件中定义字符串数组 autoStrings，然后在 Java 文件中引用。

步骤 2：定义列表项的布局。可以直接使用 Android 系统提供的布局文件，例如 android.R.layout.simple_list_item_1，这样就不需要自己定义列表项的布局。也可以定制自己的布局，这时需要新建一个 XML 布局文件，定义列表中每一行的布局。本例中自定义了布局文件，名为 list_item.xml，内容如代码段 4-13 所示。

步骤 3：定义 Activity 使用的 XML 布局文件 activity_main.xml，其中包含一个 ListView 控件。activity_main.xml 文件的内容如代码段 4-21 所示。

代码段 4-21　activity_main.xml 文件的内容
```
<?xml version="1.0" encoding="utf-8"?>
<LinearLayout xmlns:android="http://schemas.android.com/apk/res/android"
```

```
    android:orientation="vertical"
    android:layout_width="match_parent"
    android:layout_height="wrap_content"
    android:paddingLeft="@dimen/activity_horizontal_margin"
    android:paddingRight="@dimen/activity_horizontal_margin"
    android:paddingTop="@dimen/activity_vertical_margin">
    <TextView
        android:id="@+id/tv_message"
        android:layout_width="match_parent"
        android:layout_height="wrap_content"
        android:text="ListView 示例\n"/>
    <ListView
        android:id="@+id/listview"
        android:layout_width="wrap_content"
        android:layout_height="match_parent"/>
</LinearLayout>
```

除了与其他 Widget 控件类似的属性外,ListView 的常用属性还有 android：divider 和 android：dividerHeight,前者用于设置相邻两个列表项之间的分界线样式,后者用于设置相邻两个列表项之间的分界线高度。本例中这些属性都使用默认值。

步骤 4:定义 Activity,在 Activity 中实例化 ListView 控件,绑定 ListView 控件的数据源,处理列表项的点击事件等。对应的主要代码如代码段 4-22 所示。

代码段 4-22　ListView 及其 ArrayAdapter 的应用

```
//package 和 import 语句略
public class MainActivity extends AppCompatActivity {
    @Override
    protected void onCreate(Bundle savedInstanceState) {
        super.onCreate(savedInstanceState);
        setContentView(R.layout.activity_main);
        ListView mylistview = (ListView)findViewById(R.id.listview);
        //创建并实例化适配器
        ArrayAdapter<String>adapter =new ArrayAdapter<String>(this,
            R.layout.list_item,getResources().getStringArray(R.array.
                autoStrings));
        mylistview.setAdapter(adapter);              //绑定 ListView 控件的数据源
        mylistview.setOnItemClickListener(new AdapterView.OnItemClickListener() {
            //处理列表项的点击事件:
            public void onItemClick(AdapterView<?>parent, View view, int
                position, long id) {
                String itemString= ((TextView)view).getText().toString();
                                            //获取点击项的文字
                Toast.makeText(MainActivity.this, "您点击了列表项:"
```

```
                    +itemString, Toast.LENGTH_LONG).show();
        }
});
mylistview.setOnItemLongClickListener(new AdapterView.
    OnItemLongClickListener() {
    //处理列表项的长按事件
    @Override
    public boolean onItemLongClick(AdapterView<?>parent, View
        view, int position, long id){
        String itemString=((TextView)view).getText().toString();
        Toast.makeText(MainActivity.this, "您长按了列表项:"
            +itemString, Toast.LENGTH_LONG).show();
        return true;
    }
});
    }
}
```

实际运行效果如图 4-13 所示。

图 4-13　使用 ArrayAdapter 绑定数据的运行效果

【例 4-14】　在本章示例工程 Demo_04_ListViewWithSimpleAdapter 中演示了如何使用 SimpleAdapter 设置 ListView。

实现过程如下：

步骤 1：将列表项文字定义到字符串数组中，如代码段 4-23 所示，在 arrays.xml 资源文件中定义两个字符串数组，然后在 Java 文件中引用。

代码段 4-23　定义字符串数组

```xml
<?xml version="1.0" encoding="utf-8"?>
<resources>
    <string-array name="userName">
        <item>张三丰</item>
        <item>黄飞鸿</item>
        <item>李莫愁</item>
        <item>小龙女</item>
        <item>孙悟空</item>
    </string-array>
    <string-array name="userID">
        <item>00001</item>
        <item>00002</item>
        <item>00003</item>
        <item>00004</item>
        <item>00005</item>
    </string-array>
</resources>
```

步骤 2：定义列表项的布局。本例中自定义了布局文件，名为 list_item.xml，内容如代码段 4-24 所示。

代码段 4-24　list_item.xmlactivity_main.xml 文件的内容

```xml
<?xml version="1.0" encoding="utf-8"?>
<LinearLayout xmlns:android="http://schemas.android.com/apk/res/android"
    android:layout_width="match_parent"
    android:layout_height="match_parent"
    android:orientation="horizontal">
    <ImageView
        android:id="@+id/user_image"
        android:layout_width="wrap_content"
        android:layout_height="wrap_content"
        android:adjustViewBounds="true"
        android:paddingBottom="10px"
        android:paddingRight="10px"
        android:paddingTop="10px"/>
    <TextView
        android:id="@+id/user_name"
        android:layout_width="match_parent"
        android:layout_height="wrap_content"
        android:textSize="18sp"
        android:textColor="#0000ff"
        android:layout_marginStart="@dimen/activity_horizontal_margin"
```

```
        android:layout_gravity="center"/>
    <TextView
        android:id="@+id/user_id"
        android:layout_width="match_parent"
        android:layout_height="wrap_content"
        android:textSize="18sp"
        android:textColor="#ff00ff"
        android:layout_marginStart="@dimen/activity_horizontal_margin"
        android:layout_gravity="center"/>
</LinearLayout>
```

步骤 3：定义 Activity 使用的 XML 布局文件 activity_main. xml，其中包含一个
ListView 控件。activity_main. xml 文件的内容与例 4-13 相同。

步骤 4：定义 Activity，在 Activity 中实例化 ListView 控件，绑定 ListView 控件的数
据源，处理列表项的点击事件等。对应的主要代码如代码段 4-25 所示。

代码段 4-25　ListView 及其 SimpleAdapter 的应用

```
//package 和 import 语句略
public class MainActivity extends AppCompatActivity {
    ArrayList<HashMap<String,Object>>listItems=null;
    HashMap<String,Object>map=null;
    @Override
    protected void onCreate(Bundle savedInstanceState) {
        super.onCreate(savedInstanceState);
        setContentView(R.layout.activity_main);
        ListView mylistview = (ListView)findViewById(R.id.listview);
        listItems=new ArrayList<HashMap<String,Object>>();
        int[] userImg ={ R.mipmap.icon_70_01, R.mipmap.icon_70_02, R.mipmap.
            icon_70_03, R.mipmap.icon_70_04, R.mipmap.icon_70_05};
        String[] userName =getResources().getStringArray(R.array.userName);
        String[] userID =getResources().getStringArray(R.array.userID);
        for(int i=0; i<userID.length; i++){
            map=new HashMap<String,Object>();
            //为避免产生空指针异常,有几列就创建几个 map 对象
            map.put("img",userImg[i]);
            map.put("ID", userID[i]);
            map.put("name", userName[i]);
            listItems.add(map);
        }
        //创建并实例化 SimpleAdapter
        SimpleAdapter adapter=new SimpleAdapter(this,listItems ,R.layout.
            list_item,new String[]{"img","name","ID"},new int[]{R.id.user_
            image,R.id.user_name,R.id.user_id});
```

```
mylistview.setAdapter(adapter);              //绑定 ListView 控件的数据源
mylistview.setOnItemClickListener(new AdapterView.OnItemClickListener() {
    //处理列表项的点击事件
    @Override
    public void onItemClick(AdapterView<?>parent, View view, int position,
        long id) {
        HashMap<String,Object>item = ( HashMap<String,Object>)
            parent.getItemAtPosition(position);
        Toast.makeText(getApplicationContext(), "您点击了列表项:"
            +(String)item.get("name"), Toast.LENGTH_LONG).show();
    }
});
    }
}
```

Activity 的实际效果如图 4-14 所示,可以看出 SimpleAdapter 可以实现图片和多列的显示,比 ArrayAdapter 更灵活,功能更强。

图 4-14 使用 SimpleAdapter 绑定数据的运行效果

除了使用前述方法,实现 ListView 的 Activity 还可以通过继承 ListActivity 类实现。ListActivity 是 Activity 的子类,是 ListView 和 Activity 的结合。ListActivity 不需要调用 setContentView()方法来设定布局,它有一个默认的布局,由一个位于屏幕中心的全屏 ListView 列表构成。

在 ListActivity 中,如果不想使用默认的布局,可以在 onCreate()方法中通过 setContentView()方法设定自己的布局。如果指定自己定制的布局,布局文件中必须包含一个 ID 为@id/android：list 的 ListView。若还指定了一个 ID 为@id/android：empty 的控件，则当 ListView 中没有数据要显示时，这个控件就会被显示，同时 ListView 会被隐藏。

4.6　下拉列表选择框

Spinner(下拉列表选择框)也是 android. view. GroupView 的间接子类，其继承关系如图 4-15 所示。Spinner 是一个能从多个选项中选择一个选项的控件，它使用浮动菜单为用户提供选择。

和 ListView 类似，为了给 Spinner 提供数据，也要使用 Adapter，可以使用 ArrayAdapter 或自定义 Adapter 来实现。ArrayAdapter 参数的含义及其使用与在 ListView 中类似，在此不再赘述。

```
java.lang.Object
  ↳ android.view.View
      ↳ android.view.ViewGroup
          ↳ android.widget.AdapterView<T extends android.widget.Adapter>
          ↳ android.widget.AbsSpinner
              ↳ android.widget.Spinner
```

图 4-15　Spinner 类的继承关系

Spinner 支持列表项选择事件的处理，单击列表项 Item 会触发 ItemClick 事件。响应 ItemClick 事件会调用事件监听器接口定义的 onItemSelected()方法，该方法的定义如下：

```
onItemSelected(AdapterView<?>parent, View view, int position, long id)
```

该方法有 4 个参数。其中，parent 表示适配器控件，就是发生事件的 Spinner 对象；view 表示适配器内部的控件，就是被点击的 Item 子项；position 表示子项的位置；id 表示子项的 ID 号。

【例 4-15】　示例工程 Demo_04_Spinner 演示了 Spinner 的用法。

Spinner 的显示及展开效果如图 4-16 所示，与 ListView 不同的是，当用户点击控件时，下拉列表才会显示，当用户选择某个列表项后，系统会响应相应的事件，同时列表会自动收回。

示例工程的实现过程如下。

步骤 1：本例继续使用例 4-9 中引用的字符串数组资源文件，如代码段 4-12 所示。还使用例 4-9 中的列表项的布局文件 list_item. xml，如代码段 4-13 所示。

步骤 2：定义 Activity 使用的 XML 布局文件 activity_main. xml，其中必须包含一个 Spinner 控件，定义 Spinner 控件的部分代码见代码段 4-26。

图 4-16　Spinner 的展开及选择效果

代码段 4-26　定义 Spinner 控件

```
<Spinner
    android:id="@+id/spinner1"
    android:layout_width="match_parent"
    android:layout_height="wrap_content" />
```

　　步骤 3：定义 Activity，在 Activity 中实例化 Spinner 控件，绑定 Spinner 控件的数据源，处理相关事件等。MainActivity 类的部分代码如代码段 4-27 所示。

代码段 4-27　Spinner 及其 ArrayAdapter 的使用

```
//package 和 import 语句略
public class MainActivity extends AppCompatActivity {
    @Override
    protected void onCreate(Bundle savedInstanceState) {
        super.onCreate(savedInstanceState);
        setContentView(R.layout.activity_main);
        ArrayAdapter<String>adapter =new ArrayAdapter<String>(this,
            R.layout.list_item,getResources().getStringArray(R.array.
                autoStrings));
        Spinner mySpinner =(Spinner) findViewById(R.id.spinner);
        mySpinner.setAdapter(adapter);              //为 Spinner 对象设置适配器
        mySpinner.setOnItemSelectedListener(new AdapterView.
            OnItemSelectedListener() {
                public void onItemSelected(AdapterView<?>parent, View view, int
                    position, long id) {
```

```
                    Spinner spinner = (Spinner) parent;
                    Toast.makeText(MainActivity.this, "您选择了列表项:"+spinner.
                        getSelectedItem().toString(), Toast.LENGTH_LONG).show();
                }
                public void onNothingSelected(AdapterView<?>parent) {
                }
            });
        }
    }
```

4.7   本 章 小 结

本章主要介绍了 Android 事件处理机制和常用 Widget 控件及其使用方式,并通过诸多实例讲解了相关的编程技巧。通过本章的学习可知,除在 UI 设计时需要学会使用常用的 Widget 控件外,还要了解常见的事件监听与响应方法。限于篇幅,本章未对所有 Widget 控件的使用进行说明,详情可参阅相关文献资料。

习   题

1. 界面中有两个按钮,程序初始状态只显示第一个按钮,编程实现通过侦听按钮被按下的动作,使当前按钮不可见并显示另一个按钮。

2. 设计一个以 ListView 方式显示歌手姓名的应用程序,当用户选择其中的某个选项后,在列表上方的输入框 EditText 中填入该歌手的姓名。

3. 完成如图 4-17 所示的 UI 界面,要求:当用户选择"普通"时,输入相应的金额后,点击按钮,在上方显示不打折的金额;当选择 VIP 时,输入相应的金额后,点击按钮,在上方显示打 8 折的金额。

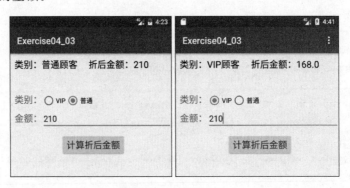

图 4-17   UI 界面

4. 设计一个程序,实现动态 Spinner。UI 界面由 1 个 EditText、2 个按钮、1 个 Spinner 控件组成。如果用户在 EditText 中输入文本,点击"添加"按钮,能够将其存储在

Spinner 项目中;如果在 EditText 中输入文本,点击"删除"按钮,能够将指定内容的项从 Spinner 项中删除。

5. 修改第 4 题的程序,当用户在 EditText 中输入文本时,点击"添加"按钮,能够将其存储在 Spinner 项目中;当用户在 Spinner 列表中点击某项时,选项文本显示在 EditText 中,点击"删除"按钮,能够将该项从 Spinner 项中删除。

6. 设计一个应用程序,用户在 EditText 中输入一个数字,判断该数能否同时被 5 和 7 整除。

7. 编写一个体重指数(BMI)计算器,用户输入身高和体重,自动判断体型是否正常,并给出锻炼建议。体重指数计算公式:体重指数＝体重/身高^2,其中,体重的单位为千克,身高的单位为米。例如,$75/1.8^2＝23.15$。

8. 设计一个应用程序,在文本框中输入银行卡号,输入的同时用较大字体 4 个一组以空格分隔回显银行卡号。

9. 设计一个应用程序,用户在 EditText 中输入一个 0~100 的数字,点击"转换"按钮后,按照输入数字所属的分数段(90~100,优秀;80~89,良好;70~79,中等;60~69,及格;0~59,不及格),在 TextView 中显示文字"优秀""良好""中等""及格"或"不及格"。如果用户输入的不是 0~100 的数字,则弹出 Toast 提示信息,要求用户重新输入。

第5章 对话框、菜单和状态栏消息

作为用户交互的重要工具和手段,对话框、菜单和状态栏消息在 UI 设计中起着重要的作用。对话框是一种显示在 Activity 上的界面元素,一般用于给出提示信息或弹出一个与主进程直接相关的子程序;菜单能够在不占用界面空间的前提下为应用程序提供相应的功能和界面;状态栏消息是一种具有全局效果的提醒机制,不会打断用户当前的操作。

5.1 对 话 框

在 Android 中,对话框是一种显示在 Activity 上的界面元素,是作为 Activity 的一部分被创建和显示的。当显示对话框时,当前 Activity 失去焦点而由对话框负责所有的交互。一般来说,对话框用于给出提示信息或弹出一个与主进程直接相关的子程序。常用的对话框有提示对话框(AlertDialog)、进度对话框(ProgressDialog)、日期选择对话框(DatePickerDialog)、时间选择对话框(TimePickerDialog)等,其中 AlertDialog 是最常用的对话框。各类对话框与所属类之间的继承关系如图 5-1 所示。

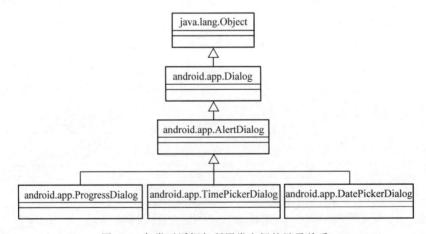

图 5-1　各类对话框与所属类之间的继承关系

在程序中通过调用回调方法 onCreateDialog()可以完成对话框实例的创建和显示。该方法需要传入代表对话框的 ID 参数,当对话框第一次被显示时会创建此 ID 的 Dialog 实例,之后不再重复创建该实例。

通常调用 showDialog(int)方法显示对话框,调用 dismissDialog(int)方法关闭对话框。每次对话框被显示之前都会调用 onPrepareDialog()方法,所以如果不重写该方法,每次显示的对话框都是最初创建的那个。也可以直接调用 Dialog 对象的 dismiss()或 cancel()方法关闭对话框。但通过这种方法关闭的对话框并不会彻底销毁,Android 会在后台保留其状态,因此可以为对话框设置 DialogInterface. onDismissListener()的监听,并重写其中的 onDismiss()方法来解决这一问题。如果需要让对话框在关闭之前彻底被清除,可以调用 removeDialog()方法并传入 Dialog 的 ID 值来彻底释放对话框资源。

5.1.1　提示对话框 AlterDialog

本节介绍对话框中最常用的 AlterDialog 的设计方法。AlterDialog 是一个消息提示对话框,能构造默认的 3 个按钮,分别为"是""否"和"取消"。创建 AlertDialog 对话框的主要步骤如下。

步骤 1:获得 AlertDialog 的静态内部类 Builder 对象,并由该对象创建对话框。

步骤 2:通过 Builder 对象设置对话框的标题、文字等属性。表 5-1 列出了 Builder 对象的部分常用方法。

表 5-1　Builder 对象的部分常用方法

方　法　名	说　　　明
setIcon()	设置对话框的图标
setTitle()	设置对话框的标题
setMessage()	设置对话框的提示文字
setItems()	设置对话框要显示的一个列表
setSingleChoiceItems()	设置对话框显示一个单选的列表
setMultiChoiceItems()	设置对话框显示一系列的复选框
setPositiveButton()	给对话框添加"是"按钮
setNegativeButton()	给对话框添加"否"按钮
setNeutralButton()	给对话框添加"取消"按钮
setView()	给对话框设置自定义样式
create()	创建对话框
show()	显示对话框

可通过调用 setIcon()方法设置显示在对话框标题左侧的图标,setTitle()方法设置对话框的标题,setMessage()方法设置对话框中显示的文字信息,setView()方法设置对话框中显示的内容。其中 setView()方法的参数为一个 View 实例名,调用该方法可以在对话框中显示一个布局或 Widget 控件对象。

步骤 3:设置对话框的按钮以及单击按钮将要响应的事件处理程序。

对话框中可以有"是""否"和"取消"3 个按钮,生成器 Builder 负责设置对话框上的按钮，并为按钮注册 OnClickListener 监听器。OnClickListener 在 android. content. DialogInterface 包中，事件处理方法是 onClick()方法。无论用户点击哪一个按钮，对话框都会消失，并导致接口中的 onClick()方法被调用。onClick()方法的定义如下。

```
abstract void onClick(DialogInterface dialog, int which)
```

其中，参数 dialog 就是当前要消失的对话框，参数 which 是用户点击的按钮，其取值可以是 DialogInterface. BUTTON _ NEGATIVE、DialogInterface. BUTTON _ NEUTRAL、DialogInterface. BUTTON_POSITIVE。

步骤 4：调用 Builder 对象的 create()方法创建对话框 AlertDialog 对象。

步骤 5：调用 AlertDialog 对象或 Builder 对象的 show()方法显示对话框。调用 hide() 方法可以隐藏对话框。

如果不希望用户点击设备的"返回"按钮使对话框消失，而是要求用户必须点击对话框中的按钮，则可以通过调用 AlertDialog 对象的 setCancelable(false)方法来进行设置。

1. 创建简单的提示对话框

简单的提示对话框仅包括文字标题、标题左侧的图标、文字提示信息、按钮等基本元素。

【例 5-1】 工程 Demo_05_AlertDialog 演示了 AlterDialog 对话框的用法。

当点击按钮后，弹出 AlertDialog 对话框，运行效果如图 5-2 所示，主要代码见代码段 5-1。

```
代码段 5-1 创建简单的 AlterDialog
btnstart.setOnClickListener(new View.OnClickListener() {
    public void onClick(View v) {
        AlertDialog.Builder myDialog =new AlertDialog.Builder(MainActivity.this);
        //创建 AlertDialog.Builder 对象
        myDialog.setIcon(R.mipmap.ic_launcher);               //设置图标
        myDialog.setTitle("提示");                             //设置标题
        myDialog.setMessage("这是一个 AlertDialog 对话框!");    //设置显示消息
        myDialog.setNegativeButton("取消", null);              //"取消"按钮
        myDialog.setPositiveButton("确定", new OnClickListener() {
            @Override
            public void onClick(DialogInterface dialog, int which) {
                Toast.makeText(getApplicationContext(), "您点击了确定按钮!",
                    Toast.LENGTH_LONG).show();
            }
        });                                                    //"确定"按钮
        AlertDialog alertDialog=myDialog.create();
        alertDialog.show();
    }
});
```

2. 创建其他风格的提示对话框

除了按钮对话框,还可以创建列表、单选、多选对话框。通过调用 setItems() 方法,可以在 AlertDialog 中添加列表项;通过调用 setSingleChoiceItems()/setMultiChoiceItems()方法,可以在 AlertDialog 中添加单选/多选按钮。

【例 5-2】 工程 Demo_05_ListDialog 演示了列表对话框的用法。

在 values 下 arrays.xml 文件中定义字符串数组,内容如代码段 5-2 所示。

代码段 5-2 定义字符串数组

```
<?xml version="1.0" encoding="utf-8"?>
<resources>
    <string-array name ="msa">
        <item>音乐</item>
        <item>体育</item>
        <item>美术</item>
    </string-array>
</resources>
```

当点击按钮后,弹出 AlertDialog 对话框,运行效果如图 5-3 所示。当在对话框中选择了一项之后,Activity 中 TextView 的显示内容随之更新。创建 AlertDialog 对话框的主要代码见代码段 5-3。

图 5-2 AlterDialog 提示对话框

图 5-3 列表提示框

代码段 5-3 创建列表对话框

```
btnstart.setOnClickListener(new View.OnClickListener() {
    public void onClick(View v) {
        AlertDialog.Builder myDialog =new AlertDialog.Builder(MainActivity.this);
        myDialog
            .setTitle("列表提示框,请选择")        //设置对话框的标题
```

```
            .setItems(                                    //用字符串数组设置列表中的各个属性
                R.array.favor, new DialogInterface.OnClickListener() {
                                                     //设置监听器
                    public void onClick(DialogInterface dialog, int which) {
                        TextView massage = (TextView) findViewById(R.id.text1);
                        massage.setText("您选择了:"+getResources().getStringArray
                            (R.array.favor)[which]);
                    }
                })
            .show();
        }
});
```

【例 5-3】 工程 Demo_05_RadioButtonDialog 演示了单选按钮对话框的用法。

本例使用与例 5-2 工程中相同的数组资源,当点击按钮后,弹出单选按钮对话框,运行效果如图 5-4 所示。创建单选按钮对话框的主要代码见代码段 5-4。

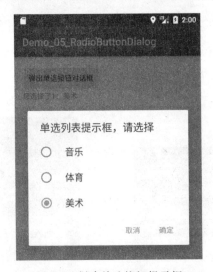

图 5-4 创建单选按钮提示框

代码段 5-4 创建单选按钮对话框

```
btnstart.setOnClickListener(new View.OnClickListener() {
    public void onClick(View v) {
        AlertDialog.Builder myDialog =new AlertDialog.Builder(MainActivity.this);
        myDialog
            .setTitle("单选列表提示框,请选择")                    //设置对话框的标题
            .setSingleChoiceItems(                             //设置单选列表选项
                R.array.favor, 0, new DialogInterface.OnClickListener() {
                    public void onClick(DialogInterface dialog, int which) {
                        TextView message = (TextView) findViewById(R.id.text1);
```

```
                        message.setText("您选择了 1:"+getResources().
                            getStringArray(R.array.favor)[which]);
        }
    });
    myDialog.setPositiveButton("确定",null);
    myDialog.setNegativeButton("取消",null);
    myDialog.show();
    }
});
```

3. 创建具有复杂界面的提示对话框

可以将定制的 View 作为其内容显示在对话框中,这样就可以实现在对话框中显示较为复杂的内容。

【例 5-4】　工程 Demo_05_ViewDialog 演示了如何将定制的 View 作为其内容显示在对话框中,该程序通过点击按钮来弹出一个用来显示登录界面的对话框。

为了实现上述功能,需要为对话框设计相应的布局。在 res\layout 下创建一个 XML 布局文件 dialog_view.xml,布局的主要内容是提示文字及对应的两个文本输入框,分别用于输入用户名和密码,代码见代码段 5-5。对话框中的“退出”和“确定”等按钮不需要在布局文件中设定,而是在该对话框被实例化后通过调用 setPositiveButton( ) 和 setNegativeButton()方法来添加,并在其中设定点击“退出”按钮和“确定”按钮对应的事件处理程序。

代码段 5-5　dialog_view.xml 布局

```xml
<?xml version="1.0" encoding="utf-8"?>
<LinearLayout xmlns:android="http://schemas.android.com/apk/res/android"
    android:orientation="vertical"
    android:layout_width="match_parent"
    android:layout_height="match_parent">
    <TextView
        android:id="@+id/username_view"
        android:layout_height="wrap_content"
        android:layout_width="wrap_content"
        android:layout_marginTop="20dip"
        android:layout_marginLeft="20dip"
        android:layout_marginRight="20dip"
        android:text="用户名:"/>
    <EditText
        android:id="@+id/username_edit"
        android:layout_height="wrap_content"
        android:layout_width="match_parent"
        android:layout_marginLeft="20dip"
```

```
        android:layout_marginRight="20dip" /><!--对应用户名的输入框 -->
    <TextView
        android:id="@+id/password_view"
        android:layout_height="wrap_content"
        android:layout_width="wrap_content"
        android:layout_marginTop="20dip"
        android:layout_marginLeft="20dip"
        android:layout_marginRight="20dip"
        android:text="密码:"/>
    <EditText
        android:id="@+id/password_edit"
        android:layout_height="wrap_content"
        android:layout_width="match_parent"
        android:layout_marginLeft="20dip"
        android:layout_marginRight="20dip"
        android:inputType="textPassword"/><!--对应"密码"的输入框 -->
</LinearLayout>
```

　　示例程序中，当点击"弹出对话框"按钮后弹出 AlertDialog 对话框，实际运行效果如图 5-5 所示。创建对话框的主要代码见代码段 5-6。

图 5-5　显示复杂界面的提示对话框

　　如果主界面中按钮被点击，则定义一个 LayoutInflater 类的实例。LayoutInflater 类的作用类似于 findViewById()，不同点是 LayoutInflater 是用来引入 layout 下的 XML 布局文件并且实例化，而 findViewById()是引入 XML 文件中定义的具体 Widget 控件对象（如 Button、TextView 等）。这里通过调用 LayoutInflater 实例的 inflate()方法引入 XML 布局文件 dialog_view. xml，然后通过调用 AlertDialog 对象的 setView(View)方法，在对话框中显示这个布局文件。

代码段 5-6 定义对话框及其按钮功能

```
btnstart.setOnClickListener(new View.OnClickListener() {
    public void onClick(View v) {
        LayoutInflater dialogInflater =LayoutInflater.from(MainActivity.this);
        final View myViewOnDialog =dialogInflater.inflate(R.layout.dialog_
                view, null);                              //引入布局
        AlertDialog myDialogInstance =new AlertDialog.Builder(MainActivity.this)
            .setTitle("用户登录界面")
            .setView(myViewOnDialog)
                        //参数为上面定义的 View 实例名,显示 dialog_view 布局
            .setPositiveButton("确定", new DialogInterface.OnClickListener() {
                                                        //"确定"按钮
                public void onClick(DialogInterface dialog, int whichButton) {
                                                        //侦听是否点击
                    Toast.makeText(getApplicationContext(), "感谢您输入了信息,
                    再见",Toast.LENGTH_LONG).show();
                }
            })
            .setNegativeButton("退出", new DialogInterface.OnClickListener() {
                                                        //"退出"按钮
                public void onClick(DialogInterface dialog, int whichButton) {
                                                        //是否点击
                    MainActivity.this.finish();         //退出程序
                }
            })
            .create();
        myDialogInstance.show();                        //显示对话框
    }
});
```

5.1.2 进度条对话框 ProcessDialog

进度条对话框 ProgressDialog 除了 AlertDialog 的功能外,还能显示进度圈或进度条。当进行一个比较耗时的操作时,弹出一个 ProgressDialog 对话框可以使界面更友好。

可以直接通过 new 的方式来创建一个 ProgressDialog,通过调用 setProgressStyle()方法设置进度条的样式。进度条有两种样式,一种是水平的进度条,另一种是圆圈进度条。创建进度条后,一般会启动另外一个线程调用 incrementProgressBy()方法来设置进度条上显示的进度。

【例 5-5】 示例工程 Demo_05_ProcessDialog,演示了两种样式的进度条对话框。

定义进度条对话框的主要代码如代码段 5-7 所示,两种进度条的运行结果如图 5-6 所示。

代码段 5-7 定义进度条对话框

```
button1.setOnClickListener(new Button.OnClickListener() {
    public void onClick(View v) {
        ProgressDialog progressDialog = new ProgressDialog(MainActivity.this);
        //实例化一个 ProgressDialog
        progressDialog.setTitle("提示信息");
        progressDialog.setMessage("正在下载中,请稍候......");
        progressDialog.setProgressStyle(ProgressDialog.STYLE_SPINNER);
        //设置 ProgressDialog 的显示样式,STYLE_SPINNER 代表的是圆圈进度条
        progressDialog.show();                               //显示进度对话框
    }
});
button2.setOnClickListener(new Button.OnClickListener() {
    public void onClick(View v) {
        ProgressDialog progressDialog = new ProgressDialog(MainActivity.this);
        progressDialog.setTitle("提示信息");
        progressDialog.setMessage("正在下载中,请稍候......");
        //设置最大进度,ProgressDialog 的进度范围是 1~10 000
        progressDialog.setMax(100);
        progressDialog.setProgressStyle(ProgressDialog.STYLE_HORIZONTAL);
        //设置 ProgressDialog 的显示样式,STYLE_HORIZONTAL 代表的是水平进度条
        progressDialog.show();
    }
});
```

   本示例程序中,点击屏幕其他部分,进度条对话框就会消失。如果希望点击时不消失,可以调用 ProgressDialog 对象的 setCancelable(false)方法,这样对话框就不能被取消。

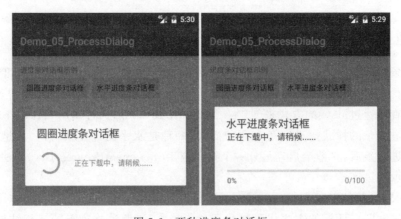

图 5-6 两种进度条对话框

5.1.3 日期和时间选择对话框

Android 系统提供了一些与日期和时间有关的控件,常用的有 DatePicker、TimePicker、DatePickerDialog、TimePickerDialog 等。DatePicker 和 TimePicker 用来实现日期和时间输入,DatePickerDialog 和 TimePickerDialog 用来显示日期选择和时间选择对话框。

1. DatePicker 和 TimePicker

DatePicker 和 TimePicker 都继承自 android. widget. FrameLayout 类,在 android. widget 包中。DatePicker 用来实现日期的输入设置,日期的设置范围为 1900 年 1 月 1 日至 2100 年 12 月 31 日。改变日期会触发 onDateChanged 事件,所以要监听日期值的改变,需要实现接口 android. widget. DatePicker. OnDateChangedListener 中的 onDateChanged ( ) 方法。TimePicker 向用户显示一天中的时间,并允许用户进行选择。时间的改变会触发 OnTimeChanged 事件,所以要监听时间值的改变,需要实现接口 android. widget. TimePicker. OnTimeChangedListener 中的 onTimeChanged()方法。

【例 5-6】 示例工程 Demo_05_DateAndTimePicker 演示了 DatePicker 和 TimePicker 控件的用法。

程序主界面设置了两个按钮。点击第一个按钮,跳转到 DatePickerActivity,显示 DatePicker 控件;点击第二个按钮,跳转到 TimePickerActivity,显示 TimePicker 控件。

DatePickerActivity 类的主要代码如代码段 5-8 所示。

```
代码段 5-8  DatePickerActivity 类的主要代码
//package 和 import 语句略
public class DatePickerActivity extends Activity {
    private DatePicker myDatePicker;
    private TextView textDate;
    @Override
    protected void onCreate(Bundle savedInstanceState) {
        super.onCreate(savedInstanceState);
        setContentView(R.layout.date);
        textDate = (TextView)findViewById(R.id.textDate);
        myDatePicker = (DatePicker)findViewById(R.id.datePicker);
        Calendar calendar =Calendar.getInstance(Locale.CHINA);
        int year =calendar.get(Calendar.YEAR);
        int monthOfYear =calendar.get(Calendar.MONTH);
        int dayOfMonth =calendar.get(Calendar.DAY_OF_MONTH);
        myDatePicker.init(year, monthOfYear, dayOfMonth, new
            OnDateChangedListener() {
            @Override
            public void onDateChanged(DatePicker view, int year, int monthOfYear,
```

```
            int dayOfMonth) {
            textDate.setText ("\n 您选择的日期是: " +year +"年" + (monthOfYear +1)
                +"月 " +dayOfMonth +"日");
        }
    });
    }
}
```

TimePickerActivity 类的主要代码如代码段 5-9 所示。

代码段 5-9 TimePickerActivity 类的主要代码
```
//package 和 import 语句略
public class TimePickerActivity extends Activity {
    private TimePicker myTimePicker;
    private TextView textTime;
    @Override
    protected void onCreate(Bundle savedInstanceState) {
        super.onCreate(savedInstanceState);
        setContentView(R.layout.time);
        textTime = (TextView) findViewById(R.id.textTime);
        myTimePicker = (TimePicker)findViewById(R.id.timePicker);
        myTimePicker.setOnTimeChangedListener(new OnTimeChangedListener(){
            @Override
            public void onTimeChanged(TimePicker view, int hourOfDay, int minute){
                textTime.setText ("您选择的时间是: " +hourOfDay +"时" +minute +"分");
            }
        });
    }
}
```

示例程序中,DatePicker 和 TimePicker 控件的使用方法类似,在布局中设置了 TextView 控件,当用户选择了日期或时间后,触发相应事件,在 TextView 中显示这个选择的日期或时间。运行结果如图 5-7 所示。

2. DatePickerDialog 和 TimePickerDialog

DatePickerDialog 和 TimePickerDialog 用来显示日期选择和时间选择对话框。可以在程序中直接通过 new 的方式实例化这两个类来得到一个日期或时间选择对话框,二者的使用方法非常类似。

对于 DatePickerDialog,其常用的构造方法定义如下:

```
DatePickerDialog(Context con, OnDateSetListener call, int year, int month,
int day)
```

图 5-7　DatePicker 和 TimePicker 的运行效果

其中,第二个参数可以是一个 DatePickerDialog. OnDateSetListener 匿名内部类对象,当用户选择好日期点击"确定"按钮时,会调用其中的 onDateSet()方法。最后 3 个参数分别用于指定对话框弹出时默认选择的年、月、日。

如果要监听对话框中年月日值的改变,需要在 DatePickerDialog 控件中实现接口 android. widget. DatePicker. OnDateChangedListener 中的 onDateChanged()方法;如果监听对话框中"确定"按钮被按下,需要实现接口 onDateChangedListener 中的 onDateSet()方法。

TimePickerDialog 类常用的构造方法定义如下:

```
TimePickerDialog(Context con, OnTimeSetListener call, int h, int m, boolean
is24Hour)
```

其中,第二个参数可以是一个 TimePickerDialog. OnTimeSetListener 匿名内部类,当用户选择好时间点击"确定"按钮时,会调用其中的 onTimeset()方法。第三个参数和第四个参数为弹出的时间对话框初始显示的小时和分钟,最后一个参数设置是否以 24 时制显示时间。

如果要监听对话框中时间值的改变,需要在 TimePickerDialog 控件中实现接口 android. widget. TimePicker. OnTimeChangedListener 中的 onTimeChanged()方法;如果监听对话框中"确定"按钮被按下,需要实现 TimePickerDialog. OnTimeSetListener 接口,并实现该接口中的 onTimeSet()方法。

【例 5-7】　示例工程 Demo_05_DateAndTimePickerDialog 演示了 DatePickerDialog

和 TimePickerDialog 的用法。

在主界面的布局中定义两个 Button 控件,点击第一个按钮,则弹出日期选择对话框,如图 5-8(a)所示。点击"确定"按钮关闭对话框后,利用 Toast 显示所选择的日期。点击第二个按钮,弹出时间选择对话框,如图 5-8(b)所示。点击"确定"按钮关闭对话框后,利用 Toast 显示所选择的的时间。如果想要使弹出的对话框默认显示某一个日期或时间,可以利用 java. util. Calendar 类实现。

(a) DatePickerDialog对话框   (b) TimePickerDialog对话框

图 5-8   示例程序的运行效果

MainActivity 类的主要代码如代码段 5-10 所示。

代码段 5-10   TimePickerActivity 类的主要代码

```
//package 和 import 语句略
public class MainActivity extends AppCompatActivity {
    @Override
    protected void onCreate(Bundle savedInstanceState) {
        super.onCreate(savedInstanceState);
        setContentView(R.layout.activity_main);
        Button btn1 = (Button)findViewById(R.id.btn_1);
        btn1.setOnClickListener(new View.OnClickListener() {
                                        //按钮对应的点击事件

            public void onClick(View v) {
                //创建一个 DatePickerDialog
                DatePickerDialog datePickerDialog =new DatePickerDialog
```

```
                    (MainActivity.this,new DatePickerDialog.OnDateSetListener() {
                    public void onDateSet(DatePicker view,int year,int monthOfYear,
                        int dayOfMonth){
                        Toast.makeText(getApplicationContext(), "日期:" +year
                            +"-" + (monthOfYear +1) +"-" +dayOfMonth,
                            Toast.LENGTH_SHORT).show();
                    }
                }, 2017, 2, 7);
                datePickerDialog.show();                  //显示 DatePickerDialog
            }
        });
        Button btn2 = (Button)findViewById(R.id.btn_2);
        btn2.setOnClickListener(new View.OnClickListener() {
                                                    //按钮对应的点击事件
            public void onClick(View v) {
                //创建一个 TimePickerDialog:
                TimePickerDialog timePickerDialog =new TimePickerDialog
                    (MainActivity.this, new TimePickerDialog.OnTimeSetListener() {
                    public void onTimeSet(TimePicker view, int hourOfDay,
                        int minute) {
                        Toast.makeText(getApplicationContext(), "Time: " +hourOfDay
                            +":" +minute, Toast.LENGTH_SHORT).show();
                    }
                }, 8, 15, true);
                timePickerDialog.show();                  //显示 TimePickerDialog
            }
        });
    }
}
```

5.2　菜　　单

　　菜单是许多应用程序不可或缺的一部分,它能够在不占用界面空间的前提下为应用程序提供统一的功能和设置界面。Android 的菜单正常情况下都是隐藏的,其主要目的是节省显示空间。在 Android 3.0(API Level 11)以下版本的设备上,菜单可通过按下移动设备上的 Menu 键弹出来。菜单的具体内容和对应的功能是需要程序设计者来实现的,如果在应用开发中没有实现菜单的功能,则在程序运行时按下移动设备上的 Menu 键不会显示任何菜单。而对于 Android 3.0(API Level 11)及以上版本,硬件菜单键成为可选项,菜单的功能由操作栏(ActionBar)操作项和溢出菜单代替。

　　Android SDK 提供的菜单主要有如下几种:

（1）选项菜单（Options Menu）。

在 Android 3.0 之前的设备上，这是最常规的菜单，即按 Menu 键时打开的菜单。在 Android 3.0 及以上版本的设备上，选项菜单项将被默认转移到 ActionBar 的溢出菜单中。

（2）操作栏操作项。

通过设置菜单项的 android：showAsAction 属性，可以让菜单项显示为操作栏操作项，通常以一个图标的形式显示，如图 5-9 所示。

（3）溢出菜单（Overflow Menu）。

在 Android 3.0 及以上版本中，不适合放在操作栏中的操作项（例如，操作栏缺少空间）以及未标识为操作项的菜单项将会在溢出菜单中显示。点按操作栏右侧的溢出菜单按钮，如图 5-9 所示，就会弹出菜单项列表。如果移动设备有 Menu 键，按下该键时，溢出菜单的菜单项将在悬浮窗口显示。

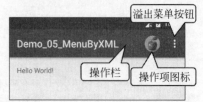

图 5-9　操作栏操作项和溢出菜单

（4）子菜单（Submenu）。

点击菜单项将弹出悬浮窗口显示子菜单项。子菜单不支持嵌套，即子菜单中不能再包括其他子菜单。

（5）上下文菜单（Context Menu）。

上下文菜单是长按界面中的视图控件后出现的菜单，类似于 Windows 应用程序中的右键快捷菜单。

5.2.1　使用 XML 资源定义菜单项

Android 提供了标准的 XML 格式的资源文件来定义菜单项，并且对所有菜单类型都支持。这种处理方式可以方便地为不同的硬件配置、语言、位置创建不同的菜单。

存放菜单资源的 XML 文件需要创建在工程项目的 res/menu 文件夹中，每个菜单结构都必须创建为一个单独的文件。文件中使用＜menu＞元素作为根节点，使用一组＜item＞元素指定每个菜单项。＜item＞元素的属性用于指定菜单项的文本、图标、快捷键等。代码段 5-11 是一个 XML 菜单文件的示例。

代码段 5-11　XML 菜单文件示例

```xml
<?xml version="1.0" encoding="utf-8"?>
<menu
    xmlns:android="http://schemas.android.com/apk/res/android"
    xmlns:app="http://schemas.android.com/apk/res-auto">
    <item
        android:id="@+id/menu_settings"
        android:title="关于"
        android:icon="@mipmap/icon_apple"
        app:showAsAction="always"/>
```

```
    <item
        android:id="@+id/menu_help"
        android:title="帮助">
</menu>
```

<item>元素除了具有常规的 id、icon、title 等属性,还有一个重要的属性:
showAsAction,这个属性描述了菜单项何时以何种方式加入到 ActionBar 中。例如,代
码段 5-11 将菜单项"关于"设为操作栏操作项。

而代码段 5-12 则将菜单项定义为:当操作栏上有足够的空间时,菜单项作为操作栏
操作项显示;当操作栏上的空间不够时,该项在溢出菜单中显示。建议使用该选项,这样
可以使系统具有最大的灵活性来布局。

代码段 5-12　把菜单项定义为操作栏上有足够的空间时,作为操作栏操作项显示

```
<item
    android:id="@+id/menu_settings"
    android:title="设置"
    app:showAsAction="ifRoom"/>
```

在 Java 代码中调用菜单项对象的 setShowAsActionFlags()方法,也可以达到上述效
果。例如,将其参数设为 MenuItem. SHOW_AS_ACTION_ALWAYS,会强制一个菜单
项一直作为操作栏操作项显示。

可以使用<group>元素对菜单项进行分组,以组的形式操作菜单项。分组后的菜单
显示效果并没有区别,唯一的区别在于可以针对菜单组进行操作,这样对于分类的菜单
项,操作起来更方便,例如可以设置菜单组内的菜单是否都可选、是否隐藏菜单组的所有
菜单、菜单组的菜单是否可用等。

子菜单通过在<item>元素中嵌套<menu>来实现。也可以在 Java 代码中,调用
Menu 对象的 addSubMenu(int groupId, int itemId, int order, int titleRes)方法创建子
菜单,然后通过调用 subMenu 对象的 add()方法添加子菜单项。

当创建好一个 XML 菜单资源文件之后,可以使用 MenuInflater. inflate()方法填充
菜单资源,使 XML 资源变成一个可编程的对象。

5.2.2　创建菜单

在 Android 中,一个 Menu 对象代表一个菜单,在 Menu 对象中可以添加菜单项
MenuItem,也可以添加子菜单 SubMenu。编写程序时一般不需要创建 Menu,每个
Activity 默认都包含一个 Menu 对象。编程者只需添加菜单项和响应菜单项的点击事
件,所以编写菜单程序一般包括创建和初始化菜单项和处理菜单项事件两个步骤。

在 Android 应用程序设计中,常常通过回调方法来创建菜单并处理菜单按下的事件。
Activity 中提供了两个回调方法 OnCreateOptionsMenu()和 OnOptionsMenuSelected(),
用于创建菜单项和响应菜单项的点击。表 5-2 中列出了菜单方法及其对应的功能。

表 5-2　选项菜单方法及其对应的功能

方 法 名	功 能 说 明
public boolean onCreateOptionsMenu(Menu menu)	初始化选项菜单,该方法只在首次显示菜单时被调用
public boolean onOptionsItemSelected(MenuItem item)	处理菜单项的点击事件,当菜单中某个选项被选中时调用该方法,默认返回 false。详见下面的示例代码说明
public boolean onPrepareOptionsMenu(Menu menu)	为程序准备选项菜单,在每次选项菜单显示前会调用该方法。可以通过该方法设置某些菜单项可用/不可用、修改菜单项的内容等。重写该方法时需要返回 true,否则选项菜单将不会刷新显示

　　创建菜单需要调用 Activity 的 onCreateOptionsMenu()方法,其功能是为程序初始化选项菜单,可在此方法中添加指定的菜单项。在 Android 3.0 之前的设备上,当按下 Menu 键时,Android 系统调用此方法生成一个菜单。在 Android 3.0 及其以上版本中,每次 Activity 布局完成创建操作栏时调用 onCreateOptionsMenu()方法生成菜单。需要特别注意的是,该方法只在首次显示菜单时调用一次,如果要动态显示菜单项,则需要调用 onPrepareOptionsMenu()方法。

　　【例 5-8】　示例工程 Demo_05_MenuByXML 演示了如何利用资源文件生成菜单和子菜单。

　　首先,在工程项目的 res/menu 文件夹中创建菜单 XML 文件,文件名为 mymenu. xml,代码如代码段 5-13 所示。

代码段 5-13　把菜单和子菜单定义为 XML 资源

```xml
<?xml version="1.0" encoding="utf-8"?>
<menu
    xmlns:android="http://schemas.android.com/apk/res/android"
    xmlns:app="http://schemas.android.com/apk/res-auto">
    <item
        android:id="@+id/menu_settings"
        android:title="设置"
        android:icon="@mipmap/icon_apple2"
        app:showAsAction="always"/>
    <item
        android:id="@+id/menu_check"
        android:title="自动保存"
        android:checkable="true"
        android:checked="true"/>
    <item
        android:id="@+id/menu_help"
        android:title="帮助">
        <menu>
            <item
```

```
                android:id="@+id/menu_document"
                android:title="联机文档"/>
        <item
                android:id="@+id/menu_search"
                android:title="搜索"/>
        <item
                android:id="@+id/menu_about"
                android:title="关于"/>
    </menu>
    </item>
    <item
        android:id="@+id/menu_exit"
        android:orderInCategory="100"
        app:showAsAction="never"
        android:title="退出"/>
</menu>
```

在 Activity 的回调方法 onCreateOptionsMenu() 中调用 MenuInflater 对象的 inflate() 方法,就可以引用上述定义的菜单资源,如代码段 5-14 所示。

代码段 5-14　使用 XML 菜单资源

```
public boolean onCreateOptionsMenu(Menu menu) {
    super.onCreateOptionsMenu(menu);
    MenuInflater inflater=this.getMenuInflater();
    inflater.inflate(R.menu.main, menu);
    return true;
}
```

程序运行后的菜单界面如图 5-10 所示。在 XML 菜单文件中,菜单项"设置"的属性 app：showAsAction 值设置为 always,所以该菜单项位于 ActionBar 中,显示为一个操作项图标。操作栏右侧有一个溢出菜单按钮,点按这个按钮,就会弹出溢出菜单,如图 5-10(a) 所示,点击其中的"帮助"菜单项,就会弹出相应的子菜单,如图 5-10(b)所示。

　　　(a) 溢出菜单　　　　　　(b) 点击菜单项"帮助"后弹出的子菜单

图 5-10　溢出菜单和子菜单

在 Android 中,还可以在 Java 代码中通过调用 Menu 对象的 addSubMenu(int

groupId，int itemId，int order，int titleRes)方法创建子菜单。

5.2.3 响应和处理菜单项的点击

Activity 中的 public boolean onOptionsItemSelected(MenuItem item)方法处理菜单项和菜单项的点击事件，当菜单中某个选项被选中时会自动调用该方法，方法的默认返回值是 false。在响应菜单时需要通过 ID 号来判断哪个菜单项被点击了，然后分情况进行处理。

除了用回调方法 onOptionsItemSelected()来处理用户选中菜单事件外，还可以为每个菜单项(即 MenuItem)对象添加 onMenuItemClickListener()方法来监听并处理菜单选中事件。

【例 5-9】 处理示例工程 Demo_05_MenuByXML 中的每个菜单项的点击事件。

重写 Activity 的回调方法 onOptionsItemSelected(MenuItem item)，处理每个菜单项的点击事件，主要代码如代码段 5-15 所示。在代码中调用 item 对象的 getItemId()方法，可以获取当前被点击的菜单项的 ID 号，然后在 switch-case 语句中分情况进行处理。

代码段 5-15 重写 Activity 的 onOptionsItemSelected()方法，处理菜单项点击事件

```java
@Override
public boolean onOptionsItemSelected(MenuItem item) {
    switch (item.getItemId()){
        case R.id.menu_settings:
            Toast.makeText(getApplicationContext(), "您点击了菜单项:设置",
                Toast.LENGTH_LONG).show();
            return true;
        case R.id.menu_save:
            Toast.makeText(getApplicationContext(), "您点击了菜单项:自动保存",
                Toast.LENGTH_LONG).show();
            return true;
        case R.id.menu_document:
            Toast.makeText(getApplicationContext(), "您点击了菜单项:联机文档",
                Toast.LENGTH_LONG).show();
            return true;
        case R.id.menu_search:
            Toast.makeText(getApplicationContext(), "您点击了菜单项:搜索",
                Toast.LENGTH_LONG).show();
            return true;
        case R.id.menu_about:
            Toast.makeText(getApplicationContext(), "您点击了菜单项:关于",
                Toast.LENGTH_LONG).show();
            AlertDialog.Builder exitAlert=new AlertDialog.Builder(MainActivity.
                this);
            exitAlert.setTitle("版权声明:");
```

```
            exitAlert.setMessage("这是教材的示例程序!\n 版本号:1.0");
            exitAlert.setNegativeButton("确定", new DialogInterface.
                OnClickListener() {
                public void onClick(DialogInterface arg0, int arg1) {
                    //TODO Auto-generated method stub
                }
            });
            exitAlert.create();
            exitAlert.show();
            return true;
        case R.id.menu_exit:
            MainActivity.this.finish();                    //退出程序
            return true;
        }
        return super.onOptionsItemSelected(item);
    }
```

5.2.4　上下文菜单

上下文菜单 ContextMenu 类似于普通桌面程序中的右键菜单,但在 Android 中不是通过用户右击鼠标而得到的,而是当用户长按界面元素超过 2s 后自动出现的。它可以被注册到任何视图对象中,如 ListView 的 item 对象。

与选项菜单和溢出菜单不同,创建一个上下文菜单,一般需要重写 Activity 的菜单回调方法 onCreateContextMenu(),而响应上下文菜单点击事件则需要重写 onContextItemSelected()方法。与 onCreateOptionsMenu()方法仅在选项菜单第一次启动时被调用一次不同,每次为 View 对象调出上下文菜单时都需要调用该方法。

onCreateContextMenu()方法的定义如下:

```
onCreateContextMenu (ContextMenu m, View v, ContextMenu. ContextMenuInfo
menuInfo)
```

其中,参数 m 是创建的上下文菜单,v 是上下文菜单依附的 View 对象,menuInfo 是上下文菜单需要额外显示的信息。

在 onCreateContextMenu()方法里可以引用菜单资源 XML 文件,创建菜单项。也可以直接通过调用 menu 对象的 add()方法添加相应的菜单项。

上下文菜单必须通过调用 registerForContextMenu(View view)方法为某个 View 对象注册才能生效。registerForContentMenu()方法一般在 Activity 的 onCreate()方法里面调用,该方法执行后,会自动为指定的 View 对象添加一个 View. OnCreateContextMenuListener 监听器,这样当长按这个 View 对象时就会弹出上下文菜单。

当用户选择了上下文菜单选项后,系统会自动调用 onContentItemSelected(MenuItem item)方法进行处理,参数中的 item 是被选中的上下文菜单选项。

【例 5-10】 示例工程 Demo_05_ContextMenu 演示了上下文菜单的设计方法。

首先,在工程项目的 res/menu 文件夹中创建 XML 菜单文件,文件名为 mymenu. xml,代码如代码段 5-16 所示。

代码段 5-16 把菜单定义为 XML 资源
```xml
<?xml version="1.0" encoding="utf-8"?>
<menu
    xmlns:android="http://schemas.android.com/apk/res/android">
    <item
        android:id="@+id/menu_settings"
        android:title="设置"/>
    <item
        android:id="@+id/menu_save"
        android:title="保存"/>
    <item
        android:id="@+id/menu_help"
        android:title="帮助"/>
</menu>
```

Activity 中有两个 EditText 控件,为对象 etxt1 注册了上下文菜单,主要代码如代码段 5-17 所示。

代码段 5-17 为对象 etxt1 注册上下文菜单
```java
//package 和 import 语句略
public class MainActivity extends AppCompatActivity {
    @Override
    protected void onCreate(Bundle savedInstanceState) {
        super.onCreate(savedInstanceState);
        setContentView(R.layout.activity_main);
        this.registerForContextMenu(findViewById(R.id.editText1));
                                    //为 View 对象注册上下文菜单
    }
    @Override
    public void onCreateContextMenu(ContextMenu menu, View v, ContextMenu.
        ContextMenuInfo menuInfo) {
        super.onCreateContextMenu(menu, v, menuInfo);
        menu.setHeaderIcon(R.mipmap.ic_launcher);
        if(v==findViewById(R.id.editText1)){
            MenuInflater inflater=this.getMenuInflater();
            inflater.inflate(R.menu.mymenu, menu);
                                    //引用菜单资源,创建上下文菜单
        }
    }
```

```
@Override
public boolean onContextItemSelected(MenuItem item) {
                                    //菜单项选中状态变化后的回调方法
    EditText et1=(EditText)this.findViewById(R.id.editText1);
    switch (item.getItemId()){
        case R.id.menu_settings:
            et1.setText("您选择了菜单项:设置");
            break;
        case R.id.menu_save:
            et1.setText("您选择了菜单项:保存");
            break;
        case R.id.menu_help:
            et1.setText("您选择了菜单项:帮助");
            break;
    }
    return true;
    }

}
```

该工程运行后,在第一个 EditText 对象上长按超过 2s 后自动出现的上下文菜单如图 5-11 所示。点击某一菜单项,会实现相应的相应处理。而长按第二个 EditText 对象不会出现上下文菜单。

图 5-11　长按 EditText 对象出现的上下文菜单

5.3　状态栏消息 Notification

Notification 是 Android 提供的状态栏提醒机制,也称为消息推送,这是一种具有全局效果的通知。Notification 不仅和 Toast 一样不会打断用户当前的操作,而且还支持更复杂的单击事件响应,它适用于交互事件的通知。

Notification 通常用于如下情形:

(1) 显示接收到短消息、即时消息等信息,如 QQ、微信、短信等。

（2）显示客户端的推送消息，如有新版本发布、广告、推荐新闻等。

（3）显示正在进行的任务，如后台运行的程序、音乐播放器、版本更新时候的下载进度等。

Notification 支持文字内容显示、震动、三色灯、铃声等多种提示形式。Notification 有两种视图：普通视图和大视图。Notification 普通视图的组成如图 5-12 所示，包括通知的标题、通知的内容、大图标、小图标和推送时间等。其中小图标在屏幕没有展开时会显示在状态栏中。状态栏中显示的时间可以通过调用 setWhen()方法设置，默认值是系统接收到消息的时间。大视图由 Android 4.1(API level 16)开始引入，且仅支持 Android 4.1 及更高版本。普通视图的通知内容只能显示一行，而大视图可以显示多行通知内容，如图 5-13 所示。点击切换按钮，可以在两种视图之间切换。默认情况下 Notification 以普通视图模式显示，通过调用 Notification. Compat. Builder. setStyle(new Notification. BigTextStyle(). bigText("消息内容"))方法可将其设置为以大视图模式显示。

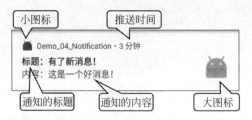

图 5-12　Notification 普通视图的组成

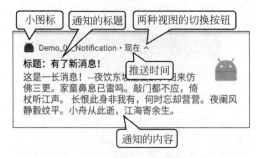

图 5-13　Notification 大视图的组成

状态栏通知主要涉及两个类：Notification 和 NotificationManager。Notification 是通知信息类，保存了通知栏的各个属性；NotificationManager 是状态栏通知的管理类，负责发通知、清除通知等操作。NotificationManager 是一个系统 Service，所以必须通过调用 getSystemService(NOTIFICATION_SERVICE)方法来获取。

通常利用 NotificationCompat 或 Notification 的内部类 Builder 创建 Notification 对象。Builder 类中提供了很多方法，调用这些方法可以为当前的 Notification 对象指定属性。一个 Notification 对象不必对所有的选项都进行设置，但小图标、通知的标题、通知的内容 3 项是必须设置的。Builder 对象常用的方法如表 5-3 所示。需要注意的是，对于 Android 5.0 及以上的系统，谷歌公司推荐 SmallIcon 的图标仅使用白色和透明色两种颜色，而且尽量简单。如果使用其他颜色，系统会进行处理，仅仅显示上述两种颜色。

表 5-3　Builder 对象的部分常用方法

方　法　名	功能及使用说明
setSmallIcon()	设置通知的小图标
setLargeIcon()	设置通知的大图标
setContentTitle()	设置通知的标题
setContentText()	设置通知的内容
setAutoCancel()	设置点击通知后,状态栏自动删除通知
setDefaults()	设置通知的音乐、振动、LED 等
setSound()	设置通知的音乐
setTicker()	设置通知在状态栏的提示文本
setContentIntent()	设置点击通知后将要启动的程序组件对应的 PendingIntent

程序一般通过 NotificationManager 服务来发送和取消 Notification。NotificationManager 对象常用的方法如表 5-4 所示。

表 5-4　NotificationManager 对象的部分常用方法

方　法　名	功能及使用说明
cancelAll()	移除所有通知(只是针对当前 Context 下的 Notification)
cancel(int id)	移除标记为 id 的通知(只是针对当前 Context 下的所有 Notification)
notify(int id, Notification notification)	将通知加入状态栏,标记为 id。第一个参数是 Notification 的 ID,用于以后更新这个 Notification 的信息时找到这个 Notification。在执行这个方法时,如果这个 ID 的通知已经存在,就会更新这个 ID 的通知信息,而不是发送一个新的 Notification
notify(String tag, int id, Notification notification)	将通知加入状态栏,标签为 tag,标记为 id

创建并发送 Notification 消息的一般步骤如下。

步骤 1:构造 NotificationCompat. Builder 或 Notification. Builder 对象,并设置对象的各种属性。

步骤 2:调用 Builder 对象的 build()方法,获得 Notification 的对象。

步骤 3:调用 getSystemService(NOTIFICATION_SERVICE)方法,获取系统的服务,得到一个 NotificationManager 的引用。

步骤 4:调用 NotificationManager 对象的 notify()方法发送 Notification。

取消 Notification 通知有如下 4 种方式:

(1) 点击通知栏的清除按钮,会清除所有可清除的通知。

(2) 向右滑动通知项,可清除该项通知。

（3）调用 NotificationManager 对象的 cancel(int)方法，清除指定 ID 的通知。

（4）调用 NotificationManager 对象的 cancelAll()方法，清除所有该应用之前发送的通知。

【例 5-11】　示例工程 Demo_05_Notification 演示了有关状态栏消息的使用方法，部分核心代码如代码段 5-18 所示，运行结果如图 5-14 所示。

代码段 5-18　设置 Notification 及其参数

```
//package 和 import 语句略
public class MainActivity extends AppCompatActivity {
    private NotificationManager manager;
    private int SIMPLE_NOTFICATION_ID=1600;   //Notification 的 ID,整数
    private int NEW_NOTFICATION_ID=1800;       //Notification 的 ID,整数
    NotificationCompat.Builder builder;
    @Override
    public void onCreate(Bundle savedInstanceState) {
        super.onCreate(savedInstanceState);
        setContentView(R.layout.activity_main);
                                //采用设定的布局,在其中定义了两个按钮
        Button start = (Button)findViewById(R.id.notifyButton);
                                //显示提醒消息的按钮
        Button update = (Button)findViewById(R.id.updateButton);
                                //修改提醒消息的按钮
        Button newStart = (Button)findViewById(R.id.notifyNewButton);
                                //显示一个新提醒消息的按钮
        Button cancel = (Button)findViewById(R.id.cancelButton);
                                //关闭提醒消息的按钮
        builder=new NotificationCompat.Builder(getApplicationContext());
        manager = (NotificationManager) getSystemService(NOTIFICATION_SERVICE);
        //创建 NotificationManager 对象,负责"发出"与"取消"Notification
        start.setOnClickListener(new View.OnClickListener() {
                                //"显示提示"按钮对应的点击事件
            public void onClick(View v) {
                builder.setSmallIcon(R.mipmap.ic_launcher);
                builder.setLargeIcon(BitmapFactory.decodeResource(getResources(),
                    R.mipmap.ic_launcher));
                builder.setContentTitle("标题:有了新消息!");
                builder.setContentText("内容:这是一个好消息!");
                builder.setShowWhen(true);
                Date dt=new Date();
                builder.setAutoCancel(true);   //设置点击通知后,状态栏自动删除通知
                //下面创建 Notification 对象
                Notification notification =builder.build();
                //调用 builder.build(),可获得 Notification 的对象
```

```
            manager.notify(SIMPLE_NOTFICATION_ID, notification);
            //第 1 个参数是 notification 的 ID,以后再执行 manager.notify(SIMPLE_
            //NOTFICATION_ID, notification);就会更新这个 ID 的提醒信息
        }
    });
    update.setOnClickListener(new View.OnClickListener() {
        @Override
        public void onClick(View view) {
            builder.setContentTitle("标题:有了消息的更新!");
            builder.setContentText("内容:这是一个好消息的更新!");
            Notification notification =builder.build();
            manager.notify(SIMPLE_NOTFICATION_ID, notification);
        }
    });
    newStart.setOnClickListener(new View.OnClickListener() {
        public void onClick(View v) {
            builder.setSmallIcon(R.mipmap.ic_launcher);
            builder.setLargeIcon(BitmapFactory.decodeResource(getResources(),
                R.mipmap.icon_1));
            builder.setContentTitle("标题:增加了一个新消息!");
            builder.setContentText("内容:增加一个好消息!");
            Notification notification =builder.build();
            manager.notify(NEW_NOTFICATION_ID, notification);
        }
    });
    cancel.setOnClickListener(new View.OnClickListener() {
        public void onClick(View v) {
            manager.cancelAll();
        }
    });
    }
}
```

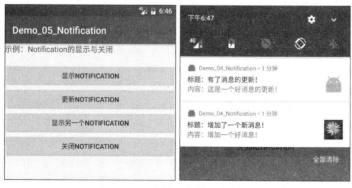

图 5-14　示例程序的运行结果

5.4　本章小结

　　本章介绍了对话框的设计方法,菜单、子菜单、上下文菜单等常用菜单的编程实现方法,以及状态栏提醒 Notification 的设计和使用方法。这些界面元素是实现用户交互的重要工具和手段,应该熟练掌握它们的设计与编程实现方法,并且能够在解决实际问题的过程中灵活运用。学习本章时,要重点掌握 AlterDialog 对话框的设计方法,溢出菜单、子菜单、上下文菜单的设计方法,以及 Notification 的设计和使用方法。

习　　题

　　1. 假设在 Activity 中有多个 View 对象,如何让其中的某些对象能弹出上下文菜单而其余的没有上下文菜单项?

　　2. 设计一个选择时间的应用程序,要求 Activity 中有一个文本输入框,当用户点击输入框时,弹出时间选择对话框,其中的默认时间为系统当前时间,用户选择的时间显示在文本输入框中。

　　3. 设计一个用于注册的 Activity。要求界面中的注册项包括用户名、账号、密码、性别、出生年月日、爱好。用户名框中只能输入大写字母;账号框只能输入数字;密码框不可显示明文;性别用单选按钮,默认选中"男";出生年月日使用日期选择对话框输入,默认值为当前日期;爱好用多选框实现,至少要有 4 个选项,默认选中第一个和第二个选项。界面中有一个"注册"按钮,"注册"按钮要水平居中。用户点击"注册"按钮后,显示状态栏提醒 Notification 消息,消息的标题为"注册完成",消息中包括注册的用户名。

　　4. 为上一题的 Activity 添加菜单,菜单项为"清空各选项"和"退出"。当用户选择"清空各选项"时,将所有文本输入框的文字清空,所有单选按钮和复选框设为启动时的默认选项。当用户选择"退出"时,弹出警告对话框,用户如果选择"确定",则关闭 Activity。

　　5. 设计一个应用程序,界面中有一个 TextView,其中显示有一行文字。为 Activity 添加菜单,包括"红""绿""蓝"3 个菜单项,用户选择一个菜单项,即将 TextView 中的文字设为相应的颜色。

　　6. 在 Android 中使用 Menu 时可能需要重写的方法有哪些? 这些方法分别在什么情况下被调用?

Fragment 及其应用

本章介绍 Fragment 的概念、用途及其使用方式，内容包括 Fragment 的生命周期，利用 Fragment 实现界面的切换，带侧边栏菜单 Activity 的设计和实现方法，以及 Tabbed Activity 的设计和实现方法。

6.1　Fragment 的基本概念

6.1.1　Fragment 简介

Android 上的界面展示通常都是通过 Activity 实现的，但是 Activity 也有它的局限性。例如，同样的界面在手机上显示可能很好，但在屏幕较大的平板电脑上可能就会出现过分被拉长、控件间距过大等情况。Android 在 3.0 版本引入了 Fragment 功能，可以解决这一问题。Fragment 非常类似于 Activity，可以包含布局，通常是嵌套在 Activity 中使用的。

Fragment 是 Activity 界面中的一部分或一种行为，可以把多个 Fragment 组合到一个 Activity 中来创建一个多部分组成的界面，并且可以在多个 Activity 中重用一个 Fragment。例如，一个 Activity 可以由两个 Fragment 组成，如图 6-1(a)所示，当设备屏幕较大时，可以在一个屏幕中同时显示这两个 Fragment；而当设备屏幕较小时，则将这两个 Fragment 分别放置在不同的 Activity 中，分别在两个屏幕中显示，如图 6-1(b)所示。

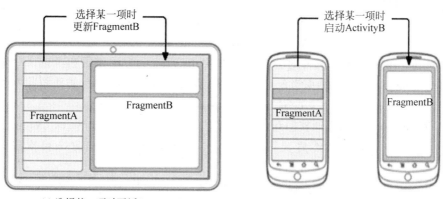

(a) 选择某一项时更新FragmentB　　　　(b) 选择某一项时启动ActivityB

图 6-1　Fragment 用于不同屏幕尺寸的设备

这样就可以实现较好的兼容性。

可以把 Fragment 认为是模块化的一个 Activity 切片，它具有自己的生命周期，接收自己的事件，并可以在 Activity 运行时被添加或删除。Fragment 不能独立存在，它必须嵌入到 Activity 中，但 Fragment 不一定非要放在 Activity 的界面中，它可以隐藏在后台为 Activity 工作。

当向 Activity 中添加一个 Fragment 时，它必须置于 ViewGroup 对象中，并且需定义 Fragment 自己的界面。可以直接在 Activity 的布局文件中声明一个 Fragment 对象，元素标签为＜fragment＞；也可以在代码中创建 Fragment 对象，然后把它加入到 ViewGroup 对象中。

6.1.2 Fragment 的生命周期

了解 Fragment 的生命周期有助于理解 Fragment 的运行方式和编写正确的 Fragment 代码。

因为 Fragment 必须嵌入在 Activity 中使用，所以 Fragment 的生命周期和它所在的 Activity 是密切相关的。例如，如果 Activity 是暂停状态，其中所有的 Fragment 都是暂停状态；如果 Activity 是停止状态，这个 Activity 中所有的 Fragment 都不能被启动；如果 Activity 被销毁，那么其中的所有 Fragment 都会被销毁。

参考 Android SDK 官网文档中的说明，Fragment 生命周期如图 6-2 所示。

（1）创建 Fragment。

在 Activity 执行了 onCreate（）方法之后，系统才会创建与之关联并加载的 Fragment。这时，会首先调用 Fragment 的 onAttach（）方法，建立 Activity 与 Fragment 之间的关联。然后调用 Fragment 的 onCreate（）方法，在这个方法中通常实现初始化相关组件的操作。之后，会调用 Fragment 的 onCreateView（）方法，为当前的 Fragment 绘制 UI 布局，并在 Activity 的 onCreate（）方法执行完后调用 onActivityCreated（）方法。

之后，与 Activity 的生命周期类似，系统会调用 onStart（）和 onResume（）方法，Fragment 进入活动状态。

（2）暂停和停止。

用户按返回键，或 Fragment 被移除/替换，会调用当前 Fragment 的 onPause（）方法和 onStop（）方法，停止当前 Fragment 的执行。

Fragment 中的布局被移除时会调用 onDestroyView（）方法销毁相关的 UI 布局，然后调用 onDestroy（）方法，结束当前 Fragment。最后调用 onDetach（）方法解除 Fragment 和 Activity 的关联，表示 Fragment 脱离了 Activity。

（3）当 Fragment 从返回栈回到当前界面时，系统会依次调用 onCreateView（）方法、onActivityCreated（）方法，然后调用 onStart（）方法、onResume（）方法再次进入运行状态。

Fragment 和 Activity 的生命周期有很多相似之处，但是 Fragment 不能独立存在，它必须嵌入到 Activity 中，而且 Fragment 的生命周期直接受所在的 Activity 的影响。当 Activity 在活动状态时可以独立控制 Fragment 的状态，例如添加或者移除 Fragment。

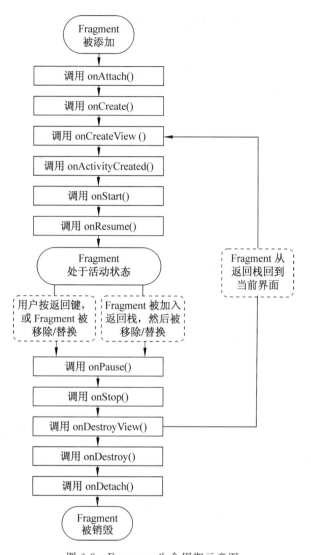

图 6-2 Fragment 生命周期示意图

当执行上述针对 Fragment 的事务时,可以将事务添加到一个栈中,这个栈被 Activity 管理,栈中的每一条都是一个 Fragment 的一次事务。有了这个栈,就可以反向执行 Fragment 的事务,这样就可以在 Fragment 级支持向后导航,实现返回的功能。Activity 的状态和 Fragment 生命周期的对比如图 6-3 所示。

【例 6-1】 示例工程 Demo_06_FragmentLifeCycle 中加载了一个 Fragment,演示了 Activity 和 Fragment 的生命周期方法的调用情况。

本例中,每一个生命周期方法中都设置了利用 Log 类打印日志的语句,用于验证 Fragment 生命周期方法的回调顺序以及对比 Activity 和 Fragment 生命周期的联系和区别。程序中 MyFragment 是 Fragment 的子类,使用布局文件 fragment_test. xml,如代码段 6-1 所示。

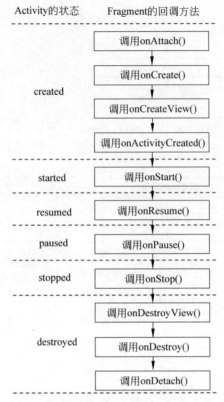

图 6-3　Activity 的状态和 Fragment 的生命周期对比

代码段 6-1　MyFragment 类的主要代码

```
//package 和 import 语句省略
public class MyFragment extends Fragment {
    private final String TAG = "MyFragment";
    @Override
    public void onAttach(Context context) {
        super.onAttach(context);
        Log.d(TAG, "MyFragment ->调用 onAttach()");
    }
    @Override
    public void onCreate(Bundle savedInstanceState) {
        super.onCreate(savedInstanceState);
        Log.d(TAG, "MyFragment ->调用 onCreate()");
    }
    @Override
    public View onCreateView(LayoutInflater inflater, ViewGroup container,
        Bundle savedInstanceState) {
        Log.d(TAG, "MyFragment ->调用 onCreateView()");
        View view = inflater.inflate(R.layout.fragment_test, null);
```

```
        return view;
    }
    @Override
    public void onActivityCreated(Bundle savedInstanceState) {
        super.onActivityCreated(savedInstanceState);
        Log.d(TAG, "MyFragment ->调用 onActivityCreated()");
    }
    @Override
    public void onStart() {
        super.onStart();
        Log.d(TAG, "MyFragment ->调用 onStart()");
    }
    @Override
    public void onResume() {
        super.onResume();
        Log.d(TAG, "MyFragment ->调用 onResume()");
    }
    @Override
    public void onPause() {
        super.onPause();
        Log.d(TAG, "MyFragment ->调用 onPause()");
    }
    @Override
    public void onStop() {
        super.onStop();
        Log.d(TAG, "MyFragment ->调用 onStop()");
    }
    @Override
    public void onDestroyView() {
        super.onDestroyView();
        Log.d(TAG, "MyFragment ->调用 onDestroyView()");
    }
    @Override
    public void onDestroy() {
        super.onDestroy();
        Log.d(TAG, "MyFragment ->调用 onDestroy()");
    }
    @Override
    public void onDetach() {
        super.onDetach();
        Log.d(TAG, "MyFragment ->调用 onDetach()");
    }
}
```

MainActivity.java 的主要代码如代码段 6-2 所示。

代码段 6-2　MainActivity.java 的主要代码

```java
//package 和 import 语句省略
public class MainActivity extends AppCompatActivity {
    private final String TAG = "MainActivity";
    private FragmentManager manager;
    private FragmentTransaction transaction;
    @Override
    protected void onCreate(Bundle savedInstanceState) {
        super.onCreate(savedInstanceState);
        setContentView(R.layout.activity_main);
        manager = getFragmentManager();
        transaction = manager.beginTransaction();
        MyFragment fragment = new MyFragment();
        transaction.add(R.id.line, fragment);
        transaction.commit();
        Log.i(TAG, "MainActivity ->调用 onCreate()");
    }
    @Override
    protected void onStart() {
        super.onStart();
        Log.i(TAG, "MainActivity ->调用 onStart()");
    }
    @Override
    protected void onResume() {
        super.onResume();
        Log.i(TAG, "MainActivity ->调用 onResume()");
    }
    @Override
    protected void onPause() {
        super.onPause();
        Log.i(TAG, "MainActivity ->调用 onPause()");
    }
    @Override
    protected void onStop() {
        super.onStop();
        Log.i(TAG, "MainActivity ->调用 onStop()");
    }
    @Override
    protected void onRestart() {
        super.onRestart();
```

```
            Log.i(TAG, "MainActivity ->调用 onRestart()");
    }
    @Override
    protected void onDestroy() {
        super.onDestroy();
        Log.i(TAG, "MainActivity ->调用 onDestroy()");
    }
}
```

运行程序，可以看到初次加载时的运行结果，如图 6-4 所示。按 Home 键使 Activity
进入停止状态，则运行结果如图 6-5 所示。重新进入程序，则运行结果如图 6-6 所示。按
回退键退出程序，则运行结果如图 6-7 所示。

L...	Time	PID	TID	Application	Tag	Text
I	02-...	8193	8193	edu.he...	MainActivity	MainActivity -> 调用 onCreate ()
D	02-...	8193	8193	edu.he...	MyFragment	MyFragment -> 调用 onAttach ()
D	02-...	8193	8193	edu.he...	MyFragment	MyFragment -> 调用 onCreate ()
D	02-...	8193	8193	edu.he...	MyFragment	MyFragment -> 调用 onCreateView ()
D	02-...	8193	8193	edu.he...	MyFragment	MyFragment -> 调用 onActivityCreated ()
I	02-...	8193	8193	edu.he...	MainActivity	MainActivity -> 调用 onStart ()
D	02-...	8193	8193	edu.he...	MyFragment	MyFragment -> 调用 onStart ()
I	02-...	8193	8193	edu.he...	MainActivity	MainActivity -> 调用 onResume ()
D	02-...	8193	8193	edu.he...	MyFragment	MyFragment -> 调用 onResume ()

图 6-4 初次加载时的 LogCat 输出

L...	Time	PID	TID	Application	Tag	Text
D	02-...	8193	8193	edu.he...	MyFragment	MyFragment -> 调用 onPause ()
I	02-...	8193	8193	edu.he...	MainActivity	MainActivity -> 调用 onPause ()
D	02-...	8193	8193	edu.he...	MyFragment	MyFragment -> 调用 onStop ()
I	02-...	8193	8193	edu.he...	MainActivity	MainActivity -> 调用 onStop ()

图 6-5 Activity 进入停止状态时的 LogCat 输出

L...	Time	PID	TID	Application	Tag	Text
I	02-...	8193	8193	edu.he...	MainActivity	MainActivity -> 调用 onRestart ()
I	02-...	8193	8193	edu.he...	MainActivity	MainActivity -> 调用 onStart ()
D	02-...	8193	8193	edu.he...	MyFragment	MyFragment -> 调用 onStart ()
I	02-...	8193	8193	edu.he...	MainActivity	MainActivity -> 调用 onResume ()
D	02-...	8193	8193	edu.he...	MyFragment	MyFragment -> 调用 onResume ()

图 6-6 重新进入程序时的 LogCat 输出

L...	Time	PID	TID	Application	Tag	Text
D	02-...	8193	8193	edu.he...	MyFragment	MyFragment -> 调用onPause ()
I	02-...	8193	8193	edu.he...	MainActivity	MainActivity -> 调用onPause ()
D	02-...	8193	8193	edu.he...	MyFragment	MyFragment -> 调用onStop ()
I	02-...	8193	8193	edu.he...	MainActivity	MainActivity -> 调用onStop ()
D	02-...	8193	8193	edu.he...	MyFragment	MyFragment -> 调用onDestroyView ()
D	02-...	8193	8193	edu.he...	MyFragment	MyFragment -> 调用onDestroy ()
D	02-...	8193	8193	edu.he...	MyFragment	MyFragment -> 调用onDetach ()
I	02-...	8193	8193	edu.he...	MainActivity	MainActivity -> 调用onDestroy ()

图 6-7　Activity 退出时的 LogCat 输出

6.2　创建和载入 Fragment

6.2.1　创建 Fragment

创建 Fragment 需要继承 Fragment 或者 Fragment 的子类，如 DialogFragment、ListFragment、PreferenceFragment、WebViewFragment 等。

创建 Fragment 通常需要重写以下 3 个回调方法：

（1）onCreate()。

类似于 Activity 的 onCreate() 方法，系统在创建 Fragment 的时候调用这个方法。在这个方法中通常实现初始化相关组件的操作，可以在其中初始化除了 View 之外的东西。对于一些即便是被暂停或者被停止时依然需要保留的内容，也应该放置到这个方法中。

（2）onCreateView()。

当第一次绘制 Fragment 的 UI 布局时，系统调用这个方法，所以通常在这个方法中创建布局。这个方法将返回一个 View（Fragment 的 UI 布局视图）给调用者，如果 Fragment 不提供 UI，也可以返回 null。如果继承自 ListFragment，onCreateView() 方法默认的实现会返回一个 ListView，所以不用自己实现。如果该 Fragment 有界面，那么返回的 View 必须是非空的。

通常在 onCreateView() 方法中调用 LayoutInflater 对象的 inflate() 方法，将自定义的 Fragment 布局加载进来。该方法的定义如下：

```
View android.view.LayoutInflater.inflate(int resource, ViewGroup root)
```

方法的第一个参数是布局文件的资源 ID；对于第二个参数，如果布局没有根，通常设置为 null。

（3）onPause()。

当用户离开 Fragment 时首先调用这个方法。

【例 6-2】　示例工程 Demo_06_Fragment 演示了如何创建一个 Fragment。

示例程序创建了 Fragment 的子类 MyFragment,并且重写了 onCreateView()方法绘制 Fragment 的 UI 布局,代码如代码段 6-3 所示。

代码段 6-3 `MainActivity.java` 的主要代码

```
//package 和 import 语句省略
public class MyFragment extends Fragment {
    @Override
    public void onCreate(Bundle savedInstanceState) {
        super.onCreate(savedInstanceState);
    }
    //给当前的 fragment 绘制 UI 布局,可以使用线程更新 UI
    @Override
    public View onCreateView(LayoutInflater inflater, ViewGroup container,
        Bundle savedInstanceState) {
        View view = inflater.inflate(R.layout.fragment_my, null);
        return view;
    }
    @Override
    public void onPause() {
        super.onPause();
    }
}
```

6.2.2　将 Fragment 加载到 Activity 中

将 Fragment 加载到 Activity 中有两种方式:在 Activity 的布局文件中添加 <fragment>元素,或在 Activity 的 Java 代码中动态加载。需要注意的是,Fragment 必须置于 ViewGroup 控件中。

每个 Fragment 需要一个唯一的标识,这样,在 Activity 被重启时,系统能够使用这个 ID 来恢复 Fragment,或者能够使用这个 ID 获取执行事务的 Fragment。有 3 种给 Fragment 提供 ID 的方法:使用 android：id 属性来设置唯一 ID;使用 android：tag 属性来设置唯一的字符串;如果没有设置前面两个属性,系统会使用容器视图的 ID。

1. Fragment 的静态加载

这种方法把 Fragment 当成普通的控件,直接写在 Activity 的布局文件中。继承 Fragment,重写 onCreateView()方法加载 Fragment 的布局,然后在 Activity 的布局文件中声明此 Fragment,实现 Fragment 的加载。

添加 Fragment 到 Activity 的布局文件当中,就等同于将 Fragment 及其视图与 Activity 的视图绑定在一起,且在 Activity 的生命周期中无法切换 Fragment 视图。所以这种方式虽然简单,但灵活性不够,无法在运行时将 Fragment 移除。

【例 6-3】　示例工程 Demo_06_FragmentInActivityLayout 演示了如何通过添加

Fragment 到 Activity 的布局文件实现 Fragment 的加载。

Activity 的布局文件 activity_main. xml 的内容如代码段 6-4 所示。在其中添加 Fragment 元素,其中 android:name 的属性值为 Fragment 的类名,而且必须是 fragment 类的完整类名。当系统创建这个 Activity 的布局文件时,系统会实例化每一个 Fragment,并且调用它们的 onCreateView()方法,来获得相应 Fragment 的布局,并将返回值插入<fragment>标签所在的地方。程序的运行结果如图 6-8 所示。

```
代码段 6-4  Activity 的布局文件 activity_main.xml
<LinearLayout xmlns:android="http://schemas.android.com/apk/res/android"
    android:layout_width="match_parent"
    android:layout_height="match_parent"
    android:orientation="vertical">
    <TextView
        android:id="@+id/button1"
        android:layout_width="wrap_content"
        android:layout_height="wrap_content"
        android:textSize="18dp"
        android:textColor="#aa00ff"
        android:text="示例:添加 fragment 到 Activity 的布局文件\n" />
    <fragment
        android:id="@+id/fragment_test_1"
        android:name="edu.hebust.xxxy.demo_06_fragmentinactivitylayout.MyFragment"
        android:layout_width="match_parent"
        android:layout_height="match_parent"/>
</LinearLayout>
```

图 6-8 静态加载 Fragment

2. Fragment 的动态加载

这种方法可以实现在程序运行过程中动态加载、移除、替换 Fragment。

实现动态加载,需要使用 Fragment 事务。事务是一种原子性、不可拆分的操作,Fragment 事务完成对 Fragment 的添加、移除、替换或执行其他动作,并提交给 Activity。

在一个 Activity 中可以多个 Fragment，Android 系统提供了 FragmentManager 类来管理 Fragment，提供了 FragmentTransaction 类来管理事务。对 Fragment 的动态加载需要先将添加、移除等操作提交到事务，然后通过 FragmentManager 完成。

通过调用 FragmentManager. beginTransaction()方法可以开始一个事务。在事务中对 Fragment 进行添加、移除、替换，这些操作对应的方法分别是 add()、remove()、replace()，这些操作需要依赖一个容器，这个容器提供一个 ID，进行对应操作时将这个 ID 作为参数传入。之后通过调用 commit()方法提交事务就完成了 Fragment 的加载。

Fragment 事务常用的方法如表 6-1 所示。

表 6-1　FragmentTransaction 的部分常用方法

方　　法	说　　明
add()	往 Activity 中添加一个 Fragment
addToBackStack()	将一个事务添加到返回栈中。addToBackStack()方法可以接收一个名字用于描述返回栈的状态，一般传入 null 即可
replace()	使用另一个 Fragment 替换当前的 Fragment，与调用 remove()方法之后再调用 add()方法的效果相同
hide()	隐藏当前的 Fragment，仅将其设为不可见，并不会销毁
remove()	从 Activity 中移除一个 Fragment，如果被移除的 Fragment 没有添加到回退栈，这个 Fragment 实例将会被销毁
detach()	会将 View 从 UI 中移除，和 remove()不同，此时的 Fragment 的状态依然由 FragmentManager 维护
attach()	重建 View 视图，附加到 UI 上并显示
commit()	提交一个事务

在使用 Fragment 的时候，一定要清楚调用哪些方法会销毁视图，调用哪些方法会销毁实例，而哪些方法只是隐藏。例如，在 FragmentA 中的 EditText 填了一些数据，当切换到 FragmentB 时，如果希望回到 A 还能看到这些数据，则应该调用 hide()和 show()方法；而如果不希望保留用户操作，则可以调用 remove()方法，然后调用 add()方法，或者直接调用 replace()方法。

remove()方法和 detach()方法有一点细微的区别，在不考虑回退栈的情况下，remove()方法会销毁整个 Fragment 实例，而 detach()方法则只是销毁其视图结构，实例并不会被销毁。通常，如果当前 Activity 一直存在，那么在不希望保留用户操作的时候，可以优先使用 detach()方法。

总之，动态添加 Fragment 的主要步骤如下。

步骤 1：在布局文件中，在需要动态加载 Fragment 的地方添加一个占位容器，一般是使用一个布局。

步骤 2：构建一个 FragmentManager 类对象，该类用于开启一个事务。在 Activity 中可以直接通过调用 getFragmentManager()方法得到，例如：

```
privateFragmentManager manager=getFragmentManager();
```

步骤 3：通过调用 FragmentManager 对象的 beginTransaction()方法开启一个 Fragment 事务,例如:

```
FragmentTransaction fragmentTransaction=manager.beginTransaction();
```

步骤 4：创建一个 Fragment 对象并实例化,例如:

```
MyFragment fragment=new MyFragment();
```

步骤 5：将 Fragment 对象添加到 Fragment 事务中。一般使用 replace()方法实现,需要传入容器的 ID 和 Fragment 的实例。例如:

```
fragmentTransaction.add(R.id.fragment_container, fragment);
                                       //参数 1:占位容器的 ID
```

步骤 6：提交事务,例如:

```
fragmentTransaction.commit();
```

需要注意的是,commit()方法一定要在 Activity. onSaveInstance()之前被调用,否则可能会遇到 Activity 状态不一致、State loss 这样的错误。

【例 6-4】 示例工程 Demo_06_FragmentInActivityCode 演示了在 MainActivity 的代码中动态添加 Fragment,实现 Fragment 的加载。

MainActivity. java 的代码如代码段 6-5 所示,最后的运行效果与例 6-3 相同。

代码段 6-5 Activity 的布局文件 activity_main.xml
```
//package 和 import 语句省略
public class MainActivity extends AppCompatActivity {
    @Override
    protected void onCreate(Bundle savedInstanceState) {
        super.onCreate(savedInstanceState);
        setContentView(R.layout.activity_main);
        FragmentManager manager =getFragmentManager();
        FragmentTransaction transaction =manager.beginTransaction();
        MyFragment fragment =new MyFragment();
        transaction.add(R.id.fragment_test, fragment);
        transaction.commit();
    }
}
```

6.3　利用 Fragment 实现界面的切换

用 Activity 进行页面切换时，首先需要新建 Intent 对象，给该对象设置一些必要的参数，然后调用 startActivity()方法进行页面跳转。如果需要 Activity 返回结果，则调用 startActivityForResult()方法，在 onActivityResult()方法中获得返回结果。此外，每一个 Activity 都需要在 AndroidManifest.xml 文件中注册。

与 Activity 相比，Fragment 是更轻量级的控件，无须在 AndroidManifest.xml 文件中声明相关信息。在应用程序内部利用 Fragment 实现界面跳转比 Activity 更灵活，运行速度也更快。另外，由于 Fragment 可以动态地加载到 Activity 中，因此可以方便地实现屏幕上部分界面的切换。

Fragment 依赖于 Activity，其生命周期由宿主 Activity 通过 FragmentManager 和 FragmentTransaction 等相关的类进行管理。

【例 6-5】　示例工程 Demo_06_FragmentExchange 利用 Fragment 实现屏幕部分界面的切换。

实现步骤如下：

(1) 修改 activity_main.xml，在其中添加 FrameLayout 元素，作为 Fragment 对象的容器，代码如代码段 6-6 所示。

代码段 6-6　Activity 的布局文件 activity_main.xml

```xml
<LinearLayout xmlns:android="http://schemas.android.com/apk/res/android"
    android:layout_width="match_parent"
    android:layout_height="match_parent"
    android:orientation="vertical">
    <TextView
        android:text="示例:利用 Fragment 实现界面切换"
        android:layout_width="wrap_content"
        android:layout_height="wrap_content"
        android:textSize="16dp"
        android:textColor="#aa00ff"/>
    <RatingBar
        android:id="@+id/ratingBar1"
        android:layout_width="wrap_content"
        android:layout_height="wrap_content"
        style="?android:attr/ratingBarStyleSmall"
        android:numStars="10" />
    <FrameLayout
        android:id="@+id/fragment_container"
        android:layout_width="match_parent"
        android:layout_height="match_parent"/>
</LinearLayout>
```

（2）新建两个 Fragment 的布局文件：fragment_main. xml 和 fragment_new. xml，代码如代码段 6-7 和代码段 6-8 所示。

代码段 6-7 第一个 Fragment 的布局文件 fragment_main.xml

```xml
<LinearLayout xmlns:android="http://schemas.android.com/apk/res/android"
    android:layout_width="match_parent"
    android:layout_height="match_parent"
    android:paddingLeft="@dimen/activity_horizontal_margin"
    android:orientation="vertical">
    <TextView
        android:text="\n 这是一个 Fragment(MainFragment),主界面!\n"
        android:layout_width="wrap_content"
        android:layout_height="wrap_content"
        android:textSize="20sp"
        android:textColor="#000000"
        android:layout_marginTop="@dimen/activity_vertical_margin"/>
    <Button
        android:id="@+id/btnGoNextFragment"
        android:text="切换到下一个界面"
        android:layout_width="wrap_content"
        android:layout_height="wrap_content"/>
</LinearLayout>
```

代码段 6-8 第二个 Fragment 的布局文件 fragment_new.xml

```xml
<?xml version="1.0" encoding="utf-8"?>
<LinearLayout xmlns:android="http://schemas.android.com/apk/res/android"
    android:orientation="vertical"
    android:layout_width="match_parent"
    android:layout_height="match_parent"
    android:paddingLeft="@dimen/activity_horizontal_margin">
    <TextView
        android:text="\n 这是一个新的 Fragment(NewFragment),新界面!\n"
        android:layout_width="wrap_content"
        android:layout_height="wrap_content"
        android:textSize="20sp"
        android:textColor="#000000"
        android:layout_marginTop="@dimen/activity_vertical_margin"/>
    <TextView
        android:text="按返回键可回退到上一个界面"
        android:layout_width="wrap_content"
        android:layout_height="wrap_content"
        android:layout_marginTop="@dimen/activity_vertical_margin"/>
</LinearLayout>
```

（3）新建两个 Fragment 的类文件，MainFragment.java 和 NewFragment.java，分别重写其 onCreateView()方法，如代码段 6-9 和代码段 6-10 所示。

MainFragment.java 的代码中调用 addToBackStack(null)方法的目的是将事务加入返回栈。这是为了支持回退键，当用户按回退键，就会返回上一个 Fragment。如果不将事务加入返回栈，当用户按回退键时程序会退出。

代码段 6-9　MainFragment.java，重写 onCreateView()方法

```java
@Override
public View onCreateView(LayoutInflater inflater, ViewGroup container,
        Bundle savedInstanceState) {
    View rootView =inflater.inflate(R.layout.fragment_main, container, false);
    rootView.findViewById(R.id.btnGoNextFragment).setOnClickListener(new
        View.OnClickListener() {
        @Override
        public void onClick(View view) {
            getFragmentManager().beginTransaction()
                    .replace(R.id.fragment_container, new NewFragment())
                    //R.id.fragment_container 是 Fragment 的容器
                    .addToBackStack(null)
                    //这样用户按回退键，就会返回上一个 Fragment
                    .commit();
        }
    });
    return rootView;
}
```

代码段 6-10　NewFragment.java，重写 onCreateView()方法

```java
public View onCreateView(LayoutInflater inflater, ViewGroup container,
    Bundle savedInstanceState) {
    View root=inflater.inflate(R.layout.fragment_new,container,false);
    return root;
}
```

（4）重写 MainActivity 的 onCreate()方法，动态加载第一个 Fragment，这将是程序启动时加载的界面。代码如代码段 6-11 所示。

代码段 6-11　在 Activity 中动态加载第一个 Fragment

```java
protected void onCreate(Bundle savedInstanceState) {
    super.onCreate(savedInstanceState);
    setContentView(R.layout.activity_main);
    if (savedInstanceState ==null) {
        getFragmentManager().beginTransaction()
            .add(R.id.container, new MainFragment())
```

```
            .commit();
    }
}
```

在第一个 Fragment 中设置了一个按钮,点击这个按钮,就会加载第二个 Fragment。由于在加载第二个 Fragment 时调用了 addToBackStack(null)方法,将事务加入返回栈,所以当用户按回退键时,就会返回第一个 Fragment。在加载第一个 Fragment 时,没有将事务加入返回栈,所以,当显示第一个 Fragment 时,如果用户按回退键则程序会退出。程序的运行结果如图 6-9 所示。在两个界面进行切换时,只更新 Fragment 部分的内容,界面上半部分是 Activity 中的内容,并不会随之更新。从这个示例也可以看出,利用Fragment 可以方便地实现部分界面的切换。

图 6-9　利用 Fragment 实现界面的切换

6.4　利用 Fragment 实现侧滑菜单

侧滑菜单又称为侧边栏菜单、抽屉菜单,带有侧滑菜单的设计既可以解决手机屏幕空间不足的问题,又可以提升用户的交互体验。利用 Fragment 可以方便地实现带侧滑菜单的 Activity。

实现侧滑菜单需要使用 DrawerLayout 控件。DrawerLayout 是 Support Library 包中实现了侧滑菜单效果的控件。DrawerLayout 分为侧边菜单和主内容区两部分,侧边菜单可以根据手势展开与隐藏,主内容区的内容可以随着菜单的点击而变化。

使用 DrawerLayout 控件需要引入 android-support-v4.jar 这个包。如果找不到这个类,首先用 SDK Manager 工具更新 Android Support Library,然后在 Android SDK\extras\android\support\v4 路径下找到 android-support-v4.jar,复制到项目的 libs 路径,执行 Add to Build Path 即可。程序中需要导入 android. support. v4. widget. DrawerLayout 包。

6.4.1　主视图的布局

主 Activity 使用的界面布局中必须将<android. support. v4. widget. DrawerLayout>元

素作为布局的根元素,如代码段 6-12 所示。一般情况下,在 DrawerLayout 布局中只有两个子布局,一个是内容布局,另一个是侧滑菜单布局。代码段 6-12 中的<FrameLayout>元素是内容布局,这是一个 Fragment 的容器,用于显示程序的主视图界面;<ListView>元素是侧滑菜单布局,用于显示侧滑菜单项列表。

代码段 6-12　主 Activity 的布局文件 activity_main.xml

```xml
<?xml version="1.0" encoding="utf-8"?>
<android.support.v4.widget.DrawerLayout
    xmlns:android="http://schemas.android.com/apk/res/android"
    android:id="@+id/drawer_layout"
    android:layout_width="match_parent"
    android:layout_height="match_parent">
    <FrameLayout
        android:id="@+id/mainContainer"
        android:layout_width="match_parent"
        android:layout_height="match_parent"/>
    <ListView
        android:id="@+id/navigation_drawer_list"
        android:layout_width="150dp"
        android:layout_height="match_parent"
        android:layout_gravity="start"/>
</android.support.v4.widget.DrawerLayout>
```

创建主布局文件时需要注意以下几点:

(1) 主视图的宽高设置必须是 match_parent,这样当侧滑菜单隐藏时,主视图全部铺满 Activity。

(2) 主内容区的布局代码要放在侧滑菜单布局的前面,这样 DrawerLayout 才能正确判断谁是侧滑菜单,谁是主内容区。

(3) 必须显式指定侧滑菜单视图的 android:layout_gravity 属性。其值设置为 start,则从左向右滑出菜单,end 为从右向左滑出菜单。虽然属性值设为 left 和 right 也能实现此功能,但是 Google 不推荐使用 left 和 right。

(4) 侧滑菜单的宽度最好不要超过主屏幕宽度的一半,这样当菜单滑出时还能看到主视图。

6.4.2　侧滑菜单的布局和菜单事件的响应

侧滑菜单通常使用一个 ListView 列出导航菜单项,其内容需要 Adapter 来初始化,其初始化可以在 Activity 的 onCreate()方法中完成,如代码段 6-13 所示。

代码段 6-13　主 Activity 的布局文件 activity_main.xml

```java
@Override
protected void onCreate(Bundle savedInstanceState) {
```

```
super.onCreate(savedInstanceState);
setContentView(R.layout.activity_main);
myDrawerListView=(ListView)findViewById(R.id.navigation_drawer_list);
myDrawerListView.setAdapter(new ArrayAdapter<String>(
    this,R.layout.list_item,new String[]{"spring","summer","autumn",
    "winter"}));
}
```

对于侧滑菜单事件的响应,可以由 OnItemClickListener 接口来监听,如代码段 6-14 所示。需要注意的是,每完成一次菜单事件的响应,都要调用 DrawerLayout 对象的 closeDrawer()方法,关闭侧滑菜单。

代码段 6-14　侧边栏菜单事件的监听和响应

```
myDrawerListView.setOnItemClickListener(new AdapterView.OnItemClickListener() {
    @Override
    public void onItemClick(AdapterView<?>parent, View view, int position, long id) {
        //每次点击,都在主视图中动态加载一个 Fragment
        FragmentManager fragmentManager=getFragmentManager();
        switch (position){
            case 0:
                fragmentManager.beginTransaction()
                        .replace(R.id.mainContainer, new MainFragment01())
                        .commit();
                break;
            case 1:
                //其余代码类似,省略
        }
        myDrawerLayout.closeDrawer(myDrawerListView);
    }
});
```

【例 6-6】　示例工程 Demo_06_NavigationDrawer 演示了侧滑菜单的实现方法。

本例的布局文件包括 3 个:activity_main. xml、list_item. xml、fragment_main. xml,分别是主 Activity 界面布局、侧滑菜单项的布局、响应菜单的 Fragment 的布局。Java 类文件包括 5 个:MainActivity. java、MainFragment01. java、MainFragment02. java、MainFragment03. java、MainFragment04. java,分别是程序入口的 Activity 以及响应菜单时切换的 Fragment。

activity_ main. xml 布局文件的内容如代码段 6-15 所示。其中,根元素为 DrawerLayout,用于实现侧滑菜单,<ListView>元素的 android:background 属性设置为♯88dddddd,可以实现半透明的菜单背景,运行效果如图 6-10 所示。

代码段 6-15　主 Activity 的布局文件 activity_main.xml

```xml
<?xml version="1.0" encoding="utf-8"?>
<android.support.v4.widget.DrawerLayout
    xmlns:android="http://schemas.android.com/apk/res/android"
    android:id="@+id/drawer_layout"
    android:layout_width="match_parent"
    android:layout_height="match_parent">
    <FrameLayout
        android:id="@+id/mainContainer"
        android:layout_width="match_parent"
        android:layout_height="match_parent"/>
    <ListView
        android:id="@+id/navigation_drawer_list"
        android:layout_width="150dp"
        android:layout_height="match_parent"
        android:layout_gravity="start"
        android:choiceMode="singleChoice"
        android:background="#88dddddd"
        android:divider="@android:color/transparent"
        android:dividerHeight="0dp"/>
</android.support.v4.widget.DrawerLayout>
```

图 6-10　侧滑菜单的运行效果

每次点击,都在主视图中动态加载一个 Fragment。每个 Fragment 中显示一幅图像,例如 MainFragment01 的代码如代码段 6-16 所示。

代码段 6-16 Fragment 的代码

```
public class MainFragment01 extends Fragment {
    public MainFragment01() {
    }
    @Override
    public View onCreateView(LayoutInflater inflater, ViewGroup container,
            Bundle savedInstanceState) {
        View rootView =inflater.inflate(R.layout.fragment_main, container, false);
        ImageView imageView= (ImageView)rootView.findViewById(R.id.section_image);
        imageView.setImageResource(R.drawable.spring);
        return rootView;
    }
}
```

Fragment 的布局文件 fragment_main. xml 如代码段 6-17 所示。

代码段 6-17 Fragment 的布局

```
<LinearLayout xmlns:android="http://schemas.android.com/apk/res/android"
    android:layout_width="match_parent"
    android:layout_height="match_parent"
    android:orientation="vertical">
    <TextView
        android:id="@+id/section_label"
        android:layout_width="wrap_content"
        android:layout_height="wrap_content"/>
    <ImageView
        android:id="@+id/section_image"
        android:layout_width="wrap_content"
        android:layout_height="wrap_content"/>
</LinearLayout>
```

侧滑菜单事件的响应,由 OnItemClickListener 接口来监听,如代码段 6-18 所示。

代码段 6-18 侧边栏菜单事件的监听和响应

```
myDrawerListView.setOnItemClickListener(new AdapterView.OnItemClickListener() {
    @Override
    public void onItemClick(AdapterView<?>parent, View view, int position,
long id) {
        //每次点击,都在主视图中动态加载一个 Fragment
        FragmentManager fragmentManager =getFragmentManager();
        switch (position){
```

```
            case 0:
                fragmentManager.beginTransaction()
                        .replace(R.id.mainContainer, new MainFragment01())
                        .commit();
                break;
            case 1:
                fragmentManager.beginTransaction()
                        .replace(R.id.mainContainer, new MainFragment02())
                        .commit();
                    break;
            case 2:
                fragmentManager.beginTransaction()
                        .replace(R.id.mainContainer, new MainFragment03())
                        .commit();
                break;
            case 3:
                fragmentManager.beginTransaction()
                        .replace(R.id.mainContainer, new MainFragment04())
                        .commit();
                break;
            }
        myDrawerLayout.closeDrawer(myDrawerListView);
        }
    });
```

6.4.3　使用 Android Studio 提供的模板实现侧滑菜单

Android Studio 开发环境为开发者提供了很多 Activity 模板，可以使用其中的 Navigation Drawer Activity 模板创建一个包含带侧边栏菜单的 Activity 的工程项目。下面通过一个示例介绍设计过程。

【例 6-7】　示例工程 Demo _ 06 _ NavigationDrawerActivity 演示了如何使用 Navigation Drawer Activity 模板创建一个带侧滑菜单的 Activity。

本例的布局文件包括 4 个：activity_main.xml、app_bar_main.xml、nav_header_main.xml 和 content_main.xml，分别是主 Activity 界面布局、侧滑菜单项的布局、侧滑菜单的标题栏布局和响应菜单项的主内容区的布局。主内容区的内容可以通过加载 Fragment 实现。

首先，新建一个工程项目。在创建的过程中，选择 Navigation Drawer Activity 模板，如图 6-11 所示。

工程项目中会包含一个自动生成的带侧滑菜单的 Activity，其运行效果如图 6-12 所示。图中自动生成的侧滑菜单项定义在 res\menu 文件夹中的 activity_main_drawer.

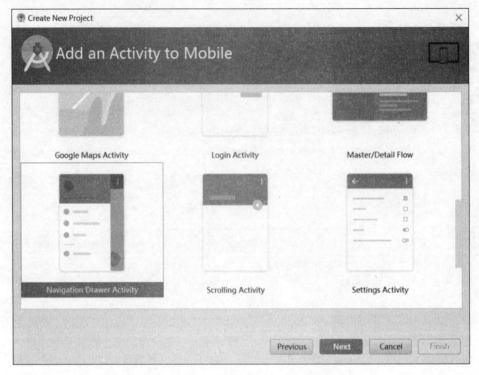

图 6-11　选择 Navigation Drawer Activity 模板

xml 文件中,内容如代码段 6-19 所示。

图 6-12　Activity 模板自动生成的侧滑菜单

代码段 6-19 activity_main_drawer.xml 的内容

```xml
<?xml version="1.0" encoding="utf-8"?>
<menu xmlns:android="http://schemas.android.com/apk/res/android">
    <group android:checkableBehavior="single">
        <item
            android:id="@+id/nav_camera"
            android:icon="@drawable/ic_menu_camera"
            android:title="Import"/>
        <item
            android:id="@+id/nav_gallery"
            android:icon="@drawable/ic_menu_gallery"
            android:title="Gallery"/>
        <item
            android:id="@+id/nav_slideshow"
            android:icon="@drawable/ic_menu_slideshow"
            android:title="Slideshow"/>
        <item
            android:id="@+id/nav_manage"
            android:icon="@drawable/ic_menu_manage"
            android:title="Tools"/>
    </group>
    <item android:title="Communicate">
        <menu>
            <item
                android:id="@+id/nav_share"
                android:icon="@drawable/ic_menu_share"
                android:title="Share"/>
            <item
                android:id="@+id/nav_send"
                android:icon="@drawable/ic_menu_send"
                android:title="Send"/>
        </menu>
    </item>
</menu>
```

系统监听到侧滑菜单动作后，会回调 MainActivity 中的 onNavigationItemSelected()
方法。该方法中已经包含了必要的框架代码，内容如代码段 6-20 所示，开发人员只需要
按照自己的要求填充和改写即可。

代码段 6-20 onNavigationItemSelected()方法的内容

```java
@Override
public boolean onNavigationItemSelected(MenuItem item) {
    //Handle navigation view item clicks here.
```

```
    int id = item.getItemId();
    if (id == R.id.nav_camera) {
        //处理对相机的操作
    } else if (id == R.id.nav_gallery) {
    } else if (id == R.id.nav_slideshow) {
    } else if (id == R.id.nav_manage) {
    } else if (id == R.id.nav_share) {
    } else if (id == R.id.nav_send) {

    }
    DrawerLayout drawer = (DrawerLayout) findViewById(R.id.drawer_layout);
    drawer.closeDrawer(GravityCompat.START);
    return true;
}
```

6.5　利用 Fragment 实现 Tabbed Activity

除了 Navigation Drawer Activity 模板,Android Studio 还提供了 Tabbed Activity 模板,可以创建一个带有 3 个 Tab(标签页)的 Activity,实现多页面的切换。每一个标签页的内容都由 Fragment 呈现。

【例 6-8】　示例工程 Demo_06_TabbedActivity 演示了如何使用 Tabbed Activity 模板创建包含多个标签页的 Activity。

在工程中新建 3 个 Fragment 和相关的布局文件,用于显示每页想要显示的内容,方法与例 6-6 相同。

模板在 MainActivity. java 文件中已经定义了 SectionsPagerAdapter 类,这个类的 Fragment getItem(int position)方法是响应标签页切换的回调方法。在这个方法中,可以使用 switch 语句,根据不同的 position 显示不同的 Fragment,如代码段 6-21 所示。

代码段 6-21　重写 Fragment getItem(int position)方法

```
public Fragment getItem(int position) {
    switch (position) {
        case 0:
            return new MainFragment01();
        case 1:
            return new MainFragment02();
        case 2:
            return new MainFragment03();
    }
    return null;
}
```

如果在 Activity 中要设置 3 个以上的标签页,则不仅要在代码段 6-21 所示的

getItem()方法中添加对新增加的标签页的响应代码,还需要在 SectionsPagerAdapter 类的 getCount( )方法中设置标签的数量。另外,在 getPageTitle()方法中可以设置标签上的文字。

　　示例程序的运行结果如图 6-13 所示,左右滑动屏幕可以进行标签页的切换。

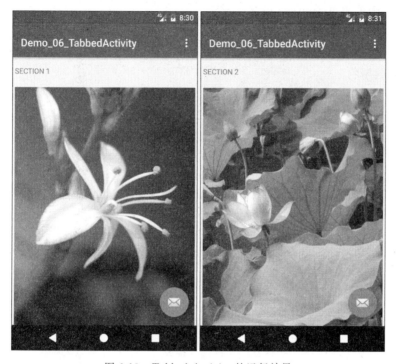

图 6-13　Tabbed Activity 的运行效果

6.6　本章小结

　　本章主要介绍了 Fragment 的概念和用法,并通过实例讲解了利用 Fragment 实现界面的切换、带侧滑菜单的 Activity、Tabbed Activity 的设计和实现方法。与 Activity 相比,Fragment 是一个轻量级控件,具有使用灵活、编程效率高、运行速度快等优点。学习本章时,要重点掌握如下内容:Fragment 的概念、用途和生命周期,利用 Fragment 实现界面切换的优点和方法,以及带侧边栏菜单 Activity 的设计和实现方法。

习　　题

　　1. 编写一个程序,利用 System. out. println()验证 Fragment 的各生命周期方法满足什么条件时会被调用。请说明程序运行过程和验证结果。

　　2. 编写一个程序,利用 Fragment 实现屏幕部分界面的切换。

　　3. 利用 Fragment 设计一个注册的用户界面,注册项包括用户名、账号、密码、性别、出生年月日、爱好。功能通过侧滑菜单实现,菜单项包括"清空各选项""注册""退出"。当用户点击"清空各选项"时,将所有文本输入框的文字清空,所有单选按钮和复选框设为启动时的默认选项;当用户点击"注册"时,显示状态栏提醒 Notification 消息,消息的标题为"注册完成",消息中包括注册的用户名;当用户点击"退出"时,弹出警告对话框,用户如果选择"确定",则关闭 Activity。

4. 设计一个应用程序,界面中有一个 TextView,其中显示一行文字。为应用程序添加侧滑菜单,包括"红""绿""蓝"3 个菜单项,用户选择一个菜单项,即将 TextView 中的文字设为相应的颜色。

线程与消息处理

Android 系统中同一进程里面的所有组件都是在 UI 线程中被实例化的,这个单线程模型可能会降低用户界面的响应速度,导致用户体验很差。在事件处理中使用多线程,将耗时处理过程转移到子线程上,就可以避免出现这种情况。本章介绍在 Android 系统中如何进行多线程操作,以及线程间通信的方法。在 Android 中有多种方法可以实现其他线程与 UI 线程通信,本章介绍常见的两种,即 Handler 和 AsyncTask。

7.1 基 本 概 念

7.1.1 进程与线程

狭义的进程(process)是指正在运行的程序的实例。广义的进程是指计算机中的一个具有一定独立功能的程序关于某个数据集合的一次运行活动,是系统进行资源分配和调度的基本单位。在早期面向进程设计的计算机结构中,进程既是基本的分配单元,也是程序的基本执行单元;而在当代面向线程设计的计算机结构中,进程是线程的容器。

线程(thread)有时被称为轻量级进程(Lightweight Process,LWP),是程序执行流的最小单元。每一个程序都至少有一个线程,线程是进程中的一个实体,是被系统独立调度和分配的基本单位,线程与同属一个进程的其他线程共享进程所拥有的全部资源。一个线程可以创建和撤销另一个线程,同一进程中的多个线程之间可以并发执行。在单个程序中同时运行多个线程完成不同的工作,称为多线程。

在 Android 系统中,当一个应用程序第一次启动的时候,这个程序没有组件正在运行,系统会为这个程序以单一线程的形式启动一个新的 Linux 进程,这个线程一般称为程序的主线程(main thread)。默认的情况下,同一应用程序下的所有组件都将在该进程和线程中运行。同时,Android 会为每个应用程序分配一个单独的 Linux 用户。如果一个应用组件启动之前,这个应用的其他组件已经启动了,即这个应用的进程已经存在了,那么这个组件将会在这个进程中启动,同时在这个应用的主线程中执行。当然,也可以让应用中的组件运行在不同的进程中,也可以为任何进程添加额外的线程。

如果需要让程序中的某个组件运行在特定的进程中,可以在 AndroidManifest 文件中设置。AndroidManifest 文件中的<activity>、<service>、<receiver>和<provider>元素都有一个 process 属性来指定该组件运行在哪个进程中。可以设置成每个组件运行在自己的进程中,也可以让一些组件共享或不共享一个进程。还可以设置成不同应用的组件运行在同一个进程中,这样可以让这些应用共享相同的 Linux user ID 同时被相同的证书所认证。<application>元素也支持 process 属性,设置这个属性可以让这个应用中的所有组件都默认继承这个属性。

作为一个多任务的系统,Android 系统能够尽可能长地保留一个应用进程,只在内存资源出现不足时,Android 才会尝试停止一些进程,从而释放足够的资源给其他新的进程使用,也能保证用户正在访问的当前进程有足够的资源去及时地响应用户的事件。这时这个进程中的组件会依次被停止,当这些组件有新的任务到达时,对应的进程又会被启动。

在决定哪些进程需要被停止的时候,Android 系统会权衡这些进程跟用户相关的重要性。例如,相对于那些承载着可见 Activity 的进程,系统会更容易停止那些承载不可见 Activity 的进程。

在实际操作的时候,Android 系统决定是否终结一个进程取决于这个进程中的组件运行的状态。系统根据这些进程中的组件以及这些组件的状态为每个进程生成了一个"重要性级别"。处于最低重要性级别的进程将会被首先停止,然后是较高级别的进程,以此类推,根据系统需要来终结进程。

进程按照重要性从高到低一共有 5 个级别:

(1) 前台进程(foreground process)。

前台进程是用户当前正在使用的进程。前台进程处于下面的状态之一:这个进程运行着一个正在和用户交互的 Activity,即这个 Activity 的 onResume()方法被调用;这个进程中有绑定到当前正在和用户交互的 Activity 的一个 Service;进程包含了一个运行在"in the foreground"状态的 Service,即这个 Service 调用了 startForeground()方法;这个进程中有一个 Service 对象,这个 Service 对象正在执行一个它的生命周期的回调函数(onCreate()、onStart()或 onDestroy());这个进程中有一个正在调用 onReceive()方法的 BroadcastReceiver 对象。

一般说来,任何时候,系统中只存在少数的前台进程。只有在系统内存特别紧张以至于都无法继续运行下去的时候,系统才会通过终止这些进程来缓解内存压力,保证用户的交互有响应。

(2) 可见进程(visible process)。

可见进程不包含前台的组件,但是会在屏幕上显示。可见进程处于下面的状态之一:这个进程中含有一个不位于前台的 Activity,但是仍然对用户是可见的(例如,如果前台 Activity 是一个对话框,就会允许在它后面看到前一个 Activity),即这个 Activity 的 onPause()方法被调用;这个进程中有一个绑定到一个可见的 Activity 的 Service。

一个可见进程的重要程度很高,除非前台进程需要获取它的资源,否则不会被终止。

(3) 服务进程(service process)。

服务进程是指一个包含着已经以 startService()方法启动的 Service 的进程,同时这个 Service 不属于前面提到的两种更高重要性的状态。Service 所在的进程虽然对用户不是直接可见的,但是它们执行了用户非常关注的任务,如在后台播放音乐或者从网络下载数据等。只要前台进程和可见进程有足够的内存,系统就不会回收它们。

（4）后台进程(background process)。

后台进程运行着一个对用户不可见的 Activity,即调用过 onStop()方法的 Activity。这些进程对用户体验没有直接的影响,可以在服务进程、可见进程、前台进程需要内存的时候回收。通常,系统中会有很多不可见进程在运行,它们被保存在 LRU（Least Recently Used）列表中,以便内存不足的时候被第一时间回收。如果一个 Activity 正确地执行了它的生命周期回调方法,保存了自己的当前状态,关闭这个进程对于用户体验没有太大的影响。当用户回退到这个 Activity 时,它的所有的可视状态将会被恢复。

（5）空进程(empty process)。

空进程是一个不包含任何活动的应用组件的进程。运行这些进程的唯一原因是作为一个缓存,缩短下次程序需要重新使用的启动时间。系统经常中止这些进程,这样可以调节程序缓存和系统缓存的平衡。

Android 是根据进程中组件的重要性尽可能高来评级的。例如,如果一个进程包含了一个 Service 和一个可见 Activity,那么这个进程将会被评为可见进程,而不是服务进程。

另外,当被另外的一个进程依赖的时候,某个进程的级别可能会增高。一个为其他进程服务的进程永远不会比被服务的进程重要性级别低。因为服务进程比后台 Activity 进程重要性级别高,因此一个要进行耗时工作的 Activity 最好启动一个 Service 来做这个工作,而不是开启一个子进程,特别是这个操作需要的时间比 Activity 存在的时间还要长的时候。例如,在后台播放音乐,向网络上传摄像头拍到的图片,使用 Service 可以使进程至少能获取到"服务进程"级别的重要性级别,而不用考虑 Activity 目前是什么状态。BroadcastReceiver 做费时工作的时候,也应该启用一个服务而不是开启一个线程。

7.1.2　创建线程

Java 提供了线程类 Thread 来创建多线程的程序,创建线程的操作与创建普通的类的对象是一样的,而线程就是 Thread 类或其子类的实例对象。每个 Thread 对象描述了一个单独的线程。

创建线程有两种方法。第一种方法是从 Java. lang. Thread 类派生一个新的线程类,通过构造方法来创建,如代码段 7-1 所示。

代码段 7-1　通过 Thread 类的构造方法创建线程

```
Thread thread = new Thread(new Runnable(){
    @Override
    public void run() {
        //TODO Auto-generated method stub
        //线程中要执行的操作

    }
});
```

第二种方法是通过实现 Runnable 接口来创建,实现 Runnable 接口中的 run()方法,如代码段 7-2 所示。

代码段 7-2　实现 Runnable 接口创建线程
```
public class NewThread implements Runnable {
    @Override
    public void run() {
        //TODO Auto-generated method stub
        //线程中要执行的操作
    }
}
```

在 Java 中,由于类仅支持单继承,如果创建自定义线程类的时候是通过继承 Thread 类的方法来实现的,那么这个自定义类就不能再去继承其他的类,也就无法实现更加复杂的功能。因此,如果自定义类必须继承其他的类,那么就可以使用实现 Runnable 接口的方法来定义该类为线程类,这样就可以避免 Java 单继承所带来的局限性。实现 Runnable 接口相对于继承 Thread 类来说,不仅有利于程序的健壮性,使代码能够被多个线程共享,而且代码和数据资源相对独立,从而特别适合多个具有相同代码的线程处理同一资源的情况。这样线程、代码和数据资源三者有效分离,很好地体现了面向对象程序设计的思想。

【例 7-1】　工程 Demo_07_NewThread 演示创建线程的方法。

示例程序中创建了一个计时器线程,并通过 LogCat 窗口输出计时结果。程序界面设置了两个按钮,分别用于暂停计时和继续计时。主要代码如代码段 7-3 所示。

代码段 7-3　多线程示例
```
public class MainActivity extends AppCompatActivity {
    private String TAG ="线程示例";
    private Button btnStart,btnEnd;
    private Thread clockThread;                       //声明一个子线程,用于时钟计时
    private boolean isRunning =false;
    private int timer =0;
    @Override
    protected void onCreate(Bundle savedInstanceState) {
        super.onCreate(savedInstanceState);
        setContentView(R.layout.activity_main);
        btnStart = (Button) findViewById(R.id.btnStart);
        btnStart.setOnClickListener(new View.OnClickListener() {
            @Override
            public void onClick(View v) {
                isRunning =true;
                clockThread.start();                   //启动线程
            }
```

```
        });
        btnEnd = (Button) findViewById(R.id.btnEnd);
        btnEnd.setOnClickListener(new View.OnClickListener() {
            @Override
            public void onClick(View v) {
                isRunning = false;
            }
        });
        clockThread = new Thread(new Runnable() {
            @Override
            public void run() {
                while (isRunning) {
                    try {
                        Thread.currentThread().sleep(1000);
                        timer++;
                        Log.d(TAG, "时间过去了: " + timer + " 秒");
                    } catch (InterruptedException e) {
                        e.printStackTrace();
                    }
                }
            }
        });
    }
}
```

7.1.3　操作线程

　　不论以哪种方式创建线程,都必须调用 Thread 类中的 start()方法来开启这个线程,
也可以调用 sleep()方法来让线程休眠指定的时间。当调用 start()方法时线程开始工作,
当线程中的 run()方法执行完毕时,线程正常结束,也可以调用 interrupt()或者 stop()方法
让线程结束。线程结束后,就无法重新启用了。

　　控制线程的常用方法如表 7-1 所示。

表 7-1　控制线程的常用方法

方 法 名 称	功能及使用说明
public static void yield()	静态方法,将正在执行的线程放入到就绪队列中
public static void sleep(long millisec)	静态方法,在指定的毫秒数内让当前正在执行的线程休眠(暂停执行),此操作受到系统计时器和调度程序精度和准确性的影响
public static Thread currentThread()	静态方法,返回对当前正在执行的线程对象的引用
public void start()	使线程开始执行

续表

方 法 名 称	功能及使用说明
public void run()	由 Thread 实例调用,完成要执行的这个线程的内容
public final void setPriority(int priority)	更改线程的优先级
public final void setDaemon(boolean on)	将该线程标记为守护线程或用户线程
public final void join(long millisec)	等待该线程终止,参数为等待的最长时间。调用 join()方法的线程执行完毕之后,才会执行下面的语句
public void interrupt()	中断线程
public final boolean isAlive()	测试线程是否处于活动状态

由于可能会引起死锁或不安全性,线程的很多方法现在已经不提倡使用了,例如 destroy()、suspend()、resume()、stop()等,这里就不再介绍。

7.1.4　线程的状态和生命周期

一个线程从创建、启动到终止期间的任何时刻,总是处于以下 5 个状态中的某个状态,其状态图如图 7-1 所示。

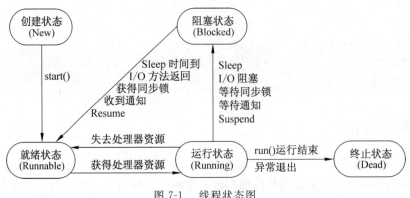

图 7-1　线程状态图

(1) 创建状态(New)。

新创建了一个线程对象后,该线程对象就处于创建状态。处于创建状态的线程有自己的内存空间。

(2) 就绪状态(Runnable)。

线程对象创建后,其他线程调用了该对象的 start()方法。该状态的线程位于可运行线程池中,变得可运行,等待获取 CPU 的使用权。注意,不能对已经启动的线程再次调用 start()方法,否则会出现 Java. lang. IllegalThreadStateException 异常。

处于就绪状态的线程已经具备了运行条件,但还没有分配到 CPU,并不是运行状态,当系统选定一个等待执行的 Thread 对象后,它就会从等待执行状态进入执行状态,系统挑选的动作称为"CPU 调度"。一旦获得 CPU,线程就进入运行状态并调用自己的 run()方法,执行 run()方法中的任务。

（3）运行状态（Running）。

处于运行状态的线程可以变为阻塞状态、就绪状态和终止状态。如果该线程失去了 CPU 资源，就会又从运行状态变为就绪状态。重新等待系统分配资源。也可以对在运行状态的线程调用 yield()方法，它就会让出 CPU 资源，再次变为就绪状态。

（4）阻塞状态（Blocked）。

阻塞状态是线程因为某种原因放弃 CPU 使用权，暂时停止运行。直到线程进入就绪状态，才有机会转到运行状态。

处于运行状态的线程在某些情况下会进入阻塞状态。例如，线程调用 sleep()方法主动放弃所占用的系统资源；线程调用一个阻塞式 I/O 方法，在该方法返回之前，该线程被阻塞；线程试图获得一个同步监视器，但更改同步监视器正被其他线程所持有；线程在等待某个通知（notify）；程序调用了线程的 suspend()方法将线程挂起。

在阻塞状态的线程不能进入就绪队列。只有当引起阻塞的原因消除时，如睡眠时间已到，或等待的 I/O 设备空闲下来，线程便转入就绪状态，重新到就绪队列中排队等待，获得 CPU 资源后从原来停止的位置开始继续运行。

（5）终止状态（Dead）。

当线程的 run()方法执行完，或者被强制性地终止，例如出现异常，或者调用了 stop()、destroy()方法等，就会从运行状态转变为终止状态。如果对一个已经终止的线程调用 start()方法，会引发 java.lang.IllegalThreadStateException 异常。

7.2　Android 的 UI 线程与非 UI 线程

7.2.1　单线程和多线程

如前所述，当一个程序第一次启动时，Android 系统会为它创建一个主线程。这个线程主要负责管理界面中的 UI 控件，处理与 UI 相关的事件，如用户的按键事件、触屏事件以及屏幕绘图事件等，并把相关的事件分发到对应的组件进行处理。只有主线程才能处理 UI 事件，其他线程不能存取 UI 界面上的对象（如 TextView 等），因此主线程也叫作 UI 线程。只有 UI 线程能执行 View 及其子类的 onDraw()方法。主线程除了处理 UI 事件之外，还要处理 Broadcast 消息。所以在 BroadcastReceiver 的 onReceive()方法中，不宜占用太长的时间，否则将导致主线程无法处理其他的 Broadcast 消息或 UI 事件。

Android 系统没有为每个组件创建一个单独的线程。同一进程中的所有组件都是在 UI 线程中被实例化的，系统对每个组件的调用都是用这个线程进行调度的。当应用程序与用户交互对响应速度的要求比较高时，这个单线程模型可能会产生一些问题。特别是，当应用中所有的任务都在 UI 线程中处理，一些像访问网络数据和数据库查询这样的长时操作就会阻塞 UI 线程。这会降低用户界面的响应速度，导致用户体验很差，有时甚至导致用户界面失去响应。如果 UI 线程被阻塞 5s 以上，系统就会弹出如图 7-2 所示的 ANR（Application is not responding）对话框，允许用户强行关闭该应用程序。

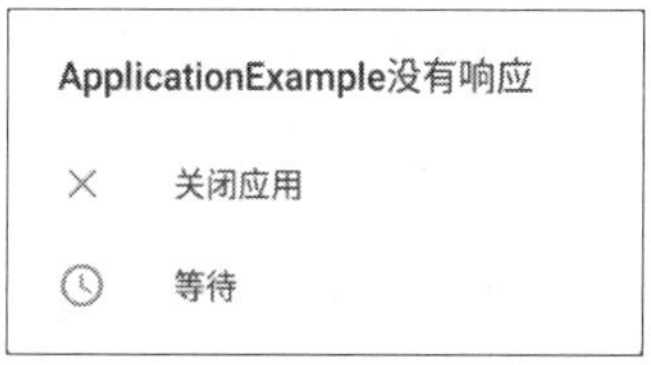

图 7-2　ANR 对话框

通常,Activity 的生命周期方法,例如 onCreate()、onStart()、onResume()等,以及 Android 基类中以 on 开头的方法,例如 onClick()、onItemClick()等,都是在主线程被回调的,这意味着当系统调用这个组件时,这个组件不能长时间地阻塞主线程。例如,进行网络操作或更新 UI 时,如果运行时间较长,就不能直接在主线程中运行,应该将这样的组件分配到新建的线程中或是其他的线程中运行,避免负责界面更新的主线程无法处理界面事件,从而避免用户界面长时间失去响应。

　　总之,如果事件处理可能比较耗时,那么需要放到其他线程中处理,等处理完成后,再通知界面刷新,以保证应用程序良好的响应性。除此以外,有一些情况也适于使用多线程。例如,应用中有些情况下并不一定需要同步阻塞去等待返回结果,例如微博中的收藏功能,点击完收藏按钮后是否成功执行对当前的操作并没有影响,只需要完成后告诉用户就行了,这时可以通过多线程来实现异步。有时需要同时运行多任务,也可以使用多线程实现。

7.2.2　非 UI 线程访问 UI 对象

　　如前所述,为了避免阻塞 UI 线程,一些较费时的操作应该交给独立的子线程去执行。但是在开发 Android 应用时必须遵守单线程模型的原则,即 Android UI 操作并不是线程安全的,并且这些操作必须在 UI 线程中执行。也就是说,不能在一个子线程里访问 Android UI toolkit。如果子线程执行 UI 对象,Android 就会抛出异常 CalledFromWrongThreadException。

　　【例 7-2】　示例工程 Demo_07_WrongThreadUsing 演示了如何在一个子线程中计时并将计时的结果在一个 TextView 上显示。

　　本例修改了例 7-1 的程序,将 LogCat 输出语句改为调用 TextView 对象的 setText()方法,如代码段 7-4 所示。

代码段 7-4　在一个 worker 线程里访问 Android UI toolkit

```
clockThread =new Thread(new Runnable() {
    @Override
    public void run() {
        while (isRunning) {
            try {
                Thread.currentThread().sleep(1000);
                timer++;
                tvTime.setText("时间过去了: " +timer +" 秒");
            } catch (InterruptedException e) {
                e.printStackTrace();
            }
        }
    }
});
```

代码段 7-4 创建一个新的线程来做计时操作，但它违反了前述规则，在一个子线程修改了 UI 对象，即在非 UI 线程里访问了 Android UI toolkit。这会在程序执行过程中导致异常，如图 7-3 所示。

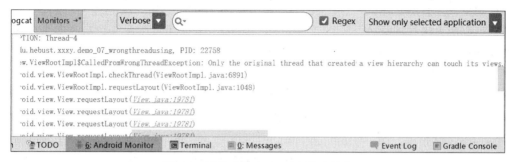

图 7-3　子线程修改 UI 对象导致异常

　　为了解决这个问题，Android 提供了如下几个方法从非 UI 线程访问 Android UI toolkit：

```
Activity.runOnUiThread(Runnable)
View.post(Runnable)
View.postDelayed(Runnable, long)
```

　　例如，可以使用 View.post(Runnable)方法来修改例 7-2 的代码，如代码段 7-5 所示。

代码段 7-5　使用 View.post(Runnable)方法访问 Android UI toolkit

```
clockThread = new Thread(new Runnable() {
    @Override
    public void run() {
        while (isRunning) {
            try {
                Thread.currentThread().sleep(1000);
                timer++;
                tvTime.post(new Runnable() {
                    @Override
                    public void run() {
                        tvTime.setText("时间过去了：" + timer + " 秒");
                    }
                });
            } catch (InterruptedException e) {
                e.printStackTrace();
            }
        }
    }
});
```

这个方案符合单线程模型的原则,计时操作在独立线程中完成,UI 线程对 TextView 进行操作。

然而,随着操作复杂性的增长,代码会变得越来越复杂,越来越难维护。为了用子线程处理更加复杂的交互,可以考虑在子线程中使用 Handler,用它来处理 UI 线程中的消息。更好的方法是继承 AsyncTask 类,这个类简化了需要同 UI 进行交互的子线程任务的执行。

另外,使用 new Thread(){…}.start()这样的方式创建线程,如果在一个 Activity 中被多次调用,那么将创建多个匿名线程,程序运行得越久可能会越慢,使用一个 Handler 来启动、删除一个线程,可以保证线程不会重复地创建。

7.3　Android 多线程通信机制

把事件处理代码放到其他线程中处理,如果处理的结果需要刷新界面,那么需要线程间通信的方法来实现在其他线程中发消息给 UI 线程处理。

Android 应用程序是通过消息来驱动的,系统为每一个应用程序维护一个消息队列,应用程序的主线程通过消息循环不断地从这个消息队列中获取消息,然后对这些消息进行处理,这样就实现了通过消息来驱动应用程序的执行。这样做的好处是:消息的发送方只需要把消息发送到主线程的消息队列中,而不需要等待消息的接收方处理完这个消息才返回,这样就可以提高系统的并发性。实质上,这就是一种异步处理机制。

在 Android 中有多种方法可以实现其他线程与 UI 线程通信,这里介绍常见的两种,即 Handler 和 AsyncTask。

7.3.1　线程间通信的常用类

Android SDK 提供了一系列类来管理线程以及线程间的通信。Android 的 Message 机制主要涉及 3 个主要的类,分别是 Handler、Looper、Message。

1. Handler 类

消息处理类 Handler 在 Android 系统里负责发送和处理消息,通过它可以实现其他线程与 UI 线程之间的消息通信。Handler 主要有两个用途:首先是可以定时处理或者分发消息,其次是可以添加一个执行的行为在其他线程中执行。

Handler 允许发送和处理 Message 或 Runnable 对象到其所在线程的 MessageQueue 中,在发送的时候可以指定不同的延迟时间、发送时间和要携带的数据。当 MessageQueue 循环到该 Message 时调用相应的 Handler 对象的 handleMessage()方法对其进行处理。一个线程对应着一个 Looper 对象,一个 Looper 对象对应着一个 MessageQueue(消息队列)对象,但是一个线程可以有多个 Handler 对象,这些 Handler 对象可以共享同一个 Looper 和 MessageQueue。

Handler 的常用方法及其说明如表 7-2 所示。

表 7-2 Handler 的常用方法

方 法 名 称	功能及使用说明
handleMessage(Message msg)	处理消息的方法，在发送消息之后，该方法会自动调用
post(Runnable r)	立即发送 Runnable 对象，该 Runnable 对象最后被封装成 Message 对象
postAtTime(Runnable r，long uptimeMills)	定时发送 Runnable 对象
postDelayed(Runnable r，long delayMills)	延迟发送 Runnable 对象
sendEmptyMessage(int what)	发送空消息
sendMessage(Message msg)	立即发送消息
sendMessageAtTime(Message msg，long uptimeMills)	定时发送消息
sendMessageDelayed(Message msg，long delayMills)	延迟发送消息

重写 Handler 的 handleMessage()方法，可以实现对消息的处理。如代码段 7-6 所示，可以根据参数选择对此消息是否需要做出处理。

代码段 7-6 重写 Handler 的 handleMessage()方法，实现对消息的处理

```
Handler mHandler = new Handler() {
    @Override
    public void handleMessage(Message msg) {      //重写 handleMessage 方法
        switch (msg.what) {                        //根据收到的消息的 what 类型处理
            case BUMP_MSG:
                Log.v("handler", "Handler 收到消息:"+msg.arg1);//打印收到的消息
                break;
            default:
                super.handleMessage(msg);          //将不需要或者不关心的消息抛给
                                                   //父类，避免丢失消息
        }
    }
};
```

2. Looper 类

Looper 是用于实现消息队列和消息循环机制的。Looper 负责管理线程的消息队列和消息循环。与 Windows 应用程序的消息处理过程一样，Android 应用程序的消息处理机制也是由消息循环、消息发送和消息处理这 3 个部分组成的，Looper 的作用主要是负责管理消息队列，负责消息的出列和入列操作，执行消息循环。

在消息处理机制中，消息都存放在一个消息队列中，而应用程序的主线程就是围绕这个消息队列进入一个无限循环的，直到应用程序退出。如果队列中有消息，应用程序的主线程就会把它取出来，并分发给相应的 Handler 进行处理；如果队列中没有消息，应用程

序的主线程就会进入空闲等待状态，等待下一个消息的到来。在 Android 应用程序中，这个消息循环过程是由 Looper 类来实现的，它定义在 frameworks/base/core/java/android/os/Looper.java 文件中。

　　一个线程对应着一个 Looper 对象，一个 Looper 对象对应着一个 MessageQueue 对象，MessageQueue 用于存放消息。在消息队列中存放的消息按照先进先出（FIFO）的原则执行。Looper 对象用来为线程开启一个消息循环，从而操作 MessageQueue 对象。Looper 类中提供的常用方法有：myLooper()，用来获取当前线程的 Looper 对象；getThread()，用来获取 Looper 对象所属的线程；quit()，用于结束 Looper 循环。

　　默认情况下，Android 中新创建的线程除了主线程（UI 线程）之外，是没有开启消息循环的。所以必须在主线程中调用 new Handler()方法创建 Handler 对象，而在子线程中创建 Handler 对象会出现异常。如果想要在非主线程中创建一个 Handler 对象，首先要使用 Looper 类的 prepare()方法初始化一个 Looper 对象，然后创建 Handler 对象，最后调用 Looper 类中的 loop()方法启动这个 Looper 对象。

　　为简化上述操作，可以使用 HandlerThread 类新建一个线程。HandlerThread 是 Thread 类的子类，在 Thread 的基础上增加了两个构造函数：HandlerThread(String name)和 HandlerThread(String name, int priority)，并且 HandlerThread 在继承 Thread 的同时重写了其中的 run 方法，在 run 方法中，已经封装好并开启了一个 Looper 对象。

3. Message 类

　　android.os.Message 定义一个 Message，包含必要的描述和属性数据，并且此对象可以被发送给 android.os.Handler 处理。Message 是线程间通信的消息载体，里面可以存放任何想要传递的消息。Message 虽然有自己的构造方法，可以通过 new Message()的方法来创建一个新的 Message 对象，但是这种创建对象的方式很浪费内存，一般通过调用 Message.obtain()方法或者 Handler.obtainMessage()方法从消息池中获取一个空的 Message 对象。

　　Message 存在于 MessageQueue 中。MessageQueue 是先进先出的消息队列，它的作用是保存有待线程处理的消息。一个 MessageQueue 可以包含多个 Message 对象。

　　一个 Message 对象具有的属性有 arg1、arg2、obj、replyTo、what，如表 7-3 所示。

表 7-3　Massage 对象的属性

属性名称	数据类型	说　　明
arg1	int	用来存放整型数据
arg2	int	用来存放整型数据
obj	Object	用来存放发送给接收器的 Object 类型的任意对象
replyTo	Message	用来指定此 Message 发送到何处的可选 Message 对象
what	int	用户自定义的消息代码，通常用于保存消息的标识

　　推荐使用 what 属性来标识信息，以便用不同方式处理 Message。Message 的属性可

以用来保存 int 和 Object 类型的数据,如果要保存其他类型的数据,可以先将要保存的对象放到 Bundle 对象中,然后调用 Message 中的 setData()方法将 Bundle 对象保存到 Message 对象中。如果一个 Message 只需要携带简单的 int 型信息,应优先使用 Message.arg1 和 Message.arg2 属性来传递信息,这比用 Bundle 对象更节省内存。

7.3.2　使用 Handler 实现线程间通信

使用 Message 机制实现线程间通信主要是为了保证线程之间操作安全,同时不需要关心具体的消息接收者,使消息本身和线程分离,这样就可以方便地实现定时、异步等操作。

实现 Message 机制需要 Handler、Message、Looper 三者之间的互相作用。当线程 A 需要发消息给线程 B 的时候,线程 B 要用自己的 Looper 实例化 Handler 类,即构造 Handler 对象时,把当前线程的 Looper 传给 Handler 构造函数,Handler 对象本身会保存对 Looper 的引用,Handler 对象构造好以后,就可以用其 obtainMessage()方法实例化 Message 对象,只要把消息数据传递给 Handler,Handler 就会构造 Message 对象,并且把 Message 对象添加到消息队列中。然后就可以调用 Handler 对象的 sendMessage()方法把 Message 对象发送出去,Looper 就把消息放到消息队列中;最后当 Looper 知道消息队列不为空的时候,就会循环地从消息队列中取消息,若取出消息,就会调用刚才实例化好的 Handler 对象的 handleMessage()方法处理消息。

如果把 Thread 比作生产车间,那么 Looper 就是放在这个车间里的生产线,这条生产线源源不断地从 MessageQueue 中获取材料 Message,并分发处理 Message。正是因为消息需要在 Looper 中处理,而 Looper 又需运行在 Thread 中,所以不能随随便便在非 UI 线程中进行 UI 操作。UI 操作通常会通过投递消息来实现,只有往正确的 Looper 投递消息才能得到处理,对于 UI 来说,这个 Looper 一定是运行在 UI 线程中的。

和以是否有无 Looper 来区分 Thread 一样,Handler 的构造函数也分为自带 Looper 和外部 Looper 两大类:如果提供了 Looper,消息会在该 Looper 中处理,否则消息就会在当前线程的 Looper 中处理,当然要确保当前线程一定有 Looper。所有的 UI 线程都是有 Looper 的,所有控件基类的 View 提供了 post 方法,用于向 UI 线程发送消息,并在 UI 线程的 Looper 中处理这些消息。

UI 操作需要向 UI 线程发送消息并在其 Looper 中处理这些消息。这就是为什么不能在非 UI 线程中更新 UI 的原因。控件在非 UI 线程中构造 Handler 时,要么由于非 UI 线程没有 Looper 使得获取 myLooper 失败而抛出 RunTimeException 异常,要么即便提供了 Looper,但这个 Looper 并非 UI 线程的 Looper 而不能处理控件消息。

如上所述,实现这种机制的一般步骤如下:

(1) 在主线程实例化 Handler,重写 handleMessage()方法,处理收到的消息。

(2) 在子线程中实例化 Message 对象。调用已经实例化好的 Handler 对象的 obtainMessage()方法,把数据传给 obtainMessage()方法,obtainMessage()方法就会实例化一个 Message 对象。

(3) 调用 Handler 的 sendMessage()方法把已经实例化的 Message 对象发送出去,

添加到 UI 线程的 MessageQueue 中。

　　(4) UI 线程通过 MainLooper 从消息队列中取出 Handler 发过来的这个消息时,会回调 Handler 的 handlerMessage()方法。

　　【例 7-3】　示例工程 Demo_07_HandleMessage 演示了线程间的消息机制,如代码段 7-7 所示。

代码段 7-7　线程间的消息机制示例

```java
public class MainActivity extends AppCompatActivity {
    private Handler handler;
    @Override
    protected void onCreate(Bundle savedInstanceState) {
        super.onCreate(savedInstanceState);
        setContentView(R.layout.activity_main);
        handler =new Handler() {
            @Override
            public void handleMessage(Message msg) {
                switch (msg.what){
                    case 1:
                        System.out.println("处理 thread1 的消息:" +msg.arg1);
                        break;
                    case 2:
                        System.out.println("处理 thread2 的消息:" +msg.arg1);
                        break;
                    default:
                        super.handleMessage(msg);
                }
            }
        };
        thread1.start();
        thread2.start();
    }
    Thread thread1 =new Thread(new Runnable() {
        @Override
        public void run() {
            Message msg =handler.obtainMessage();
            msg.what =1;                              //线程的标记(int 型)
            msg.arg1 =6001;                           //线程的参数
            handler.sendMessage(msg);                 //发送消息
        }
    });
    Thread thread2 =new Thread(new Runnable() {
        @Override
        public void run() {
```

```
                Message msg =handler.obtainMessage();
                msg.what =2;                        //线程的标记(int 型)
                msg.arg1 =6002;                     //线程的参数
                handler.sendMessage(msg);           //发送消息
            }
        });
    }
```

从示例程序中可以看出，一个 Handler 对象可以处理多个发送过来的消息，通过 Message 中的 what 属性值来区分是哪个线程发送过来的消息。运行结果如图 7-4 所示。

图 7-4　线程间的消息机制

【例 7-4】 示例工程 Demo_07_HandleMessage2 完成与例 7-3 相同的功能，与之不同的是，本例采用了另一种实现方法：Handler 对象是在主线程中创建的，然后通过构造函数传递给线程类。

子线程的定义如代码段 7-8 所示，重写了包含 Handler 参数的构造方法。创建线程的代码如代码段 7-9 所示。

代码段 7-8　定义子线程类
```
public class Thread1 extends Thread {
    private Handler myhandler;
    public Thread1(Handler handler) {
        myhandler =handler;
    }
    @Override
    public void run() {
        Message msg =myhandler.obtainMessage();
        msg.what =1;
        msg.arg1 =1001;
        myhandler.sendMessage(msg);
    }
}
```

代码段 7-9　Handler 对象通过构造函数传递给线程类
```
public class MainActivity extends Activity {
    private Handler handler;
```

```
@Override
protected void onCreate(Bundle savedInstanceState) {
    super.onCreate(savedInstanceState);
    setContentView(R.layout.activity_main);
    handler =new Handler() {
        @Override
        public void handleMessage(Message msg) {
            if (msg.what ==1) {
                System.out.println("处理 thread1 的消息:" +msg.arg1);
            }
        }
    };
    Thread1 thread =new Thread1(handler);
    thread.start();
}
}
```

【例 7-5】 示例工程 Demo_07_NewThreadDownloadImage 演示了如何使用子线程从网络上异步下载图片并在 ImageView 中显示。

因为需要访问网络,所以要在 AndroidManifest.xml 中添加网络访问权限:

```
<uses-permission android:name="android.permission.INTERNET"/>
```

MainActivity 的布局包括一个下载按钮和一个 ImageView 控件,如代码段 7-10 所示。

代码段 7-10 布局文件

```
<LinearLayout xmlns:android="http://schemas.android.com/apk/res/android"
    android:layout_width="match_parent"
    android:layout_height="match_parent"
    android:orientation="vertical"
    android:padding="10dip">
    <Button
        android:id="@+id/loadButton"
        android:layout_width="match_parent"
        android:layout_height="wrap_content"
        android:text="点击下载"/>
    <ImageView
        android:id="@+id/imageView"
        android:layout_width="match_parent"
        android:layout_height="match_parent"
        android:scaleType="centerInside"
        android:padding="2dp"/>
</LinearLayout>
```

Java 源代码如代码段 7-11 所示。其中,mHandle 是主线程也就是 UI 线程处理消息的 Handler 对象;在程序中定义了一个静态方法 loadImageFromUrl(),实现从网络下载 Bitmap 数据。

代码段 7-11　Java 源代码,异步下载图片

```java
//package 和 import 语句省略
public class MainActivity extends AppCompatActivity {
    private static final String sImageUrl ="http://localhost:8080/myweb/
        flower001.jpg";
    private Button mLoadButton;
    private ProgressDialog mProgressBar;
    private ImageView mImageView;
    @Override
    protected void onCreate(Bundle savedInstanceState) {
        super.onCreate(savedInstanceState);
        setContentView(R.layout.activity_main);
        Log.d("异步下载图片-UI thread", " >>onCreate()");
        mProgressBar =new ProgressDialog(this);
        mProgressBar.setMessage("正在下载,请稍候 ...");
        mProgressBar.setProgressStyle(ProgressDialog.STYLE_HORIZONTAL);
        mProgressBar.setMax(100);
        mImageView = (ImageView)this.findViewById(R.id.imageView);
        mLoadButton = (Button)this.findViewById(R.id.loadButton);
        mLoadButton.setOnClickListener(new View.OnClickListener(){
            @Override
            public void onClick(View view) {
                mProgressBar.setProgress(0);
                mProgressBar.show();
                new Thread() {
                    @Override
                    public void run() {
                        Log.d("异步下载图片-Load thread", " 开启新线程>>run()");
                        Bitmap bitmap =loadImageFromUrl(sImageUrl);
                        if (bitmap !=null) {
                            Message msg =mHandler.obtainMessage(0, bitmap);
                            //mHandler 是主线程(也就是 UI 线程)处理消息的 Handler
                            mHandler.sendMessage(msg);
                        }else {
                            Message msg =mHandler.obtainMessage(1, null);
                            mHandler.sendMessage(msg);
                        }
                    }
                }.start();
```

```
        }
    });
}
private Handler mHandler=new Handler(){
                              //mHandler 是 UI 线程处理消息的 Handler
    @Override
    public void handleMessage(Message msg) {
        Log.d("异步下载图片-UI thread", " >>handleMessage()");
        switch (msg.what) {
            case 0:                      //下载成功
                Bitmap bitmap = (Bitmap) msg.obj;
                mImageView.setImageBitmap(bitmap);
                mProgressBar.setProgress(100);
                mProgressBar.setMessage("图片已下载完成!");
                mProgressBar.dismiss();
                break;
            case 1:                      //下载失败
                mProgressBar.setMessage("图片下载失败!");
                mProgressBar.dismiss();
                break;
        }
    }
};
//定义从网络下载 Bitmap 的 static 方法
static Bitmap loadImageFromUrl(String imageUrl) {
    Bitmap bitmap =null;
    try{
        InputStream in =new java.net.URL(imageUrl).openStream();
        bitmap =BitmapFactory.decodeStream(in);
        in.close();
    }catch (Exception e) {
        e.printStackTrace();
    }
    return bitmap;
}
}
```

该程序的运行过程是,点击"点击下载"按钮时,会创建一个匿名线程,并调用其 start()方法启动该线程,在这个线程中进行图像下载并解码成 Bitmap 格式,然后通过 Handler 向 UI 线程发送消息以通知下载结果。UI 线程收到消息之后,会分发给 Handler,在它的 handleMessage()方法中根据消息的 ID 来处理下载结果,并相应地更新 UI 界面。

可以从如图 7-5 所示的 LogCat 信息中看到,UI 线程(TID:7624)和下载线程(TID:10006)的线程 ID 是不同的,它们是两个独立的线程。

L...	Time	PID	TID	Application	Tag	Text
D	02-1...	7624	7624	edu.hebust.xx...	异步下载图片-UI thread	>> onCreate()
D	02-1...	7624	10006	edu.hebust.xx...	异步下载图片-Load thread	开启新线程>> run()
D	02-1...	7624	7624	edu.hebust.xx...	异步下载图片-UI thread	>> handleMessage()

图 7-5　LogCat 信息

7.3.3　使用 AsyncTask 实现线程间通信

Android 框架为了简化在 UI 线程中完成异步任务的步骤,提供了一个异步处理的辅助类 AsyncTask。使用 AsyncTask 能够在异步任务进行的同时,将任务进度状态反馈给 UI 线程,即它可以使耗时操作在其他线程执行,而使处理结果在 UI 线程执行。与前述的直接使用 Handler 对象的方法相比,它屏蔽了多线程和 Handler 的概念,使用更方便。

AsyncTask 是抽象类。AsyncTask 定义了 3 种泛型类型:Params、Progress 和 Result。

Params 是异步任务所需的参数类型,也是其 doInBackground(Params params)方法的参数类型。这个参数是启动异步任务执行的输入参数,例如 HTTP 请求的 URL。

Progress 是指进度的参数类型,也是其 onProgressUpdate(Progress values)方法的参数类型,例如后台任务执行的百分比。

Result 指任务完成返回的参数类型,也是其 onPostExecute(Result result)方法或 onCancelled(Result result)方法的参数类型。这是后台执行任务最终返回的结果,例如下载后得到的图像数据 Bitmap。

如果某一个参数类型没有意义或没有被用到,可以传递 void。

使用 AsyncTask 完成异步任务,必须继承 AsyncTask 类并实现 doInBackground()回调方法,这个方法运行在一个后台线程池中。如果需要更新 UI,那么必须实现 onPostExecute()方法,这个方法从 doInBackground()取出结果,然后在 UI 线程中运行,所以可以安全地更新 UI。

AsyncTask 类定义的方法如表 7-4 所示。这些方法都是回调方法,不需要用户手动去调用,开发者需要做的就是实现这些方法。

表 7-4　AsyncTask 类的常用方法

方 法 名 称	功能及使用说明
protected void onPreExecute()	在 UI 线程中运行,在异步任务开始之前被调用。可以在该方法中完成一些初始化操作,例如,在界面上显示一个进度条,将进度条清零
protected abstract Result doInBackground(Params params)	在后台线程中运行,在 onPreExecute()方法执行后立即被调用。这是完成异步任务的地方,主要负责执行那些很耗时的后台计算工作。可以调用 publishProgress()方法来更新实时的任务进度。该方法是抽象方法,子类必须提供实现;doInBackground()的返回值会被传递给 onPostExecute()方法

续表

方 法 名 称	功能及使用说明
protected void onProgressUpdate (Progress values)	在 UI 线程中运行,在异步任务执行的过程中可以通过调用 void publishProgress(Progress values)方法通知 UI 线程在 onProgressUpdate()方法内更新异步任务的进度状态;在 publishProgress()方法被调用后,UI thread 将调用这个方法从而在界面上展示任务的进展情况,例如更新进度条上显示的进度
protected void onPostExecute (Result result)	在 UI 线程中运行,当 doInBackground()执行完成后即异步任务完成之后被调用,后台的计算结果将通过该方法传递到 UI 线程,以便 UI 线程更新任务完成状态
onCancelled(Result result)	如果在 UI 线程中调用 cancel(boolean),则该方法被执行

AsyncTask 支持取消异步任务,当异步任务被取消之后,onPostExecute()方法就不会被执行了,取而代之将执行 onCancelled(Result result),以便 UI 线程更新任务被取消之后的状态。

为了正确地使用 AsyncTask 类,必须遵守几条规则:

(1) AsyncTask 的实例必须在 UI 线程中创建。

(2) AsyncTask 的实例必须在 UI 线程中启动,即必须在 UI 线程中调用 AsyncTask 实例的 execute()方法。

(3) 不要手动调用 onPreExecute()、onPostExecute(Result)、doInBackground (Params)、onProgressUpdate(Progress)这几个方法。

(4) AsyncTask 实例只能被执行一次,多次调用时将会出现异常。

AsyncTask 的执行分为 4 个步骤,每一步都对应一个回调方法,主线程调用 AsyncTask 子类实例的 execute()方法后,首先会调用 onPreExecute()方法。onPreExecute()在主线程中运行,可以用来写一些初始化代码。之后启动新线程,调用 doInBackground()方法,进行异步数据处理。处理完毕之后异步线程结束,在主线程中调用 onPostExecute()方法进行一些结束提示处理。

在 doInBackground()方法异步处理的时候,如果希望通知主线程一些数据,如处理进度,可以调用 publishProgress()方法。这时,主线程会调用 AsyncTask 子类的 onProgressUpdate()方法进行处理。

通过上面的调用关系,可以看出一些数据传递关系:execute()方法向 doInBackground()方法传递数据,doInBackground()方法的返回值会传递给 onPostExecute()方法,publishProgress()方法向 progressUpdate()方法传递数据。为了调用关系明确及安全,AsyncTask 类在继承时要传入 3 个泛型。第一个泛型对应 execute()向 doInBackground()的传递数据类型。第二个泛型对应 doInBackground()的返回值类型和传递给 onPostExecute()的数据类型。第三个泛型对应 publishProgress()向 progressUpdate()传递的数据类型。传递的数据都是对应类型的可变长数组。

【例 7-6】 示例工程 Demo_07_AsyncTaskDownloadImage 演示了使用 AsyncTask 来实现例 7-5,从网络上异步下载图片并在 ImageView 中显示。代码如代码段 7-12 所示。

代码段 7-12 使用 AsyncTask 示例

```java
public class MainActivity extends AppCompatActivity {
    private static final String sImageUrl = "http://localhost:8080/myweb/
        flower001.jpg";
    private Button mLoadButton;
    private ProgressDialog mProgressBar;
    private ImageView mImageView;
    @Override
    protected void onCreate(Bundle savedInstanceState) {
        super.onCreate(savedInstanceState);
        setContentView(R.layout.activity_main);
        Log.d("异步下载图片-UI thread", " >>onCreate()");
        mProgressBar = new ProgressDialog(this);
        mImageView = (ImageView)this.findViewById(R.id.imageView);
        mLoadButton = (Button)this.findViewById(R.id.loadButton);
        mLoadButton.setOnClickListener(new View.OnClickListener() {
            @Override
            public void onClick(View view) {
                new DownloadImageTask().execute(sImageUrl);
            }
        });
    }
    private class DownloadImageTask extends AsyncTask<String,Integer,Bitmap> {
        @Override
        protected void onPreExecute() {
            super.onPreExecute();
            mProgressBar.setMessage("图片正在下载,请稍候 ...");
            mProgressBar.setProgressStyle(ProgressDialog.STYLE_HORIZONTAL);
            mProgressBar.setMax(100);
            mProgressBar.setProgress(0);
            mProgressBar.show();
        }
        protected Bitmap doInBackground(String... urls) {
            //完成对图片的下载和进度数值的更新
            Bitmap bitmap = null;
            URLConnection connection;
            InputStream is;                //用于获取数据的输入流
            ByteArrayOutputStream bos;      //捕获内存缓冲区的数据,转换成字节数组
            int len;
            float count=0,total=100;
                                //count 为图片已经下载的大小,total 为总大小
            try {
                //获取网络连接对象
                connection = (URLConnection) new java.net.URL(urls[0]).
                    openConnection();
```

```
            //获取当前内容的总长度
            total=(int)connection.getContentLength();
            //获取输入流
            is=connection.getInputStream();
            bos=new ByteArrayOutputStream();
            byte []data=new byte[1024];
            while((len=is.read(data))!=-1){
                count+=len;
                bos.write(data,0,len);
                //调用 publishProgress()公布进度
                //onProgressUpdate()方法将被执行
                publishProgress((int)(count/total*100));
            }
            bitmap=BitmapFactory.decodeByteArray(bos.toByteArray(),0,
                    bos.toByteArray().length);
            is.close();
            bos.close();
            } catch (MalformedURLException e) {
                e.printStackTrace();
            } catch (IOException e) {
                e.printStackTrace();
            }
        return bitmap;
    }
    @Override
    protected void onProgressUpdate(Integer... values) {
        super.onProgressUpdate(values);
        mProgressBar.setProgress(values[0]);
    }
    protected void onPostExecute(Bitmap result){
        if (result !=null) {
            mProgressBar.setProgress(100);
            mProgressBar.setMessage("图片下载完成!");
            mProgressBar.dismiss();
            mImageView.setImageBitmap(result);
        }else {
            mProgressBar.setMessage("图片下载失败!");
            //mProgressBar.dismiss();
        }
    }
}
}
```

　　在本例中,首先在任务开始之前在 UI 线程中调用 onPreExecute()方法中设置进度条的初始状态;然后在异步线程中执行 doInBackground()方法以完成下载任务,并在其

中调用 publishProgress()方法来通知 UI 线程更新进度状态；之后在 UI 线程中调用 onProgressUpdate()方法更新进度条；最后下载任务完成，UI 线程在 onPostExecute()中取得下载好的图像，并更新 UI 显示该图像。运行效果如图 7-6 所示。

图 7-6　使用 AsyncTask 实现异步下载

7.4　本章小结

本章介绍了多线程的相关概念，以及 Android 系统中如何进行多线程操作和线程间通信的方法。本章重点介绍了 Handler 和 AsyncTask 的使用方法，其中 Handler 是最基本的方法，它有助于理解 Android 系统中的多线程通信机制，而 AsyncTask 则屏蔽了多线程和 Handler 的概念，提供了更方便的用户接口，使用更简便。

习　　题

1. 在 Android 应用中为什么要用多线程？使用多线程有哪些好处？
2. 请解释在单线程模型中 Message、Handler、MessageQueue、Looper 之间的关系。
3. 使用多线程实现一个秒表功能的应用程序，界面如图 7-7 所示。要求秒表精确到 0.1s，带计次功能。

图 7-7　多线程实现秒表应用

第8章 Service 与 BroadcastReceiver

本章首先介绍 Intent 的概念及其在组件通信中的应用,然后介绍 Service 的概念及其启动、停止方法,以及 BroadcastReceiver 的概念及其过滤、接收消息的方法。Service 是运行在后台的长生命周期的、没有 UI 界面的 Android 组件。Broadcast 则是一种广泛运用的在应用程序之间传输信息的机制。Activity、Service、BroadcastReceiver 等组件之间的交互和通信大都是使用 Intent 完成的。

8.1 Android 组件间的通信

8.1.1 Intent

1. Intent 概述

Intent 的字面含义,是"想要"或"意图"之意,是一个将要执行的动作的抽象描述。例如,在主 Activity 当中,告诉程序想要前往哪里,要移交主动权到哪一个 Activity,这就是 Intent 对象所处理的任务之一。在 Android 系统中,Intent 提供了一种通用的消息机制,它允许在用户的应用程序与其他的应用程序之间传递 Intent 来执行动作和产生事件。

Intent 是一种运行时绑定(runtime binding)机制,它能在程序运行的过程中连接两个不同的组件,用来协助完成各应用或组件间的交互与通信。Intent 负责对应用中一次操作的动作、动作涉及的数据、附加数据等进行描述,Android 则根据此 Intent 的描述,负责找到对应的组件,完成组件的调用并将相应数据传递给调用的组件。例如,Activity 希望打开网页浏览器查看某一网页的内容,那么只需要发出 WEB_SEARCH_ACTION 请求给 Android,Android 会根据 Intent 的内容,查询各组件注册时声明的 IntentFilter,找到网页浏览器并启动它来浏览网页。

一般地,Intent 的主要用途如下:

(1) 启动其他 Activity。启动一个新的 Activity 一般通过调用 Context. startActivity()方法或 Context. startActivityForResult()方法来传递 Intent。

(2) 启动 Service。当需要启动或绑定一个 Service 组件时,通过调用 Context. startService()方法或 Context. bindService()方法来传递 Intent。

(3) 发送广播消息。应用程序和 Android 系统都可以使用 Intent 发送广播消息,广播消息的内容可以是与应用程序密切相关的数据信息或消息,也可以是 Android

的系统信息,如网络连接变化、电池电量变化、收到短信或系统设置变化等。此时一般通过调用 Context. sendBroadcast( )、Context. sendOrderedBroadcast( )或 Context. sendStickyBroadcast( )方法传递 Intent。当 Broadcast Intent 被广播后,如果应用程序注册了 BroadcastReceiver,其 IntentFilter 过滤条件满足,则可以接收到该广播消息。

总之,组件之间可以通过 Intent 对象进行交互,可以通过 Intent 对象启动另外的 Activity、启动 Service、发起广播 Broadcast 等,同时还可以完成数据传递。

2. Intent 对象的属性

Intent 类定义在 android. content 包中。一个 Intent 对象由目标组件名称描述 Component、执行动作描述 Action、该动作相关联数据的描述 Data、动作分类描述 Category、数据类型描述 Type、附加信息描述 Extra 及标志 Flag 等几部分组成。它们都是 Intent 对象的属性,这些属性可以在 Java 程序中通过 Intent 类的方法来获取和设置。

Component 属性用于指定 Intent 的目标组件,一般由相应组件的包名与类名组合而成。通常 Android 会根据 Intent 中包含的其他属性的信息,例如 Action、Data、Type、Category 等过滤条件进行查找,最终找到一个与之匹配的目标组件。但是如果 Component 这个属性有指定值,将直接使用它指定的组件,而不再执行上述查找过程。

指定了 Component 属性值之后,Intent 的其他属性值都是可选的,此时该 Intent 就是一个显式 Intent(Explicit Intent);如果不指定 Component 属性值,则该 Intent 就是一个隐式 Intent(Implicit Intent)。

Action 属性用来指明要实施的动作是什么,其属性值是 Intent 即将触发动作名称的字符串。可使用 SDK 中预定义的一些标准的动作,这些动作由 Intent 类中预先定义好的常量字符串描述,例如 Intent. ACTION_MAIN,其对应的字符串为 android. intent. action. MAIN。

程序开发者也可以根据需要自行定义一个字符串来设置 Intent 对象的 Action 的值,例如 edu. hebust. xxxy. intent. ACTION_EDIT。自定义的 Action 值最好能表明其意义,以方便使用。调用 Intent 对象的 getAction( )方法可以获取动作字符串,调用 setAction( )方法可以设置动作。

Data 属性一般是用 Uri 对象的形式来表示的。Data 主要完成对 Intent 消息中数据的封装,描述 Intent 动作所操作数据的 URI 及 MIME(类型),不同类型的 Action 会有不同的 Data 封装,如打电话的 Intent 会封装成"tel: //"格式的 URI,而 ACTION_VIEW 的 Intent 中的 Data 则会封装成"http: //"格式的 URI。正确的 Data 封装对 Intent 请求的匹配很重要,Android 系统会根据 Data 的 URI 和 MIME 找到能处理该 Intent 的最佳目标组件。

Category 属性用于描述目标组件的类别信息,是一个字符串对象。它用于指定将要执行的这个 Action 的其他一些额外的信息。例如,LAUNCHER_CATEGORY 表示 Intent 的接受者应该在 Launcher 中作为顶级应用出现,而 ALTERNATIVE_ CATEGORY 表示当前的 Intent 是一系列的可选动作中的一个,这些动作可以在同一块数据上执行。

一个 Intent 中可以包含多个 Category。Android 系统同样定义了一组静态字符串常量来表示 Intent 的不同类别。如果没有设置 Category 属性值,Intent 会与在 IntentFilter 中包含 android. category. DEFAULT 的 Activity 匹配。调用 Intent 对象的 addCategory()方法可以添加一个 Category,调用 removeCategory()方法可以删除一个已经添加到 Intent 的 Category,调用 getCategories()方法可以得到 Intent 对象的 Category 属性值。

Type 属性用于显式指定 Intent 的 Data 属性值的数据类型。一般 Data 属性值的数据类型能够根据数据本身进行判定,但是通过设置这个属性,可以强制采用显式指定的类型而不再进行隐式的判定。

Extra 属性是其他所有附加信息的集合。使用 Extra 可以为组件提供扩展信息,例如,如果要执行"发送电子邮件"这个动作,可以将电子邮件的标题、正文等保存在 Extra 属性里,传给电子邮件发送组件。Extra 属性值以键-值对形式保存。

Intent 通过调用 putExtra()或 putExtras()方法来添加一个新的键-值对或 Bundle 对象,而在目标 Activity 中调用 getXxxExtra()或 getExtras()方法来获取 Extra 属性中的键-值对或 Bundle 对象。在 Android 系统的 Intent 类中,对一些常用的 Extra 键进行了预定义,例如 EXTRA_EMAIL 表示装有邮件发送地址的字符串数组,EXTRA_BCC 表示装有邮件密送地址的字符串数组。

利用 Intent 对象的 Extra 属性,可以在组件之间传递一些参数或数据,具体用法见后续介绍。

从上述属性值及其作用可以看出,Intent 就是一个动作的完整描述,包含了动作的产生组件、接收组件、动作的特征和传递的消息数据。当一个 Intent 到达目标组件后,目标组件会执行相关的动作。

3. Intent 的解析

Intent 有两种基本用法,即显式 Intent 和隐式 Intent。显式 Intent 在构造 Intent 对象时就指定接收者;而隐式 Intent 的发送者在构造 Intent 对象时,并不知道也不关心接收者是谁。

显式 Intent 直接指明要启动的组件,即它指定了 Component 属性。一般是通过调用 setClass(Context,Class)方法或 setComponent(ComponentName)方法来指定具体的目标组件类,或直接利用 Intent 的构造方法指定 Component 属性,通知启动对应的组件(如 Service 或 Activity),此时不需要 Android 解析,因为目标已很明确。

例如,代码段 8-1 实现了 MainActivity 到 NextActivity 的跳转。

代码段 8-1　利用 Intent 启动另一个 Activity
```
Intent intent=new Intent();
intent.setClass(MainActivity.this,NextActivity.class);
startActivity(intent);              //启动另一个名为 NextActivity 的 Activity
```

在显式 Intent 中,决定目标组件的唯一要素就是组件名称,因此,如果 Intent 中已经明确定义了目标组件的名称,那么就完全不用再定义其他 Intent 内容。

显式 Intent 直接用组件的名称定义目标组件,这种方式很直接。但是由于开发人员往往并不清楚别的应用程序的组件名称,因此,显式 Intent 更多用于在应用程序内部传递消息。如在某应用程序内,一个 Activity 启动另一个 Activity。而隐式 Intent 不使用组件名称定义需要激活的目标组件,它更广泛地用于在不同应用程序之间传递消息。

　　由于隐式 Intent 没有明确的目标组件名称,所以必须由 Android 系统帮助应用程序寻找与 Intent 请求意图最匹配的组件。具体的选择方法是:Android 将 Intent 的请求内容和一个叫作 IntentFilter 的过滤器比较,IntentFilter 中包含系统中所有可能的待选组件。如果 IntentFilter 中某一组件匹配隐式 Intent 请求的内容,那么 Android 就选择该组件作为该隐式 Intent 的目标组件。这个过程称为解析。隐式 Intent 需要 Android 进行解析,并将此 Intent 映射给可以处理此 Intent 的 Activity、Service 或 BroadcastReceiver。

　　一个应用程序组件开发完成后,需要告诉 Android 系统自己能够处理哪些隐式 Intent 请求。利用 IntentFilter 声明该应用程序接收什么样的 Intent 请求就可以实现这一目的。这些声明通常在 AndroidManifest. xml 配置文件中用<intent-filter>元素描述,每个<intent-filter>元素描述该组件所能响应 Intent 请求的能力,包括组件希望接收什么类型的请求行为,什么类型的请求数据。例如,网页浏览器程序的<intent-filter>元素就应该声明它所希望接收的 Intent Action 是 WEB_SEARCH_ACTION,以及与之相关的请求数据是网页地址。例如,代码段 8-2 定义了一个<intent-filter>元素,声明了 action 和 category 属性的过滤值。

代码段 8-2　在 AndroidManifest.xml 配置文件中定义<intent-filter>元素

```
<intent-filter>
    <action android:name ="android.intent.action.WEB_SEARCH"/>
    <category android:name ="android.intent.category.DEFAULT"/>
</intent-filter>
```

　　Intent 解析机制主要是通过查找在 AndroidManifest. xml 配置文件中已注册的所有<intent-filter>及其中定义的 Intent,最终找到匹配的 Intent。在这个解析过程中,必须进行“动作”“数据”以及“类别”3 个方面的检查。如果任何一方面不匹配,Android 都不会将该隐式 Intent 传递给目标组件。这 3 方面检查的具体规则如下。

　　(1) Action。

　　一般地,一个 Intent 只能设置一种 Action,但是一个<intent-filter>却可以设置多个 Action。当<intent-filter>设置了多个 Action 时,只需一个满足,即可完成 Action 验证;当<intent-filter>中没有说明任何一个 Action 时,任何 Action 都不会与之匹配。而如果 Intent 中没有包含任何 Action 时,只要<intent-filter>中含有 Action,便会匹配成功。

　　(2) Data。

　　Data 是用 URI 的形式来表示的。例如,想要查看一个人的数据时,需要建立一个 Intent,它包含了 VIEW 动作(Action)及指向该联系人数据的 URI 描述。对数据的检查主要包含两部分:数据的 URI 及数据类型。数据 URI 又被分为 3 部分,分别是 scheme、 authority、path,其 scheme 已经由 Android 规定,外部调用者可以根据这个标识来判定操作的类别。例如,拨打电话时定义的 URI 对象为 Uri. parse("tel：13912345678"),其 scheme 为"tel：";播放音乐时定义的 URI 对象为 Uri. parse("file：///storage/emulated/0/download/everything. mp3"),其 scheme 为"file："。Path 用来指明要操作的具体数据,如电话号码、文件路径等。只有这些全部匹配时,Data 的验证才会成功。

如果 Intent 没有提供 Type,系统将从 Data 中得到数据类型。和 Action 一样,目标组件的数据类型列表中必须包含 Intent 的数据类型,否则不能匹配。如果 Intent 中的数据不是"content："类型的 URI,而且 Intent 也没有明确指定它的 Type,则将根据 Intent 中数据的 scheme(如 http：或者 mailto：)进行匹配。同样,Intent 的 scheme 必须出现在目标组件的 scheme 列表中。

(3) Category。

<intent-filter>同样可以设置多个 Category。当 Intent 中的 Category 与<intent-filter>中的一个 Category 完全匹配时,便会通过 Category 的检查,而其他的 Category 并不受影响。但是当<intent-filter>没有设置 Category 时,只能与没有设置 Category 的 Intent 相匹配。

如果 Intent 指定了一个或多个 Category,这些类别必须全部出现在组件的类别列表中。例如 Intent 中包含了两个类别：LAUNCHER_CATEGORY 和 ALTERNATIVE_CATEGORY,则解析得到的目标组件也必须至少包含这两个类别。

8.1.2　Activity 之间的切换和跳转

对于功能较复杂的应用程序,需要多个 Activity 来实现不同的用户界面。应用程序需要控制多个 Activity 之间的切换和跳转,如菜单跳转、点击按钮后弹出另一个 Activity 等。一般地,借助于 Intent 可以在多个不同的 Activity 之间切换,也可通过 Intent 完成各 Activity 间的数据传递,实现 Activity 之间的通信。

1. 创建新的 Activity

在 Android Studio 环境中,在工程中新建 Activity 的方法是：在工程相应的 Java 包名上右击,在快捷菜单中选择 New→Activity 命令,或者选择菜单 File→New→Activity 命令,然后选择一个 Activity 模板,例如可以选择一个空白模板 Empty Activity,如图 8-1 所示。之后在弹出的新建 Activity 对话框中设置 Activity 名称、布局文件名称、包路径等信息,单击 Finish 按钮即可。

需要特别注意的是,为了让应用程序能运行这个新建的 Activity,必须在 AndroidManifest. xml 文件中加以说明。具体方法是在<application>元素中添加<activity>子元素,如果新创建的 Activity 不在同一包中,还需要写明其包路径。

采用前述方法创建一个新的 Activity,系统会在 AndroidManifest. xml 中自动增加新建 Activity 的说明,如图 8-2 所示。如果需要为新添加的 Activity 指定其他的属性,还需手动修改相应的 AndroidManifest. xml 文件。

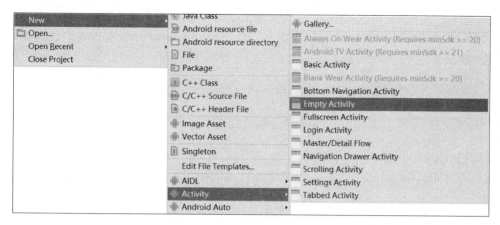

图 8-1　在工程中新建 Activity

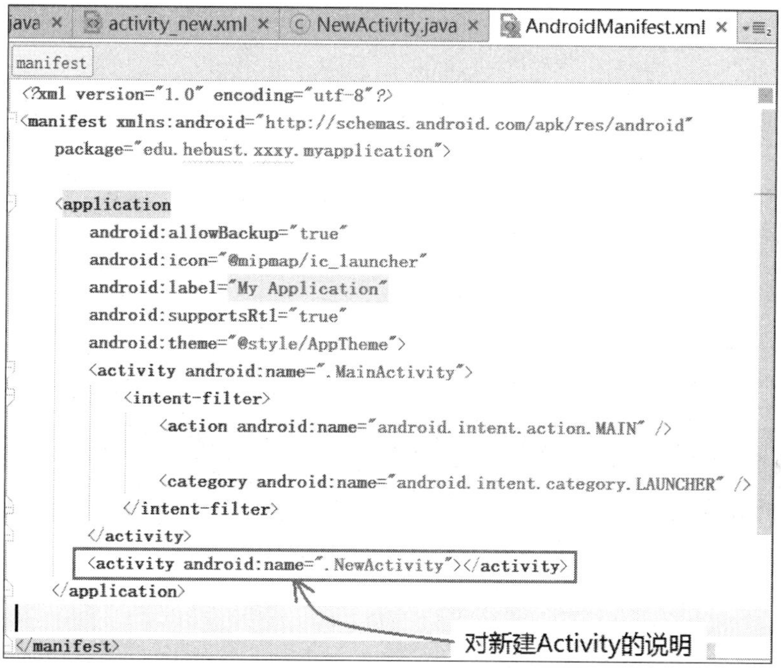

```
java ×   activity_new.xml ×   © NewActivity.java ×    AndroidManifest.xml ×
manifest

<?xml version="1.0" encoding="utf-8"?>
<manifest xmlns:android="http://schemas.android.com/apk/res/android"
    package="edu.hebust.xxxy.myapplication">

    <application
        android:allowBackup="true"
        android:icon="@mipmap/ic_launcher"
        android:label="My Application"
        android:supportsRtl="true"
        android:theme="@style/AppTheme">
        <activity android:name=".MainActivity">
            <intent-filter>
                <action android:name="android.intent.action.MAIN" />

                <category android:name="android.intent.category.LAUNCHER" />
            </intent-filter>
        </activity>
        <activity android:name=".NewActivity"></activity>
    </application>
</manifest>
```
对新建Activity的说明

图 8-2　在 AndroidManifest.xml 自动增加新建 Activity 的说明

2. 利用显式 Intent 启动另一个 Activity

通过调用 Context.startActivity()方法或 Context.startActivityForResult()方法都可以传递 Intent,启动一个新的 Activity。二者的区别是,startActivityForResult()方法可以接收目标 Activity 返回的参数。

【例 8-1】　工程 Demo_08_IntentSameProject 演示了如何启动同一个工程中的另一个 Activity。

工程中包括 MainActivity 和 SecondActivity。在 SecondActivity 中设置一个 TextView

控件,显示一行文字。在 MainActivity 中设置了按钮,点击按钮则启动 SecondActivity。即在按钮控件的点击事件处理代码中启动另一个 Activity。MainActivity 类的主要代码如代码段 8-3 所示。

```
代码段 8-3  启动同一个工程中的另一个 Activity
//package 和 import 语句略
public class MainActivity extends Activity {
    protected void onCreate(Bundle savedInstanceState) {
        super.onCreate(savedInstanceState);
        setContentView(R.layout.activity_main);
        Button btnstart = (Button)findViewById(R.id.btn_1);
        btnstart.setOnClickListener(new OnClickListener() {
                                                       //处理按钮的点击事件

            public void onClick(View v) {
                Intent myintent =new Intent(MainActivity.this,SecondActivity.
                    class);
                //第一个参数是源 Activity,第二个是目标 Activity
                startActivity(myintent);                    //启动目标 Activity
            }
        });
    }
}
```

代码段 8-3 被执行后,SecondActivity 将被创建并移到整个 Activity 栈的顶部。其运行结果如图 8-3 所示。

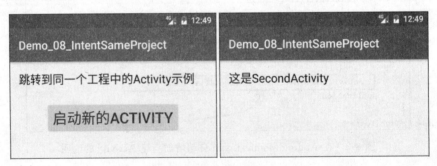

图 8-3 示例程序的运行结果

3. 利用隐式 Intent 启动另一个组件

有时需要将想启动的组件描述信息放置到 Intent 里面,而不明确指定需要打开哪个组件。例如一个第三方的组件,它只需要描述自己在什么情况下被执行,如果用户启动组件的描述信息正好和这个组件的描述信息相匹配,那么这个组件就被启动了。此时一般会用 Uri 对象来描述数据。

【例 8-2】 在示例工程 Demo_08_IntentOpenURL 中,演示了如何通过 Intent 来打开

指定的网页。系统会自动寻找一个适合打开 URL 地址的应用程序,并启动它。

MainActivity 类的主要代码如代码段 8-4 所示。

代码段 8-4　通过 Intent 打开指定的网址

```
public class MainActivity extends Activity {
    protected void onCreate(Bundle savedInstanceState) {
        super.onCreate(savedInstanceState);
        setContentView(R.layout.activity_main);
        Button btnstart = (Button)findViewById(R.id.btn_1);
        btnstart.setOnClickListener(new OnClickListener() {
                                        //按钮对应的点击事件

            public void onClick(View v) {
                Uri myuri =Uri.parse("http://m.baidu.com");
                //定义 Uri 对象
                Intent myintent =new Intent(Intent.ACTION_VIEW,myuri);
                //定义隐式 Intent,第 1 参数是动作,第 2 个是数据
                startActivity(myintent);
                //启动与 Intent 匹配的 Activity
            }
        });
    }
}
```

如果有多个程序的信息与 Intent 描述的信息匹配,Android 系统会弹出选择对话框让用户选择,如图 8-4 所示。示例工程的运行结果如图 8-5 所示。

图 8-4　由用户选择打开的应用程序

图 8-5　打开指定网页

需要注意的是,本例需要在 AndroidManifest.xml 文件中添加应用程序访问 Internet 的权限:

```
<uses-permission android:name="android.permission.INTERNET"/>
```

使用这一方法可以启动 Android 系统提供的很多应用组件。例如,在上述代码中修改 Intent 相关语句,如代码段 8-5 所示,可以播放 MP3 音频文件。系统会自动寻找适合打开指定音频文件的应用程序,并启动它。

代码段 8-5　通过 Intent 来播放 MP3 音频文件

```
Intent myintent =new Intent(Intent.ACTION_VIEW);
Uri uri =Uri.parse("file:///storage/emulated/0/music/music01.mp3");
myintent.setDataAndType(uri, "audio/mp3");
startActivity(myintent);
```

使用同一方法,还可以实现打开地图、拨打电话、安装或卸载程序、发邮件、发短信、发彩信等功能,在此不再一一赘述。

4. 利用 Intent 在组件之间传递数据

使用 Intent 对象的 putExtra()方法和 putExtras()方法都可以将数据参数加入到 Intent 对象中,实现在 Activity 间传递数据。前者采用键-值对的形式保存数据,后者利用 Bundle 对象保存数据。

使用 Intent 对象的 putExtra()方法可以将键-值对形式的数据加入到 Intent 对象中。从一个 Activity 跳转到另一个 Activity 时,Intent 中的数据就像参数一样传递给目标 Activity。在目标 Activity 中使用 getXxxExtra()方法取出数据,取出数据时使用键找出对应的值。使用该方法可以传递多个键-值对。

【例 8-3】　示例工程 Demo_08_IntentPutAndGetExtra 演示了如何在 Activity 之间传递数据。

工程包括两个 Activity,分别是 MainActivity 和 SecondActivity。MainActivity 向 SecondActivity 传递两个键-值对数据,后者接收到数据后显示在界面中。

本例中,Data1 是键,对应的值是用户在第一个 EditText 中输入的字符串;Data2 也是键,对应的值是用户在第二个 EditText 中输入的字符串。

需要注意的是,本例中传递的数据并不是持久化状态,没有存储在相应的文件中,Activity 退出后,数据就被销毁了。

MainActivity 类的主要代码如代码段 8-6 所示。

代码段 8-6　通过 **putExtra()/getXxxExtra()** 方法传递参数 **(MainActivity)**

```
//package 和 import 语句略
public class MainActivity extends AppCompatActivity {
    @Override
    protected void onCreate(Bundle savedInstanceState) {
        super.onCreate(savedInstanceState);
        setContentView(R.layout.activity_main);
        Button btnstart = (Button)findViewById(R.id.btnGo);
        final EditText edt1=(EditText)findViewById(R.id.etStr1);
```

```
    final EditText edt2=(EditText)findViewById(R.id.etStr2);
    btnstart.setOnClickListener(new View.OnClickListener() {
                                                    //按钮对应的点击事件
        public void onClick(View v) {
            Intent myintent =new Intent();              //创建 Intent 对象
            myintent.setClass(MainActivity.this, SecondActivity.class);
            //向 Intent 对象添加数据
            myintent.putExtra("Data1",edt1.getText().toString());
            myintent.putExtra("Data2",edt2.getText().toString());
            startActivity(myintent);                    //启动目标 Activity
        }
    });
    }
}
```

SecondActivity 类的主要代码如代码段 8-7 所示。

代码段 8-7　通过 **putExtra()/getXxxExtra()** 方法传递参数 **(SecondActivity)**

```
//package 和 import 语句略
public class SecondActivity extends AppCompatActivity {
    @Override
    protected void onCreate(Bundle savedInstanceState) {
        super.onCreate(savedInstanceState);
        setContentView(R.layout.activity_second);
        TextView tvReceive = (TextView)findViewById(R.id.tvReceive);
        //读出 Data1 和 Data2 键对应的值
        String receive1 =getIntent().getStringExtra("Data1");
        String receive2 =getIntent().getStringExtra("Data2");
        //将读出的字符串显示在 TextView 控件中
        tvReceive.setText("接收到的字符串:\n\n"+receive1+"\n"+receive2);
    }
}
```

示例工程的运行结果如图 8-6 所示。

使用 Bundle 对象也可以实现数据的传递。Bundle 类在 android. os 包中,其对象常用于携带数据,它也采用键-值对的形式保存数据。虽然其值的类型有一定限制,但常用的 String、int 等数据类型都可以用于 Bundle。

Bundle 类提供了 putXxx() 和 getXxx() 方法,putXxx() 方法用于向 Bundle 对象中放入数据,而 getXxx() 方法用于从 Bundle 对象中获取数据。在日常编程中,常用的方法主要有 putString()/getString() 和 putInt()/getInt()。除此之外,clear() 方法用于清除 Bundle 中所有保存的数据,remove() 方法用于移除指定键的数据。

使用 Intent 类的 putExtras() 方法可以将 Bundle 对象加入到 Intent 对象中。这样,Intent 就可以利用 Bundle 对象实现在 Activity 间传递数据。从一个 Activity 跳转到另

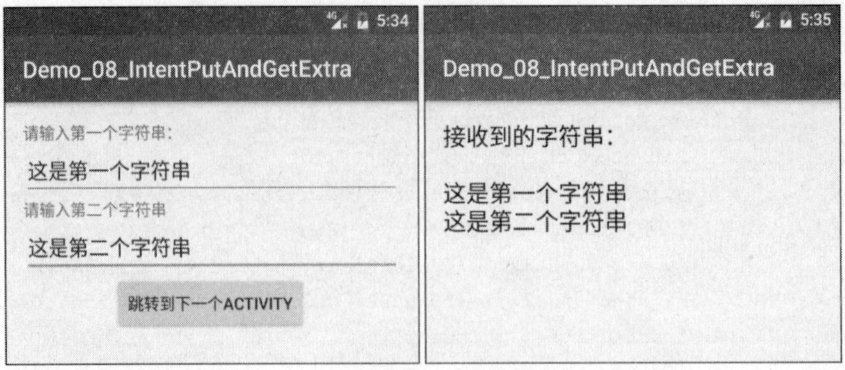

图 8-6　使用键-值对传递参数示例

一个 Activity 时，Intent 中的 Bundle 对象就像参数一样传递给目标 Activity。

【例 8-4】　示例工程 Demo_08_IntentBundle 演示了利用 Bundle 对象在 Activity 之间传递参数。

与例 8-3 相同，工程中包括两个 Activity，分别是 MainActivity 和 SecondActivity。MainActivity 向 SecondActivity 传递两个字符串数据，后者接收到数据后显示在界面中，运行结果与图 8-6 相同。

MainActivity 类的主要代码如代码段 8-8 所示。

```
代码段 8-8　利用 Bundle 对象在 Activity 之间传递参数 (MainActivity)
//package 和 import 语句略
public class MainActivity extends AppCompatActivity {
    @Override
    protected void onCreate(Bundle savedInstanceState) {
        super.onCreate(savedInstanceState);
        setContentView(R.layout.activity_main);
        Button btnstart = (Button)findViewById(R.id.btnGo);
        final EditText edt1=(EditText)findViewById(R.id.etStr1);
        final EditText edt2=(EditText)findViewById(R.id.etStr2);
        btnstart.setOnClickListener(new View.OnClickListener() {
                                                //按钮对应的点击事件

            public void onClick(View v) {
                //创建 Intent 对象:
                Intent myintent =new Intent();
                myintent.setClass(MainActivity.this, SecondActivity.class);
                Bundle myBundle =new Bundle();
                //向 Intent 对象添加数据:
                myBundle.putString("Data1",edt1.getText().toString());
                myBundle.putString("Data2",edt2.getText().toString());
                myintent.putExtras(myBundle);
                startActivity(myintent);            //启动目标 Activity
```

```
        }
    });
    }
}
```

SecondActivity 类的主要代码如代码段 8-9 所示。

代码段 8-9　利用 Bundle 对象在 Activity 之间传递参数 (SecondActivity)

```
//package 和 import 语句略
public class SecondActivity extends AppCompatActivity {
    @Override
    protected void onCreate(Bundle savedInstanceState) {
        super.onCreate(savedInstanceState);
        setContentView(R.layout.activity_second);
        TextView tvReceive = (TextView)findViewById(R.id.tvReceive);
        Bundle mbundle =getIntent().getExtras();        //得到传过来的 bundle
        String receive1 =mbundle.getString("Data1");    //读出 Data1 键对应的值
        String receive2 =mbundle.getString("Data2");    //读出 Data2 键对应的值
        tvReceive.setText("接收到的字符串:\n\n"+ receive1+"\n"+ receive2);
    }
}
```

5. 获取 Activity 的返回值

为了接收目标 Activity 返回的值,执行跳转的时候不能调用 startActivity()方法,而是要调用 startActivityForResult(Intent,requestCode)方法来启动返回数据的 Activity,该方法的第一个参数是 Intent 对象,包含要到达的 Activity 信息,第二个参数是 requestCode,是唯一标识目标 Activity 的标识码。同一个 Activity 可能会启动多个目标 Activity,当某一个目标 Activity 返回时,Activity 需要判断返回的是哪一个目标 Activity,通过判断参数 requestCode 的值可以实现这一功能。

在目标 Activity 中,调用 setResult()方法设置返回值。该方法有两个参数: resultCode 和表示为 Intent 的结果数据。resultCode 表明运行目标 Activity 的结果状态,其值通常是 Activity. RESULT_OK 或 Activity. RESULT_CANCELED。用户也可以定义自己的 resultCode,它支持任意整数值。当运行目标 Activity 时,如果用户按下硬件返回键,或在调用 finish()方法之前没有调用 setResult()方法,则 resultCode 值将会设定为 Activity. RESULT_CANCELED,结果 Intent 将被设为 null。

当目标 Activity 返回时,会触发调用源 Activity 中的事件处理方法 onActivityResult(),所以通常通过重写源 Activity 中的 onActivityResult()方法来接收目标 Activity 的返回数据。

【例 8-5】 在示例工程 Demo_08_ActivityReturnResult 中,从 MainActivity 跳转到 SecondActivity,SecondActivity 返回时会发送返回数据,返回数据是用户在文本输入框

中输入的文字。MainActivity 接收这个返回数据,并显示到自己的 TextView 控件中。

　　示例工程的运行结果如图 8-7 所示。点击 MainActivity 上的"启动 SecondActivity"按钮,则启动第二个 Activity;点击 SecondActivity 界面中的"返回"按钮,则回到 MainActivity,同时在 TextView 控件上显示 SecondActivity 的 EditText 中的文字。

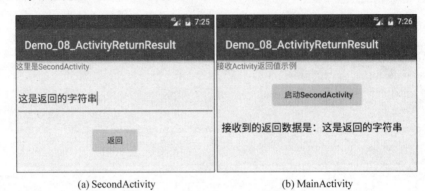

(a) SecondActivity　　　　　　　(b) MainActivity

图 8-7　接收 Activity 的返回值

　　在 SecondActivity 的 XML 布局文件中包括一个 TextView、一个 EditText 和一个"返回"按钮。在 SecondActivity 类中实例化控件,获取 EditText 中输入的文字,处理"返回"按钮的点击事件,主要代码如代码段 8-10 所示。

```
代码段 8-10　SecondActivity 的主要代码
//package 和 import 语句略
public class SecondActivity extends AppCompatActivity {
    private String backstr;
    private EditText txtreturn;
    private TextView input;
    @Override
    protected void onCreate(Bundle savedInstanceState) {
        super.onCreate(savedInstanceState);
        setContentView(R.layout.activity_second);
        txtreturn = (EditText)findViewById(R.id.txt_return);
        input = (TextView)findViewById(R.id.tv_input);
        Button btnreturn = (Button)findViewById(R.id.btn_return);
        txtreturn.setOnKeyListener(new View.OnKeyListener(){
            @Override
            public boolean onKey(View arg0, int arg1, KeyEvent arg2) {
                backstr=txtreturn.getText().toString();
                //input.setText(backstr);
                return false;
            }
        });
        btnreturn.setOnClickListener(new View.OnClickListener() {
                                                    //按钮对应的点击事件
```

```
        public void onClick(View v) {
            Intent intent = new Intent();
            intent.putExtra("backstring", backstr);//放入返回值
            setResult(0, intent);
                            //放入回传的值,并添加一个 Code,方便区分返回的数据
            finish();           //结束当前的 Activity,返回
        }
    });
    }
}
```

在 MainActivity 的布局文件中包括一个 Button 和两个 TextView,在 MainActivity 类中实例化控件,处理按钮的点击事件。因为要接收 SecondActivity 返回的值,所以跳转的时候调用 startActivityForResult()方法来启动 SecondActivity,并重写 onActivityResult()方法接收返回的数据。MainActivity 的主要代码如代码段 8-11 所示。

代码段 8-11　MainActivity 的主要代码

```
//package 和 import 语句略
public class MainActivity extends AppCompatActivity {
    private TextView tvReceive;
    private Intent myintent;
    @Override
    protected void onCreate(Bundle savedInstanceState) {
        super.onCreate(savedInstanceState);
        setContentView(R.layout.activity_main);
        tvReceive = (TextView) findViewById(R.id.tv_return);
        Button btnstart = (Button)findViewById(R.id.btn_1);
        myintent = new Intent();
        myintent.setClass(MainActivity.this, SecondActivity.class);
        btnstart.setOnClickListener(new View.OnClickListener() {
                            //按钮对应的点击事件
            public void onClick(View v) {
                startActivityForResult(myintent, 1);
                //请求码用于区分请求的数据,只有一个请求时请求码可以为 0
            }
        });
    }
    protected void onActivityResult(int requestCode, int resultCode, Intent data) {
        super.onActivityResult(requestCode, resultCode, data);
        if (data !=null) {
            String receive = data.getStringExtra("backstring");
            if (requestCode ==1) {           //判断是哪一个控件发出的 Intent 请求
                tvReceive.setText("\n 接收到的返回数据是:"+receive);
```

```
            }
        }
        else{
            tvReceive.setText("没有接收到任何返回数据");
        }
    }
}
```

这里要特别注意,在 MainActivity 中的 startActivityForResult()方法有参数 requestCode,SecondActivity 中的 setResult()方法有参数 resultCode,这两个参数的 code 不是对应的。MainActivity 中的 code 用于区分请求的目标 Activity,SecondActivity 中的 code 用于判断目标 Activity 的返回方式,分别对应 onActivityResult(int requestCode, int resultCode, Intent data)方法中的第一个和第二个参数。

8.2 Service 及其生命周期

8.2.1 Service 简介

Service(服务)是 Android 系统中 4 个应用组件之一,是运行在后台的长生命周期的、没有 UI 界面的 Android 组件。当应用程序不需要显示一个与用户交互的界面,但是需要其长时间在后台运行时,可以使用 Service,如在后台完成数据计算、后台音乐播放等。

Service 通常要与 Activity 联合使用来实现一个完整的应用。例如,在一个媒体播放器程序中,一般由一个或多个 Activity 来供用户交互,选择歌曲并播放它。但是,因为用户希望退出媒体播放器界面导航到其他界面时,音乐应该继续播放,所以音乐的回放就需要启动一个服务在后台运行,系统将保持这个音乐回放服务的运行直到它结束或被停止。

通过前面的章节,我们已经了解到 Activity 的主要作用是提供 UI 界面、与用户交互等,而 Service 相当于在后台运行的 Activity,只是不像 Activity 一样提供与用户交互的界面。

与 Activity 不同的是,Service 不能自己运行,它一般需要通过某一个 Activity 或者其他 Context 对象来调用,如通过调用 Context. startService()方法或 Context. bindService()方法启动服务,调用 Context. stopService()方法或 Context. unbindService()方法结束服务,也可以调用 Service. stopSelf()方法或 Service. stopSelfResult()方法来使服务自己停止。Service 既可以运行在自己的进程中,也可以运行在其他应用程序进程的上下文(context)中,其他的组件还可以绑定到一个 Service 上面,通过远程过程调用来调用它。

Service 可分为本地服务(local service)和远程服务(remote service)两类。本地服务用于应用程序内部,它可以启动并运行,直至有人停止了它或它自己停止。本地服务主要用于实现应用程序自己的一些耗时任务,例如查询升级信息,不占用应用程序所属线程,而是在另一个线程后台执行,这样用户体验会比较好。远程服务用于 Android 系统内部的应用程序之间,它可以通过自己定义并暴露出来的接口进行程序操作。客户端建立一个到服务对象的连接,并通过那个连接来调用服务。远程服务可被其他应用程序复用,例如天气预报服务,其他应用程序不需要再编写这样的服务,而是调用已有的服务即可。

8.2.2　Service 的生命周期

一个 Service 实际上是一个继承自 android. app. Service 的类的对象。Service 与 Activity 一样,也有一个从启动到销毁的过程。

Service 不能自己运行,需要通过调用 Context. startService()或 Context. bindService()方法启动服务。这两个方法都可以启动 Service,它们的使用场合有所不同。

调用 startService()方法启用服务,调用者与服务之间没有关联,即使调用者退出了,服务仍然运行。Service 的生命周期如图 8-8(a)所示,如果服务未被创建,系统会先调用服务的 onCreate()方法,接着调用 onStartCommand()方法,Service 进入运行状态。如果调用 startService()方法前服务已经被创建,就不会再调用 onCreate()方法,而是直接调用 onStartCommand()方法。即多次调用 startService()方法并不会导致多次创建服务,但会导致多次调用 onStartCommand()方法。

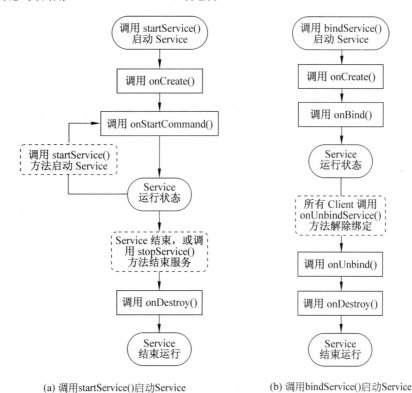

(a) 调用startService()启动Service　　(b) 调用bindService()启动Service

图 8-8　Service 的生命周期

调用 startService()方法启动的服务,只能调用 stopService()方法结束,服务结束时会调用其 onDestroy()方法。不论调用了多少次 startService()方法,只需要调用一次

stopService()来停止服务。

综上,一个 Service 只会创建一次,销毁一次,但可以开始多次,因此 onCreate()方法和 onDestroy()方法只会被调用一次,而 onStartCommand()方法会被调用多次。

需要注意的是,通过 startService()启动 Service 后,即使调用 startService()的进程结束了,Service 仍然还存在,直到有进程调用 stopService()或者 Service 通过 stopSelf()方法终止时才能结束。如果调用 startService()的进程直接退出而没有调用 stopService(),Service 会一直在后台运行。例如,音乐播放器在后台播放音乐时就处于这种状态。

调用 bindService()方法启用服务,调用者与服务绑定在一起,调用者一旦退出,服务也就终止。Service 的生命周期如图 8-8(b)所示,onBind()方法只有采用 bindService()方法启动服务时才会被调用。该方法在调用者与服务绑定时被调用,当调用者与服务已经绑定时,多次调用 bindService()方法并不会导致该方法被多次调用。采用 bindService()方法启动服务时只能调用 onUnbindService()方法解除调用者与服务的绑定,服务结束时会调用 onUnbind()和 onDestroy()方法。

上述两种方式可以混合使用,一个 Service 可以同时启动并且绑定。在这种情况下,如果 Service 已经启动了或者 BIND_AUTO_CREATE 标志被设置,系统会一直保持 Service 的运行状态。如果先调用 startService()启动一个服务,然后再调用 bindService()方法绑定服务,服务仍然会成功绑定到 Activity 上,但在 Activity 关闭后,服务虽然会被解除绑定,但并不会被销毁,也就是说,Service 的 onDestroy()方法不会被调用。例如,音乐播放器后台工作的 Service 通过调用 context.startService()方法启动某个特定音乐播放,但在播放过程中如果用户需要暂停音乐播放,则通过 context.bindService()获取服务链接和 Service 对象,进而通过调用 Service 的对象中的方法来暂停音乐播放并保存相关信息。

8.3　创建、启动和停止 Service

8.3.1　创建 Service

创建一个 Service 类,必须继承自 android.app.Service 或它的子类,并重写 onCreate()方法。这个方法中通常进行一些初始化处理。代码段 8-12 描述了创建一个 Service 类的框架。

代码段 8-12　创建一个 Service 类的框架

```
import android.app.Service;
import android.content.Intent;
import android.os.IBinder;
public class MyService extends Service {
    @Override
    public void onCreate() {                    //这个方法会在 Service 创建时被调用
        super.onCreate();
```

```
        …                    //初始化处理
    }
}
```

当创建了一个新的 Service 后,必须将这个 Service 在 AndroidManifest. xml 配置文件中声明,方法是在<application>节点内包含一个<service>的标签。如果要确保这个 Service 只能由特定的应用程序启动和停止,则需要在节点下增加一个 permission 属性,代码段 8-13 是一个示例。

代码段 8-13　在 `AndroidManifest.xml` 配置文件中声明 Service

```
<service
    android:enabled="true"
    android:name=".MyService"
    android:permission="edu.hebust.zxm.serviceexample.MY_SER_PERMISSION"/>
```

添加了这个 permission 属性后,任何想要访问这个 Service 的第三方应用程序都需要在它的 AndroidManifest. xml 配置文件中包含一个 uses-permission 声明,并且属性值与 Service 中设置的权限字符串相同。

Service 执行的任务通过重写 onStartCommand()方法实现。在这个方法中还可以指定 Service 的重新启动行为。当通过调用 startService()方法启动一个 Service 时,就会回调它的 onStartCommand()方法。如图 8-8(a)所示,这个方法可能在 Service 的生命周期中被执行很多次。

onStartCommand()方法是在 Android 2.0 之后才引入的,替代之前使用的 onStart()方法。onStartCommand()方法提供了和 onStart()方法相同的功能,同时与 onStart()方法不同的是,onStartCommand()方法还可以控制当 Service 被运行时终止后重新启动 Service 的方式。代码段 8-14 描述了 onStartCommand()方法的内容。

代码段 8-14　定义 `onStartCommand()`方法

```
public int onStartCommand(Intent intent, int flags, int startId) {
    startBackgroundTask(intent,startId);
    return Service.START_STICKY;
}
```

onStartCommand()方法通过返回值告诉系统,如果系统在显式调用 stopService()方法或 stopSelf()方法之前终止了 Service,采取哪种模式重新启动 Service。通过返回以下的 Service 常量就可以控制重启模式:

(1) START_STICKY。采用标准的重新启动方式,与 Android 2.0 之前版本中重写 onStart()方法实现的处理方法相似。当启动 Service 时,将会调用 onStartCommand()方法,但此时传入的 Intent 参数是 null。

(2) START_NOT_STICKY。这种模式适用于处理特殊操作和命令的 Service。通常当操作或命令执行完后,Service 会调用 stopSelf()方法终止自己。当 Service 被运行时终止后,只有当存在未处理的启动调用时,才会重新启动。如果在此之后没有进行 startService()调用,那么该 Service 将停止运行,而不会调用 onStartCommand()方法。对于某些特殊处理要求,例如处理更新、网络轮询等,这种模式非常适用。当停止 Service 后,会在下一个调度间隔中尝试重新启动,而不会在存在资源竞争时重新启动 Service。

(3) START_REDELIVER_INTENT。这种模式是前两种的组合。如果 Service 被运行时终止,那么只有当存在未处理的启动调用,或进程在调用 stopSelf()方法之前被终止时,才会重新启动 Service。后一种情况中,将会调用 onStartCommand()方法,并传回没有正常处理的 Intent。有些 Service 的任务实时性要求较高,必须确保它请求的命令得以全部执行,适用于这种模式。

8.3.2   启动和停止 Service

在 Activity 中通过调用 Context. startService()来启动 Service。这种方法可以传递参数给 Service,Service 一般是依次回调 onCreate()方法和 onStartCommand()方法完成启动过程。当 Service 需要停止时,一般是调用 stopService()方法结束之,Service 将会回调 onDestroy()方法销毁它。Service 的启动和停止过程是不能嵌套的。无论 startService()方法被调用了多少次,只需调用一次 stopService()方法就会停止 Service。

默认情况下,Service 是在应用程序的主线程中启动的,这意味着在 onStartCommand()方法完成的任何处理都是运行在 UI 主线程中的。实现 Service 的标准模式是在 onStartCommand()方法中创建和运行一个新线程,在后台执行处理,并在该线程完成后终止这个 Service。

需要注意的是,通过 startService()启动 Service 后,即使调用 startService()的进程结束了,Service 仍然存在,直到有进程调用 stopService()或者 Service 通过 stopSelf()方法终止时才能结束。所以在处理完成后,都要求调用 stopService()方法或 stopSelf()方法显式地停止 Service。这样可以避免系统仍然为该 Service 保留资源,改善应用程序中的资源占用情况。

代码段 8-15 演示了通过调用 startService()方法和 stopService()方法启动和停止 Service。

代码段 8-15   启动和停止 Service

```
private void startService() {
    Intent intent =new Intent(主 Activity类文件名.this, Service类文件名.class);
    this.startService(intent);                      //启动 Service
}
private void stopService() {
    Intent intent =new Intent(主 Activity类文件名.this, Service类文件名.class);
    this.stopService(intent);                       //停止 Service
}
```

【例 8-6】 示例工程 Demo_08_StartAndStopService 演示了如何创建、启动和停止 Service。

首先创建工程。一般是用一个 Activity 来调用另一个 Service,因此在工程的 src 包中需要编写两个 Java 文件,其中一个是 Service 类,另一个是启动 Service 的主 Activity 类。

　　创建一个新的 Java 类文件作为 Service。和 Activity 不一样的是,它继承自 Android. app. Service。程序开发者如果需要这个 Service 完成什么功能,就在其 onCreate()、onStartCommand()中实现。这里在 onStartCommand()中创建并启动了一个新线程,在其中执行相应的操作。主要代码如代码段 8-16 所示。

代码段 8-16　在 Service 中完成的操作

```java
//package 和 import 语句略
public class MyService extends Service {
    private boolean running=false;
    @Override
    public void onCreate() {
        super.onCreate();
        running=true;
    }
    //重写 onStartCommand()方法,当此 Service 启动后就会调用该方法
    @Override
    public int onStartCommand(Intent intent, int flags, int startId) {
        //创建一个线程并通过 start()运行该线程
        new Thread(){
            @Override
            public void run() {
                super.run();
                while (running){
                    System.out.println("服务已启动,正在运行......");
                    try {
                        sleep(1000);
                    } catch (InterruptedException e) {
                        e.printStackTrace();
                    }
                }
            }
        }.start();
        return super.onStartCommand(intent, flags, startId);
    }
    @Override
    public void onDestroy() {
        super.onDestroy();
        running=false;
        System.out.println("服务已停止......");
    }
}
```

在 Activity 的布局 XML 文件中添加两个按钮用来启动、终止 Service,如图 8-9 所示。

图 8-9 Activity 界面

在 Activity 中,通过监听这两个按钮的点击操作,分别执行启动和停止 Service 的工作。本例中调用 startService()方法启动 Service,调用 stopService()方法停止 Service,如代码段 8-17 所示,运行结果如图 8-10 所示。

代码段 8-17 通过 startService()方法启动 Service

```
//package 和 import 语句略
public class MainActivity extends AppCompatActivity {
    private Button startButton,stopButton;                    //定义两个按钮
    @Override
    protected void onCreate(Bundle savedInstanceState) {
        super.onCreate(savedInstanceState);
        setContentView(R.layout.activity_main);
        startButton=(Button)findViewById(R.id.btnStart);
        stopButton=(Button)findViewById(R.id.btnStop);
        startButton.setOnClickListener(new View.OnClickListener() {
            @Override
            public void onClick(View view) {
                startService(new Intent(MainActivity.this,MyService.class));
                                                            //启动服务
            }
        });
        stopButton.setOnClickListener(new View.OnClickListener() {
            @Override
            public void onClick(View view) {
                stopService(new Intent(MainActivity.this,MyService.class));
                                                            //停止服务
            }
        });
    }
}
```

图 8-10　启动和停止 Service

8.3.3　Activity 与 Service 的通信

在启动 Service 时,通过 Intent 对象的 putExtra()、getExtra()等相关方法可以向 Service 传递数据。例如,在 Activity 中启动 Service 并通过 Intent 对象的 putExtra()给指定的键 myData 赋予字符串内容,其实现方法如代码段 8-18 所示。

代码段 8-18　在启动 Service 时带入参数
```
Intent intent =new Intent(MainActivity.this,MyService.class);
intent.putExtra("myData","参数的内容");
startService(intent);                      //启动 Service 并携带参数 myData
```

在 Service 中,得到由启动 Service 时传递来的字符串。通过重写 Service 中的 onStartCommand()等方法,处理传入的字符串。如代码段 8-19 所示。

代码段 8-19　Service 接收数据
```
public int onStartCommand(Intent intent, int flags, int startId) {
    final String myDataFromActivity=intent.getStringExtra("myData");
    System.out.println("服务已接收到数据:"+myDataFromActivity);
}
```

【例 8-7】示例工程 Demo_08_PassParameterToService 演示了向 Service 传递数据的方法。

在 Activity 中侦听对"启动服务"按钮的点击操作,将文本输入框中的字符串保存到 Intent 对象中的 myData 键中,并在启动 Service 时,由 startService()方法将这个包含字符串数据的 Intent 对象传递到 Service 中,其界面如图 8-11 所示。点击"停止服务"按钮,则将 Service 停止。

Activity 的主要代码如代码段 8-20 所示。

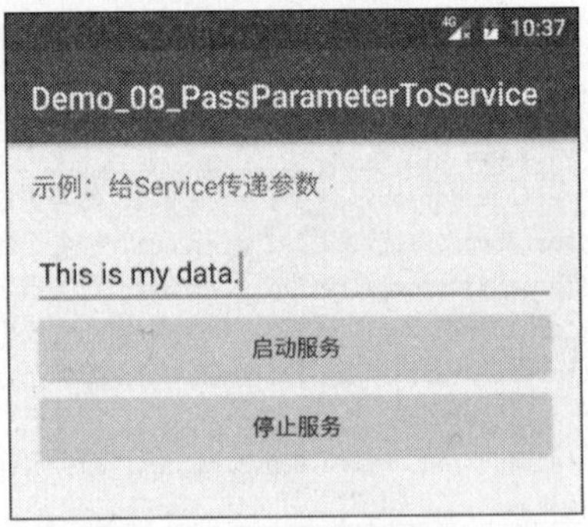

图 8-11　Activity 界面

代码段 8-20　在启动 Service 时带入参数

```java
//package 和 import 语句略
public class MainActivity extends AppCompatActivity {
    private Button startButton,stopButton;//定义两个按钮
    private EditText myDataToService;
    @Override
    protected void onCreate(Bundle savedInstanceState) {
        super.onCreate(savedInstanceState);
        setContentView(R.layout.activity_main);
        startButton= (Button)findViewById(R.id.btnStart);
                                    //得到布局中的"启动服务"按钮
        stopButton= (Button)findViewById(R.id.btnStop);
                                    //得到布局中的"停止服务"按钮
        myDataToService= (EditText)findViewById(R.id.etMyData);
        startButton.setOnClickListener(new View.OnClickListener() {
            @Override
            public void onClick(View view) {
                //启动服务
                Intent intent =new Intent(MainActivity.this,MyService.class);
                intent.putExtra("myData",myDataToService.getText().toString());
                startService(intent);          //启动 Service 并携带参数 myData
            }
        });
        stopButton.setOnClickListener(new View.OnClickListener() {
            @Override
            public void onClick(View view) {
                //停止服务
                stopService(new Intent(MainActivity.this, MyService.class));
            }
        });
    }
}
```

在 Service 的 onStartCommand()方法中处理接收到的字符串数据,Service 的主要代码如代码段 8-21 所示,运行结果如图 8-12 所示。

代码段 8-21　Service 接收数据

```
//package 和 import 语句略
public class MyService extends Service {
    private boolean running=false;
    String myDataFromActivity;
    @Override
    public int onStartCommand(Intent intent, int flags, int startId) {
        myDataFromActivity=intent.getStringExtra("myData");
        running=true;
        new Thread(){
            @Override
            public void run() {
                super.run();
                while (running){
                    try {
                        System.out.println("服务已启动,接收到数据:"
                                +myDataFromActivity);
                        sleep(1000);
                    } catch (InterruptedException e) {
                        e.printStackTrace();
                    }
                }
            }
        }.start();
        return super.onStartCommand(intent, flags, startId);
    }
    @Override
    public void onDestroy() {
        super.onDestroy();
        running=false;
        System.out.println("服务已停止......");
    }
}
```

8.3.4　将 Service 绑定到 Activity

　　通过调用 Context. bindService()方法也可以启动 Service,此时 Service 一般依次回调 onCreate()和 onBind()方法完成启动过程。对应的,通过调用 Context. unbindService()方法结束 Service,Service 一般会依次回调 unbind()方法和 onDestroy()方法停止 Service。通过 bindService()方法,Service 就和调用 bindService()的进程"同生共死"了,因此当调

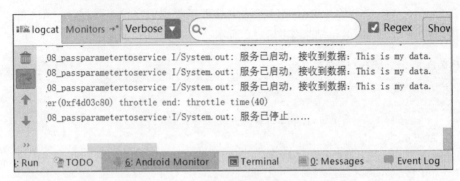

图 8-12　启动和停止 Service

用 bindService() 的进程结束后,其绑定的 Service 也要跟着被结束,这一点是和调用 Context. startService() 方法启动 Service 不一样的地方。

要让一个 Service 支持绑定,需要实现并重写 Service 的 onBind() 方法,该方法要求返回被绑定 Service 的当前实例。

Service 和其他组件之间的连接表示为一个 ServiceConnection。要想将一个 Service 和其他组件进行绑定,需要实现一个新的 ServiceConnection,建立了一个连接之后,就可以通过重写 onServiceConnected() 和 onServiceDisconnected() 方法来获得对 Service 实例的引用,如代码段 8-22 所示。

```
代码段 8-22　创建一个实现 ServiceConnection 的实例
private MyService myService;
private ServiceConnection serviceConnection =new ServiceConnection(){
    @Override
    public void onServiceConnected(ComponentName name, IBinder service) {
        //成功连接服务后,该方法被调用。在该方法中可以获得 MyService 对象
        myService = ((MyService.MyBinder) service).getService();
    }
    @Override
    public void onServiceDisconnected(ComponentName name) {
        //连接服务失败或 Service 意外断开后,该方法被调用
        myService =null;
    }
};
```

要执行绑定,需要在 Activity 中调用 bindService() 方法,方法的调用格式如下:

```
bindService(Intent service, ServiceConnection conn, int flags)
```

调用时需要传递该方法的 3 个参数,第 1 个参数是要绑定的 Service 的 Intent,第 2 个参数是一个实现 ServiceConnection 的实例,第 3 个参数是绑定标识,通常使用系统定义的常量。例如:

```
Intent serviceIntent =new Intent(MainActivity.this,MyService.class);
bindService(serviceIntent, serviceConnection, Context.BIND_AUTO_CREATE);
```

一旦 Service 被绑定，就可以通过从 onServiceConnected（）处理程序获得的
serviceBinder 对象来使用 Service 所有的公共方法和属性。

【例 8-8】　工程 Demo_08_BindService 演示了 Service 绑定和解除绑定的方法。

首先创建工程，工程的 src 包中包括一个 Service 类和一个 Activity 类。在 Service
的 onBind()中创建并启动了一个新线程，在其中执行相应的操作。主要代码如代码
段 8-23 所示。

代码段 8-23　在 Service 中完成的操作

```java
//package 和 import 语句略
public class MyService extends Service {
    private boolean running=false;
    public MyService() {
    }
    @Override
    public void onCreate() {                      //这个方法在 Service 创建时被调用
        super.onCreate();
        Log.d("我的提示", "MyService:onCreate()被调用");
        running=true;
    }
    @Override
    public IBinder onBind(Intent intent) {        //成功绑定后调用该方法
        Log.d("我的提示", "MyService:onBind()被调用");
        running=true;
        new Thread(){
            @Override
            public void run() {
                super.run();
                while (running){
                    try {
                        System.out.println("服务已启动.......");
                        sleep(2000);
                    } catch (InterruptedException e) {
                        e.printStackTrace();
                    }
                }
            }
        }.start();
        return new Binder();
    }
    @Override
```

```
    public boolean onUnbind(Intent intent) {          //解除绑定时调用该方法
        Log.d("我的提示", "MyService:onUnbind()被调用");
        return super.onUnbind(intent);
    }
    @Override
    public void onDestroy() {
        super.onDestroy();
        running=false;
        Log.d("我的提示", "MyService:onDestroy()被调用");
        System.out.println("服务已停止......");
    }
}
```

在 Activity 的 XML 布局文件中添加两个按钮用来启动、终止 Service,如图 8-13 所示。

图 8-13　Activity 界面

在 Activity 中,通过监听这两个按钮的点击操作,分别执行绑定和解除绑定 Service 的工作。本例中调用 bindService()方法启动 Service,调用 unbindService()方法停止 Service,如代码段 8-24 所示。

代码段 8-24　通过 bindService 方式启动 Service
```
//package 和 import 语句略
public class MainActivity extends AppCompatActivity {
    private ServiceConnection serviceConnection =new ServiceConnection(){
        @Override
        public void onServiceConnected(ComponentName name, IBinder service) {
            //成功绑定服务后,该方法被调用。在该方法中可以获得 MyService 对象
            Toast.makeText(MainActivity.this, "服务被成功绑定.", Toast.LENGTH_
                LONG).show();
        }
        @Override
        public void onServiceDisconnected(ComponentName name) {
            //服务所在进程崩溃或被杀死,或 Service 意外断开后,该方法被调用
            Toast.makeText(MainActivity.this, "服务连接失败.", Toast.LENGTH_
                LONG).show();
```

```
        }
    };
    @Override
    protected void onCreate(Bundle savedInstanceState) {
        super.onCreate(savedInstanceState);
        setContentView(R.layout.activity_main);
        findViewById(R.id.btnBindService).setOnClickListener(new View.
            OnClickListener() {
            @Override
            public void onClick(View view) {
                Intent serviceIntent =new Intent(MainActivity.this,MyService.
                    class);
                bindService(serviceIntent, serviceConnection, Context.BIND_
                    AUTO_CREATE);
                //绑定 Service
            }
        });
        findViewById(R.id.btnUnbindService).setOnClickListener(new View.
            OnClickListener() {
            @Override
            public void onClick(View view) {
                unbindService(serviceConnection);           //解除绑定 Service
            }
        });
    }
}
```

程序的运行结果如图 8-14 所示，从输出结果也可以看到 Service 被绑定和解除绑定时回调方法的调用过程。

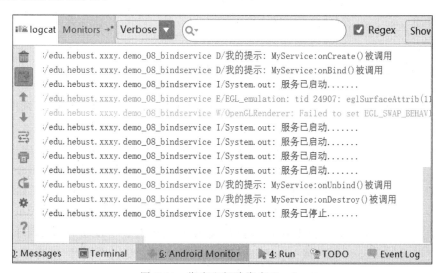

图 8-14　绑定和解除绑定 Service

8.4 Android 的广播机制

广播是一种在 Android 系统中广泛应用的,在应用程序之间传输信息的机制,如在系统启动、闹钟、来电等情况下,会广播一些消息,其他程序在收到消息后可以做进一步动作。广播可以向手机中的其他程序发送消息,实现程序间互相通信等功能,而 BroadcastReceiver 是对发送出来的广播消息进行过滤、接收并响应的一类组件。

8.4.1 广播的发送和接收

Android 中的广播分为系统广播和用户自定义广播。系统广播是由系统主动发起的广播,当某些特定的事件发生时,系统会将这一消息通知给所有注册了接收此消息的应用程序;自定义广播是指程序设计者在自己的应用中设置广播发生器,当某些事件发生时,向其他组件发送广播信息。

常见的系统广播如表 8-1 所示。系统广播是系统自带的广播事件,不需要用户自己定义就可以直接接收使用,用户只需要实现广播接收器的注册和接收即可。

表 8-1　常用的系统广播

常 量 值	意 义
android.intent.action.ACTION_BOOT_COMPLETED	系统启动完成
android.intent.action.ACTION_TIME_CHANGED	时间改变
android.intent.action.ACTION_DATE_CHANGED	日期改变
android.intent.action.ACTION_TIMEZONE_CHANGED	时区改变
android.intent.action.ACTION_BATTERY_LOW	电量低
android.intent.action.ACTION_MEDIA_EJECT	插入或拔出外部媒体
android.intent.action.ACTION_MEDIA_BUTTON	按下媒体按钮
android.intent.action.ACTION_PACKAGE_ADDED	添加包
android.intent.action.ACTION_PACKAGE_REMOVED	删除包

不论是系统广播还是自定义广播,都有广播的注册、发送和接收过程,系统广播的注册接收和自定义广播的注册接收类似,限于篇幅,本节重点介绍自定义广播。

一般来说,基于 BroadcastReceiver 的应用程序最少要有两个类文件,其中一个是用来发送广播的 Activity,另一个是用于收到广播后执行相应动作的 BroadcastReceiver。

一般在需要发送信息的地方,把要发送的信息和用于过滤的信息(如 Action、Category)装入一个 Intent 对象,并调用 sendBroadcast()、sendOrderedBroadcast()或 sendStickyBroadcast()方法将 Intent 对象广播出去。上述 3 个发送方法的不同之处在于:当使用 sendBroadcast()或 sendStickyBroadcast()方法发送广播时,所有满足条件的接收者会随机地执行;当使用 sendOrderedBroadcast()方法发送广播时,接收者会根据

IntentFilter 中设置的优先级顺序来执行,如果在 AndroidManifest. xml 文件中静态注册的广播接收者和代码中注册的广播接收者具有相同的优先级,那么代码注册的广播接收者会优先调用到 onReceive()方法。

当 Intent 将 Broadcast 发送出去以后,所有已经注册的 BroadcastReceiver 会检查注册时的 IntentFilter 是否与发送的 Intent 相匹配,若匹配,则重新创建 BroadcastReceiver 对象,并且调用 onReceive()方法,执行完毕,该对象即被销毁。若 onReceive()方法在若干秒内没有执行完毕,Android 会认为该程序无响应,所以在 BroadcastReceiver 里不能做一些比较耗时的操作,否则程序会抛出异常。

一般来说,广播的发送、接收过程以及 BroadcastReceiver 的使用步骤如下。

步骤 1:创建并注册广播接收器 BroadcastReceiver 对象。

定义广播接收器需要创建一个继承自 BroadcastReceiver 类的子类并重写其 onReceive()方法,重写的 onReceive()方法主要负责广播信息的接收和响应操作,即接收到广播之后需要做的反应。定义了 BroadcastReceiver 对象后还需要 AndroidMenifest. xml 文件中注册并设置 IntentFilter 过滤条件。

步骤 2:创建 Intent,将要广播的消息封装在 Intent 中。在构造 Intent 时,用一个全局唯一的字符串标识其要执行的动作,通常使用应用程序包的名称。

步骤 3:通过调用 sendBroadcast()、sendOrderedBroadcast()或 sendStickyBroadcast()方法,将 Intent 对象广播出去。如果要通过 Intent 传递额外数据,可以调用 Intent 对象的 putExtra()或 putExtras()方法加载数据。若发送广播时指定了接收权限,则只有在 AndroidManifest. xml 中用<uses-permission>标签声明了拥有此权限的 BroadcastReceiver 才有可能接收到发送来的 Broadcast。同样,若在注册 BroadcastReceiver 时指定了可接收的 Broadcast 的权限,则只有在 AndroidManifest. xml 中用<permission>属性声明拥有此权限的 Context 对象所发送的 Broadcast,才能被这个 BroadcastReceiver 所接收。

步骤 4:BroadcastReceiver 等待接收广播并进行相应的处理。在 BroadcastReceiver 接收到与之匹配的广播消息后,会回调其 onReceive()方法处理这个广播消息。

单纯基于 BroadcastReceiver 的应用程序一般不需要一直运行,当 Android 系统接收到与之匹配的广播消息时,会自动启动此 BroadcastReceiver 接收并处理信息。

8.4.2　静态注册 BroadcastReceiver

为了能够使应用程序中的 BroadcastReceiver 接收指定的广播消息,要在 AndroidManifest. xml 文件中声明 BroadcastReceiver 名字,为其添加 Intent 过滤器,声明这个 BroadcastReceiver 可以接收何种广播消息,这就是静态注册。代码段 8-25 是一个 AndroidManifest. xml 文件的示例,其中创建了一个<receiver>元素,声明接收器的名字是 MyBroadcastReceiver,之后声明了 Intent 过滤器的动作为 BroadcastReceiverDemo,表明这个 BroadcastReceiver 可以接收 Action 属性值为 BroadcastReceiverDemo 的广播消息。

代码段 8-25　在 AndroidManifest.xml 中完成静态注册
```xml
<?xml version="1.0" encoding="utf-8"?>
<manifest xmlns:android="http://schemas.android.com/apk/res/android"
    package="BroadcastReceiverDemo"
    android:versionCode="1"
    android:versionName="1.0">
    <application android:icon="@drawable/icon" android:label="@string/app_name">
        <activity
            android:name=".BroadcastReceiverDemo"
            android:label="@string/app_name">
            <intent-filter>
                <action android:name="android.intent.action.MAIN"/>
                <category android:name="android.intent.category.LAUNCHER"/>
            </intent-filter>
        </activity>
        <receiver android:name=".MyBroadcastReceiver">
            <intent-filter>
                <action android:name="BroadcastReceiverDemo"/>
            </intent-filter>
        </receiver>
    </application>
</manifest>
```

【例 8-9】　工程 Demo_08_BroadcastReceiverXML 演示了广播消息的发送和接收。本例使用静态注册的广播接收器接收广播消息,并在 LogCat 中显示接收到的消息。

首先,新建工程,然后在包中创建继承自 BroadcastReceiver 类的 MyBroadcastReceiver 类并重写 onReceive()方法,如代码段 8-26 所示。

代码段 8-26　定义 BroadcastReceiver
```java
//package 和 import 语句略
public class MyBroadcastReceiver extends BroadcastReceiver {
    private static final String TAG ="MyBroadcastReceiver";
    public MyBroadcastReceiver() {
    }
    @Override
    public void onReceive(Context context, Intent intent) {
        Log.d(TAG, "接收器接收了广播");
        String reseive_action =intent.getAction();              //获取广播的 Action
        Log.d(TAG, "接收器收到广播的 action:"+reseive_action);
        String reseive_message =intent.getStringExtra("message");
        Log.d(TAG, "接收器收到广播的 message:"+reseive_message);
    }
}
```

在 AndroidManifest. xml 文件中静态注册 BroadcastReceiver，在＜application＞元素中添加＜receiver＞子元素，在其中设置接收器名字和 IntentFilter 过滤信息，如代码段 8-27 所示。

代码段 8-27　在 AndroidManifest.xml 中完成静态注册

```
<receiver
    android:name=".MyBroadcastReceiver"
    android:enabled="true"
    android:exported="true">
    <intent-filter>
        <action android:name="hebust.xxxy.intent.action.MYBROADTEST"/>
    </intent-filter>
</receiver>
```

在 Activity 设置了一个按钮，点击按钮发送广播消息，主要代码如代码段 8-28 所示。

代码段 8-28　通过 sendBroadcast 发送广播

```
btn.setOnClickListener(new View.OnClickListener(){
    public void onClick(View v) {
        Intent intent=new Intent("hebust.xxxy.intent.action.MYBROADTEST");
                                                    //封装广播消息
        intent.putExtra("message", "这是广播中的额外消息");
                                                    //广播中添加了额外信息
        sendBroadcast(intent);                      //发送广播
        Log.d(TAG, "发送广播消息");
    }
});
```

运行结果如图 8-15 所示。

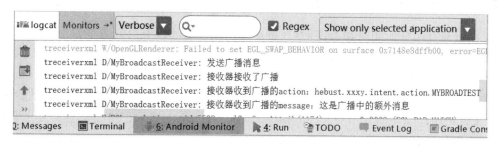

图 8-15　发送和接收广播消息

综上，对于静态注册方法，首先定义并注册广播接收器，即在 AndroidManifest. xml 中将注册的信息包含在＜receiver＞＜/receiver＞标签中，并通过＜intent-filter＞标签来设置过滤条件；其次，要确定发送的广播信息，其中最常用的是 Action 属性值，其实它就是一个固定格式的字符串，主要用来区别不同的广播。有了广播信息，就可以发送自己的广播了，只需要在程序组件中把要广播的信息封装在 Intent 中，并使用广播发送方法

sendBroadcast()、sendOrderedBroadcast()或 sendStickyBroadcast()发送出去即可。完成了广播的发送后,广播接收器就会接收到符合过滤条件的广播,并回调其 onReceive()方法对接收到的广播做出响应。

这里要特别注意,由于 Android 8.0 引入了新的广播接收器限制,因此静态注册的广播接收器在 Android 8.0 系统中将不起任何作用,因此例 8-9 中的工程需要运行在 Android 7.1(API 25)或以下版本的系统中才有效。

8.4.3 动态注册 BroadcastReceiver

如果不希望 BroadcastReceiver 一直处在侦听中,可以根据需要动态地注册和注销 BroadcastReceiver。此时不需要在 AndroidManifest.xml 文件中进行静态注册,但需要在 Java 代码中先创建 IntentFilter 对象,并对 IntentFilter 对象设置 Intent 过滤条件,然后在需要注册的地方通过调用 registerReceiver(BroadcastReceiver receiver, IntentFilter filter)方法来注册监听。当不再使用这个广播时,通过调用 unregisterReceiver(BroadcastReceiver receiver)方法来取消监听。这种注册方式的缺点是注册 BroadcastReceiver 的 Context 对象被销毁时,BroadcastReceiver 也随之被销毁。

代码段 8-29 是一个示例,注册了 myReceiver 接收器实例,并为 IntentFilter 对象添加了一个 Action 过滤值 BroadcastReceiverDemo,表明这个 BroadcastReceiver 可以接收 Action 为 BroadcastReceiverDemo 的广播消息。

```
代码段 8-29 动态注册 BroadcastReceiver
MyBroadcastReceiver myReceiver=new MyBroadcastReceiver();
                                        //实例化 Receiver
IntentFilter intentFilter =new IntentFilter();
intentFilter.addAction("BroadcastReceiverDemo");
//为 BroadcastReceiver 指定 Action,使之用于接收同一 Action 的广播
registerReceiver(myReceiver,intentFilter);  //注册 Receiver 监听,开始监听广播
```

不管是静态注册还是动态注册,在程序退出的时候若没有特殊需要都应该注销它,否则下次启动程序时可能会有多个 BroadcastReceiver。一般在在 onStart()方法中注册,调用 registerReceiver()方法;在 onStop()方法中取消注册,调用 unregisterReceiver()方法。

【例 8-10】 示例工程 Demo_08_BroadcastReceiverJava 演示了广播消息的发送和接收。本例使用动态注册的广播接收器接收广播消息,并在 LogCat 中显示接收到的消息。

首先,新建工程,然后在包中创建继承自 BroadcastReceiver 类的 MyBroadcastReceiver 类并重写 onReceive()方法,内容与例 8-8 中的 MyBroadcastReceiver 相同,如代码段 8-26 所示。

在 Activity 中动态注册了 BroadcastReceiver,同时设置了两个按钮,点击第一个按钮发送广播消息,点击第二个按钮注销 BroadcastReceiver。主要代码如代码段 8-30 所示。

代码段 8-30　Activity 的主要代码

```java
//package 和 import 语句略
public class MainActivity extends AppCompatActivity {
    private static final String TAG ="MyBroadcastReceiver(动态)";
    private MyBroadcastReceiver myBroadcastReceiver=new MyBroadcastReceiver();
    @Override
    protected void onCreate(Bundle savedInstanceState) {
        super.onCreate(savedInstanceState);
        setContentView(R.layout.activity_main);
        Log.d(TAG, "启动动态注册的接收器");
        IntentFilter filter =new IntentFilter();          //实例化 IntentFilter
        filter.addAction("hebust.xxxy.intent.action.MYBROADTEST");
                                                           //封装广播消息
        registerReceiver(myBroadcastReceiver,filter);//注册 Receiver 监听
        Button btn1= (Button)findViewById(R.id.btn_1);
        btn1.setOnClickListener(new View.OnClickListener(){
            public void onClick(View v) {
                Intent intent=new Intent("hebust.xxxy.intent.action.MYBROADTEST");
                                                           //封装广播消息
                intent.putExtra("message", "这是广播中的额外消息");
                                                           //广播中添加了额外信息
                sendBroadcast(intent);                     //发送广播
                Log.d(TAG, "发送广播消息");
            }
        });
        Button btn2= (Button)findViewById(R.id.btn_2);
        btn2.setOnClickListener(new View.OnClickListener(){
            public void onClick(View v) {
                unregisterReceiver(myBroadcastReceiver); //取消 Receiver 监听
                Log.d(TAG, "注销广播接收器");
            }
        });
    }
}
```

运行结果如图 8-16 所示。

图 8-16　发送和接收广播消息

从上例中可以看出,静态广播接收器和动态广播接收器的区别在于两者的注册方式不同。静态广播接收器是在 AndroidManifest.xml 配置文件中注册,而动态广播接收器是在 Java 代码中注册。另外,静态广播接收器是常驻型接收器,也就是说当应用程序关闭后,如果有广播消息,接收器就会被系统调用自动运行。而动态广播接收器则不同,它会跟随程序的生命周期结束而结束,当应用程序关闭后,将不会接收到广播消息。

8.4.4 有序广播的发送和接收

采用前述的方法,可以建立多个基于 BroadcastReceiver 的类并向它们同步发送广播。如果同时定义了多个 BroadcastReceiver,则可以对它们分别指定优先级,方法是在 AndroidManifest.XML 中完成对相应的基于 BroadcastReceiver 的类的说明时,在 <intent-filter> 元素中设置 android:priority 属性值。数值越大,其对应的类的优先级越高。此时,如采用 sendOrderedBroadcast() 方法来完成基于不同优先级的广播发送,优先级高的将先得到发送的信息。同时,高优先级的 BroadcastReceiver 对象有权阻止同样的广播向较低优先级的 BroadcastReceiver 对象发布。需要注意的是,必须使用发送有序广播方法,广播优先级才有效。

【例 8-11】 示例工程 Demo_08_SendOrderedBroadcast 演示了向多个 BroadcastReceiver 发送有序广播,接收器接收到广播后在 LogCat 中显示相关信息。

在创建的多个基于 BroadcastReceiver 的类中,重写各自的 onReceive() 方法完成不同的处理,代码段 8-31 为其中一个 BroadcastReceiver 的定义。

```
代码段 8-31 定义 BroadcastReceiver
//package 和 import 语句略
public class MyBroadcastReceiver extends BroadcastReceiver {
    private static final String TAG = "MyBroadcastReceiver";
    public MyBroadcastReceiver() {
    }
    @Override
    public void onReceive(Context context, Intent intent) {
        Log.d(TAG, "(优先级 1)接收器接收了广播");
        //获取广播的 Action
        Log.d(TAG, "(优先级 1)接收器收到广播的 action:"+intent.getAction());
        Log.d(TAG, "(优先级 1)接收器收到广播的 message:"+intent.getStringExtra
                ("message");
        if(getAbortBroadcast()==true){
            Log.e(TAG, "MyReceiver(优先级 1)终止了对低优先级接收器的广播接收");
        }
        else
            Log.e(TAG, "MyReceiver(优先级 1)没有终止对低优先级接收器的广播接收");
        //throw new UnsupportedOperationException("Not yet implemented");
    }
}
```

　　为简便起见,这里采用静态注册的方法,因此需要在工程的 AndroidManifest.xml 中完成对相应的多个基于 BroadcastReceiver 的类的说明。由于这里要向多个 BroadcastReceiver 同时发送广播,因此在说明这些 BroadcastReceiver 对象时,要保证它们拥有相同的＜intent-filter＞,即保证＜action＞元素的配置信息相同。为了接收有序广播,这里设置了接收器的优先级分别为 1 和 2,NewBroadcastReceiver 拥有更高的优先级,如代码段 8-32 所示。

代码段 8-32　在 AndroidManifest.xml 中完成静态注册

```xml
<?xml version="1.0" encoding="utf-8"?>
<manifest xmlns:android="http://schemas.android.com/apk/res/android"
    package="edu.hebust.xxxy.demo_08_sendorderedbroadcast">
    <application
        android:allowBackup="true"
        android:icon="@mipmap/ic_launcher"
        android:label="@string/app_name"
        android:supportsRtl="true"
        android:theme="@style/AppTheme">
        <activity android:name=".MainActivity">
            <intent-filter>
                <action android:name="android.intent.action.MAIN"/>
                <category android:name="android.intent.category.LAUNCHER"/>
            </intent-filter>
        </activity>
        <receiver
            android:name=".MyBroadcastReceiver"
            android:enabled="true"
            android:exported="true">
            <intent-filter
                android:priority="1">
                <action android:name="hebust.xxxy.intent.action.MYBROADTEST"/>
            </intent-filter>
        </receiver>
        <receiver
            android:name=".NewBroadcastReceiver"
            android:enabled="true"
            android:exported="true">
            <intent-filter
                android:priority="2">
                <action android:name="hebust.xxxy.intent.action.MYBROADTEST"/>
            </intent-filter>
        </receiver>
    </application>
</manifest>
```

最后，在 Activity 中，通过调用 sendOrderedBroadcast()方法发送广播，则会向多个 BroadcastReceiver 发送有序广播，主要代码如代码段 8-33 所示。

```
代码段 8-33   通过 sendOrderedBroadcast()发送广播
btn.setOnClickListener(new View.OnClickListener(){
    public void onClick(View v) {
        Intent intent=new Intent("hebust.xxxy.MYBROADTEST");
                                                //封装广播消息
        intent.putExtra("message", "这是广播中的额外消息");
                                                //广播中添加了额外信息
        sendOrderedBroadcast(intent, null);      //发送广播
        Log.d(TAG, "发送广播消息");
    }
});
```

运行结果如图 8-17 所示，可以看到接收器按照优先级顺序接收广播消息。同时，在有序广播中，高优先级的 BroadcastReceiver 有权阻止同样的广播向较低优先级的 BroadcastReceiver 发布。如果在 BroadcastReceiver 的处理程序中加入 abortBroadcast();语句，则这个接收器会终止比其优先级更低的接收器接收广播，运行结果如图 8-18 所示。

图 8-17　发送和接收有序广播

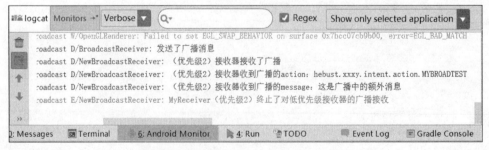

图 8-18　终止优先级更低的接收器接收广播

8.5 本 章 小 结

本章介绍了 Intent、Service 和 BroadcastReceiver 的概念及其应用。Intent 是 Android 系统的消息传递机制,用于实现 Activity、Service、BroadcastReceiver 等组件之间的交互和通信。Service 是运行在后台的长生命周期的、没有 UI 界面的 Android 组件。BroadcastReceiver 是对系统中的广播消息进行过滤、接收并响应的一类组件。要学好本章内容,需要熟练掌握 Intent 的概念和用法,因为在启动其他 Activity、启动 Service、发送广播消息、传递数据时都需要用到 Intent。

习　　题

1. 什么是 Service? Service 与 Broadcast 有什么不同?

2. 调用 startService()和 bindService()启动服务有什么区别?

3. 在一个 Service 对象的生命周期内,Service 对象会多次调用 onCreate()方法吗? 会多次调用 onStartCommand()方法吗?

4. 利用 Service 实现一个音乐播放器 MusicBox,要求如下:

（1）采用 XML 文件实现布局,Activity 中有一个 TextView 用于显示正在播放的歌曲名称,一个 ListView 用于显示播放文件列表,还有一个 start 按钮和一个 stop 按钮。

（2）点击 start 按钮运行服务(播放音乐),点击 stop 按钮停止服务(停止播放音乐),并将歌曲名称显示在 Activity 中。

5. 在第 4 题中添加一个音乐播放进度条,并实现拖动播放功能。

6. 什么是 Broadcast? 描述它的 3 种发送方式的不同之处。

7. 设计一个应用程序,要求用户输入用户名和密码。当用户输入正确的用户名和密码,点击"登录"按钮后,发送广播消息"有用户登录入系统!";当用户输入用户名和密码有误,点击"登录"按钮后,发送广播消息"有非法用户试图登录入系统,被拒绝!"

8. 设计一个 BroadcastReceiver 并启动它,接收第 7 题中的广播消息。

第9章 数据的存储与访问

在移动设备的使用过程中，经常会遇到一些数据（如照片、视频、电话号码、备忘录等）需要永久存储。这些数据不能因为关机或重启而丢失，而且经常需要访问，访问方式包括读取、修改、插入、删除等。Android 系统提供了基于 SharedPreferences、基于文件、基于SQLite 数据库、基于内容提供器 ContentProvider 等多种数据存储和访问方式，本章主要介绍这些数据存取方式。

9.1 基于 SharedPreferences 的数据存取

SharedPreferences 是一种轻量级的数据存储机制，通常用来存储应用程序中的配置信息，如登录名、密码、所在城市等。这些配置信息以键-值对的方式存储在"/data/data/<当前包名>/shared_perfs"目录下的 XML 文件中。如果在创建 SharedPreferences 对象时没有指定文件名，则默认的文件名与 Activity 同名。该文件是一个私有文件，其他应用程序不能访问。

SharedPreferences 数据存储在 XML 文件的＜map＞＜/map＞标签中。读取SharedPreferences 中存储的数据，只需获取 SharedPreferences 对象后直接调用其getXxx()方法即可。getXxx()方法可以从 SharedPreferences 中读取不同类型的数据，如 getString()方法读取 String 类型的数据。调用 getXxx()方法时，如果指定的键不存在，系统不会出现异常，仅仅会返回 none，因此建议调用 getXxx()的时候指定一个默认值。

一般地，SharedPreferences 对象只支持获取数据，而当需要存储和修改数据时需通过 Editor 对象来实现。具体方法是：首先调用 Context 的 getSharedPreferences()方法获取 SharedPreferences 对象，之后调用 SharedPreferences 对象的 editor()方法获取Editor(编辑器)对象，然后调用 Editor 对象的方法修改数据，例如，调用 putXxx()方法加载键-值对数据、调用 clear()方法清除 SharedPreferences 数据、调用 remove(String key)方法删除某个键。最后还必须调用 Editor 对象的 commit()方法将上述修改提交到SharedPreferences 内，实现数据的存储或修改。

SharedPreferences 对象的部分常用方法如表 9-1 所示。

表 9-1 **SharedPreferences** 对象的部分常用方法及其说明

方 法 名	参数及功能说明
public abstract boolean contains（String key）	检查是否已存在该文件，其中 key 是 XML 的文件名
edit()	为 SharedPreferences 对象创建一个 Editor，通过创建的 Editor 对象可以修改 SharedPreferences 的数据
getAll()	返回 SharedPreferences 里存储的所有数据
getBoolean(String key，boolean defValue)	从 SharedPreferences 中获取 boolean 型数据
getFloat(String key，float defValue)	从 SharedPreferences 中获取 float 型数据
getInt(String key，int defValue)	从 SharedPreferences 中获取 int 型数据
getLong(String key，long defValue)	从 SharedPreferences 中获取 long 型数据
getString(String key，String defValue)	从 SharedPreferences 中获取 String 型数据

【例 9-1】 示例工程 Demo_09_SharedPreferences 演示了基于 SharedPreferences 的数据存取。

本例在 Activity 中实现了基于 SharedPreferences 对用户输入的信息（即账号和密码）的存取。当用户输入账号、密码并点击"存储"按钮后，会将相应的账号、密码信息存储到 SharedPreferences 对应的 XML 文件中；点击"读取"按钮后，将 SharedPreferences 中保存的数据读出并显示到下方的 TextView 控件中。

程序的运行结果如图 9-1 所示，图中显示的是点击了"读取"按钮之后的界面。

图 9-1 示例程序的运行结果

相关代码如代码段 9-1 所示。

```
代码段 9-1  读写 SharedPreferences 信息
public class MainActivity extends AppCompatActivity {
    EditText myUsername, myPassword;            //输入的用户名、密码
    static final String KEY1 ="userName";
    static final String KEY2 ="userPass";       //存入 SharedPreferences 中的 Key
    SharedPreferences preferences;              //定义 SharedPreferences 对象
    TextView tvRead;
    @Override
    protected void onCreate(Bundle savedInstanceState) {
        super.onCreate(savedInstanceState);
        setContentView(R.layout.activity_main);
        myUsername = (EditText)findViewById(R.id.etusername);
        myPassword = (EditText)findViewById(R.id.etpassword);
        tvRead= ( TextView)findViewById(R.id.tvRead);
        preferences =getPreferences(Activity.MODE_PRIVATE);
                                        //获取 SharedPreferences 对象
        final SharedPreferences.Editor editor =preferences.edit();
        findViewById(R.id.btnsave).setOnClickListener(new View.OnClickListener() {
            @Override
            public void onClick(View v) {
                    //将用户输入的 EditText 信息存储到 SharedPerferences 中
                editor.putString(KEY1, myUsername.getText().toString());
                                    //两个参数分别是键和值
                editor.putString(KEY2, myPassword.getText().toString());
                editor.commit();
            }
        });
        findViewById(R.id.btnread).setOnClickListener(new View.OnClickListener() {
            @Override
            public void onClick(View v) {       //由于不编辑,这里不用 Editor 对象
                String name =preferences.getString(KEY1, "当前数据不存在");
                //获取指定键的值,第二个参数是当第一个参数不存在时,为其指定默认值
                String pass =preferences.getString(KEY2, "当前数据不存在");
                tvRead.setText("从 SharedPreferences 读出的数据:\n"
                    +"\n 用户名:"+name+"\n 密码:"+pass);
            }
        });
        findViewById(R.id.btnquit).setOnClickListener(new View.OnClickListener() {
            @Override
            public void onClick(View v) {
                finish();
```

```
            }
        });
    }
}
```

可以在 DDMS 窗口中的 File Explorer 中查看到相应的 XML 文件，如图 9-2 所示，其内容如图 9-3 所示。也可以使用 adb 命令查看 Preferences 中的数据，如图 9-4 所示。

Name	Size	Date	Time	Perr
> com.google.android.play.games		2017-01-04	15:35	drw.
> com.svox.pico		2017-01-04	15:36	drw.
v edu.hebust.xxxy.demo_09_sharedpreferences		2017-02-15	02:41	drw.
> cache		2017-02-15	02:37	drw.
> code_cache		2017-02-15	02:37	drw.
> files		2017-02-15	02:37	drw.
v shared_prefs		2017-02-15	02:41	drw.
MainActivity.xml	156	2017-02-15	02:41	-rw-
> edu.hebust.xxxy.demo_09_videoplay		2017-02-14	05:20	drw.

图 9-2 在 DDMS 中查看 SharedPreferences 对应的 XML 文件

```xml
<?xml version='1.0' encoding='utf-8' standalone='yes' ?>
<map>
    <string name="userPass">123ww</string>
    <string name="userName">Alen</string>
</map>
```

图 9-3 SharedPreferences 对应的 XML 文件内容

```
127|generic_x86_64:/ $ exit
C:\Users\think\AppData\Local\Android\sdk\platform-tools>adb shell
generic_x86_64:/ $ su
generic_x86_64:/ # cd data/data/edu.hebust.xxxy.demo_09_sharedpreferences
generic_x86_64:/data/data/edu.hebust.xxxy.demo_09_sharedpreferences # cd shared_prefs
generic_x86_64:/data/data/edu.hebust.xxxy.demo_09_sharedpreferences/shared_prefs # ls
MainActivity.xml
generic_x86_64:/data/data/edu.hebust.xxxy.demo_09_sharedpreferences/shared_prefs # cat MainActivity.xml
<?xml version='1.0' encoding='utf-8' standalone='yes' ?>
<map>
    <string name="userPass">123ww</string>
    <string name="userName">Alen</string>
</map>
generic_x86_64:/data/data/edu.hebust.xxxy.demo_09_sharedpreferences/shared_prefs # exit
generic_x86_64:/ $ exit
C:\Users\think\AppData\Local\Android\sdk\platform-tools>
```

图 9-4 使用 adb 命令查看 SharedPreferences 中的数据

与 SQLite 数据库相比,SharedPreferences 对象不需要创建数据库、创建数据表、写 SQL 语句等操作,更加易用。但 SharedPreferences 无法进行条件查询,仅支持 boolean、int、float、long、String 等数据类型,因此它不能完全替代 SQLite 等其他数据存储方式。

9.2　数据文件的存取

Android 使用的是基于 Linux 的文件系统,开发人员可以访问保存在资源目录中的数据文件,也可以建立和访问程序自身的私有文件,还可以访问 SD 卡等外部存储设备中的文件。

9.2.1　读取 assets 和 raw 文件夹中的文件

assets 文件夹中的文件又称为原生文件,这类文件在被打包成 APK 文件时是不会进行压缩的。Android 系统使用 AssetManager 类实现对 assets 目录下文件的访问,通过调用 getResources(). getAssets()方法可以获得 AssetManager 对象,调用其 open()方法可以根据用户提供的文件名返回一个 InputStream 对象供用户使用。这种访问只允许读取文件,不能用于修改数据的操作。

对于资源文件夹 res/raw 中的文件的读取可以通过调用 openRawResource()方法实现,该方法的参数是要访问文件的资源 ID,返回一个 InputStream 类型的对象。这种访问同样只允许读取文件,不能写文件。

将 InputStream 包装成字符流 InputStreamReader 对象,就可以将数据读出。

【例 9-2】　示例工程 Demo_09_ReadFileFromAssets 演示了如何读取 assets 目录中的文件。

在工程的 assets 文件夹中有一个文本文件 test. txt,示例程序的功能是点击"读取文件"按钮,将读取的文件内容显示在下方的 TextView 控件中,程序的运行结果如图 9-5 所示。

图 9-5　读取 assets 文件夹中的数据文件

响应按钮点击事件的核心代码如代码段 9-2 所示。

代码段 9-2　读取 assets 目录中的文件

```
btnRead.setOnClickListener(new View.OnClickListener() {
    @Override
    public void onClick(View v) {
        try{
            InputStream in =getResources().getAssets().open("mytest.txt");
            InputStreamReader inReader = new InputStreamReader(in, "UTF-8");
            BufferedReader bfReader = new BufferedReader(inReader);
            StringBuffer content=new StringBuffer();
            int ch;
            while((ch=bfReader.read())!=-1){
                content.append((char)ch);
            }
            res=content.toString();
            in.close();
        }catch(Exception e){
            e.printStackTrace();
        }
        readTxt.setText(res);           //把得到的内容显示在 TextView 中
    }
});
```

9.2.2　对内部文件的存取操作

Android 系统中的"内部存储"与 PC 系统中的"内存"并不是一个概念。Android 系统的内部存储位于系统中的一个特殊位置,如果将文件存储于内部存储中,那么该文件默认为应用程序的私有文件,其他应用不能访问,并且一个应用程序所创建的所有文件都在和应用程序包名相同的目录下。也就是说应用程序创建于内部存储的文件与这个应用是关联起来的。当一个应用卸载之后,内部存储中的这些文件也被删除。内部存储一般用 Context 来获取和操作,例如,调用 Context. getFilesDir()方法可以获取 APP 的内部存储空间路径(相当于应用程序在内部存储上的根目录),调用 Context. deleteFile(filename)方法可以删除指定的文件。

Android 系统允许应用程序创建仅能够由其自身访问的私有文件,这些文件大多是保存在设备的内部存储器上,当 Android 应用程序安装后,其所在的安装包中一般会有一个相应的文件夹用于存放对应的数据文件。应用程序自己对这个文件夹有写入权限,可以创建文件并存储在这个文件夹中,其他应用程序不能访问它们;当用户卸载应用程序时,其创建的文件也一并被删除。该文件夹的路径是：/data/data/<当前包名>/files/,利用 DDMS 工具可以观察到这个文件夹,但其中的文件是不能直接访问的。

Android 系统不仅支持标准 Java 的 I/O 类和方法,还提供了能够简化读写流式文件过程的 openFileInput()方法和 openFileOutput()方法,前者为读取数据做准备而打开应用程序私有文件,后者为写入数据做准备而打开应用程序私有文件。所以,在 Android 系统中,读写内部文件不用自己去创建文件对象和输入输出流,提供文件名就可以返回 File 对象或输入输出流。

1. 从文件中读取数据

如果要打开应用程序的私有文件并读取其中的数据,可以使用标准数据输入流。通过调用 Activity 的 openFileInput()方法可以获得标准数据输入流对象,方法的定义如下:

```
public FileInputStream openFileInput (String name)
```

该方法的返回值是一个 FileInputStream 对象,这是字节流,对于文本文件的读出并不方便,所以通常使用 InputStreamReader 将其进一步包装成为字符流,再调用其 read()方法将字符串读出。代码段 9-3 是一个读取文件的示例,openFileInput()方法中的参数是准备读出数据的文件名,这里文件名不能包含路径分隔符“/”。操作完成后要调用 close()方法关闭输入流。

代码段 9-3　从文件中读取数据

```
public class FileActivity extends Activity {
    @Override
    public void onCreate(Bundle savedInstanceState) {
        try {
            //获取文件输入流
            FileInputStream inStream =this.getContext().openFileInput
                    ("fileName.txt");
            //包装为字符流
            InputStreamReader inStreamReader =new InputStreamReader
                    (inStream, "UTF-8");
            //用输入流的实际长度来构建字符数组,读取到字符数组
            char myContent[] =new char[inStream.available()];
            inStream.read(myContent);
            //将前述得到的字符数组转换到字符串中
            String listResult =new String(myContent);
            inStreamReader.close();
            inStream.close();
        }catch(Exception e){
            //异常处理
        }
    }
}
```

2. 向文件中写入数据

要向文件写入数据,需要首先调用 openFileOutput()方法得到文件输出流对象,方法的定义如下:

```
public FileOutputStream openFileOutput (String name, int mode)
```

该方法为写入数据做准备而打开文件,如果指定的文件不存在,则自动创建一个新的文件。方法的返回值是 FileOutputStream 类型的对象。

第一个参数是准备写入数据的文件名,文件名中不能包含路径分隔符"/",创建的文件一般保存在"/data/data/＜当前包名＞/files"目录中。

第二个参数指定了文件的操作模式,可供选择的模式有以下 4 种:

- MODE_APPEND:如果文件已经存在,则在文件数据后添加数据,否则创建文件。
- MODE_PRIVATE:默认的文件操作方式,这种方式下写入的数据将覆盖原数据。如果文件不存在,则创建文件。
- MODE_WORLD_READABLE:允许其他应用读取此文件。
- MODE_WORLD_WRITEABLE:允许其他应用写入此文件。

如果想要同时具有多个权限,操作模式之间用"＋"分开。例如,如果想同时得到读与写的权限,则可以通过 MODE_WORLD_READABLE＋MODE_WORLD_WRITEABLE 的方式指定文件操作模式。

在进行文件写入操作时,Activity 通过调用 openFileOutput()方法获得标准数据输出流对象,然后调用该对象的 write()方法将数据写入,最后调用 close()方法关闭输出流。代码段 9-4 是一个向文件中写入数据的示例。为了提高文件系统的性能,一般调用 write()函数时,如果写入的数据量较小,系统会把数据保存在数据缓冲区中,等数据量累积到一定程度时再一次性写入文件中,因此在调用 close()方法关闭文件前,要调用 flush()方法将缓冲区内所有的数据写入文件。

代码段 9-4 向文件中写入数据
```
try {
    FileOutputStream fileOutputStream =openFileOutput("fileName.txt",
        Context.MODE_PRIVATE);
    String text ="准备写入文件的字符数据";
    fileOutputStream.write(text.getBytes());
                                    //getBytes()将字符串转换为字节数组
    fileOutputStream.flush();
    fileOutputStream.close();
} catch (catch(Exception e){
    //异常处理
}
```

FileOutputStream 的 write()方法将字节或字节数组写入文件。对于文本文件的写入,使用字节非常不方便,所以通常使用 OutputStreamWriter 将其进一步包装成为字符流,调用其 write()方法将字符串写入文本文件。

【例 9-3】　示例工程 Demo_09_ReadWriteInternalDataFile 演示了如何读写内部文件。

　　Activity 中包含两个 EditText 控件,分别用于输入读写文件的文件名和写入的内容,点击"保存到文件"按钮,会将用户输入的内容按照指定的文件名存储到内部文件中;当点击"读取文件内容"按钮时,会将指定文件中的信息显示在下方的 TextView 中。程序的运行结果如图 9-6 所示。

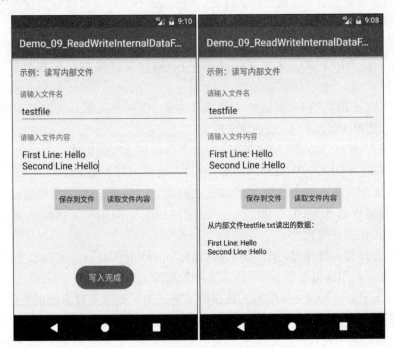

图 9-6　内部数据文件读写的示例

程序代码如代码段 9-5 所示。

代码段 9-5　读写内部文件

```
//package 和 import 语句略
public class MainActivity extends AppCompatActivity {
    EditText etFileName,etWriteText;
    TextView tvRead;
    @Override
    protected void onCreate(Bundle savedInstanceState) {
        super.onCreate(savedInstanceState);
        setContentView(R.layout.activity_main);
        etWriteText = (EditText)findViewById(R.id.etFileText);
```

```
                                         //在其中输入的信息将存到内部文件中
etFileName = (EditText) findViewById(R.id.etFileName);
                                  //内部文件的文件名
tvRead = (TextView) findViewById(R.id.textRead);
                             //显示从内部文件中读取的信息
findViewById(R.id.btnSave).setOnClickListener(new View.OnClickListener() {
    @Override
    public void onClick(View v) {//将 EditText 中输入的信息写入内部文件中
        myfilename=etFileName.getText().toString()+".txt";
        try {
            FileOutputStream fileOutputStream =openFileOutput(myfilename,
                    Context.MODE_PRIVATE);
            OutputStreamWriter outputStreamWriter =new OutputStreamWriter
                    (fileOutputStream,"UTF-8");
            outputStreamWriter.write(etWriteText.getText().toString());
            //按照指定编码方式写入 OutputStreamWriter
            outputStreamWriter.flush();
            fileOutputStream.flush();
            outputStreamWriter.close();
            fileOutputStream.close();
        } catch (FileNotFoundException e) {
            e.printStackTrace();
        } catch (IOException e) {
            e.printStackTrace();
        }
        Toast.makeText(getApplicationContext(),"写入完成",Toast.
                LENGTH_LONG).show();
    }
});
findViewById(R.id.btnRead).setOnClickListener(new View.OnClickListener() {
    @Override
    public void onClick(View v) {        //读取数据
        myfilename=etFileName.getText().toString()+".txt";
        try {
            FileInputStream fileInputStream =openFileInput(myfilename);
            //得到的是字节流,然后包装为字符流
            InputStreamReader inputStreamReader =new InputStreamReader
                    (fileInputStream, "UTF-8");
            char mycontent[] =new char[fileInputStream.available()];
            inputStreamReader.read(mycontent);
            inputStreamReader.close();
            fileInputStream.close();
            String listResult =new String(mycontent);
```

```
            //将前述得到的字符数组转换存到字符串中
            tvRead.setText("从内部文件"+myfilename+"读出的数据:\n\n"
                    +listResult);
            //将读取到的内容展现在 TextView 上
        }catch (FileNotFoundException e) {
            e.printStackTrace();
        }catch (IOException e) {
            e.printStackTrace();
        }
    }
    });
    }
}
```

从技术上来讲,如果在创建内部存储文件的时候将文件属性设置成其他应用程序可读,那么其他应用程序在知道这个应用包名的前提下就能够访问这个应用的数据。如果一个文件的属性是私有(private)的,那么即使知道包名其他应用也无法访问。

内部存储空间十分有限,同时它也是系统本身和系统应用程序主要的数据存储空间,一旦内部存储空间耗尽,手机也就无法使用了。所以对于内部存储空间,应用程序应该尽量避免使用。SharedPreferences 和 SQLite 数据库都是存储在内部存储空间上的。

9.2.3 对外部文件的存取操作

所有的 Android 设备都有外部存储和内部存储,这两个名称来源于 Android 早期设备。早期设备的内部存储确实是固定的,而外部存储确实是可以像 U 盘一样移动的。但是在后来的设备中,内部存储的容量迅速增大,进而将存储在概念上分成了内部(internal)和外部(external)两部分,但其实它们都在设备的内部。所以不管 Android 设备是否装有可移动的 SD 卡,它们总是有外部存储和内部存储之分。通常把移动设备连接计算机,能被计算机识别的部分称为外部存储。

应用程序在对外部存储的文件进行操作之前,必须在应用程序配置文件 AndroidManifest.xml 中声明操作外部存储的权限,如代码段 9-6 所示。

代码段 9-6　声明操作外部存储的权限
```
<!--声明向外部存储写入数据权限 -->
<uses-permission android:name="android.permission.WRITE_EXTERNAL_STORAGE"/>
<!--声明从外部存储读出数据权限 -->
<uses-permission android:name="android.permission.READ_EXTERNAL_STORAGE"/>
```

外部存储中的文件是可以被用户或者其他应用程序修改的,这些文件分为公共文件(public file)和私有文件(private file)两种类型。公共文件可以被自由访问,且文件的数据对其他应用或者用户来说都是有意义的,当应用被卸载之后,其卸载前创建的文件仍然保留。例如 camera 应用生成的照片大家都能访问,而且即使创建这些照片的 camera 应用不存在了,这些照片也不会被删除。而对于私有类型的文件,由于是外部存储的原因,它们也能被其他程序访问,只不过一个私有文件对其他应用来说通常没有访问价值。对于应用程序来讲,在外部存储上使用私有文件的好处是,当应用程序被卸载之后,这些文件也会被删除。

如果想在外部存储上存储公共文件,可以调用 getExternalStoragePublicDirectory( ) 方法获取存储路径。代码段 9-7 获得了存放 picture 的目录,并且创建了一个新文件。代码中 Environment. DIRECTORY_PICTURES 的值就是字符串 picture。

代码段 9-7　读写内部文件
```
public File getAlbumStorageDir(String albumName) {
    File file =newFile(Environment.getExternalStoragePublicDirectory(
    Environment.DIRECTORY_PICTURES), "new_image.jpg"););
    if(!file.mkdirs()) {
        Log.e(LOG_TAG, "Directory not created");
    }
    return file;
}
```

需要注意的是,对于不同设备和 Android 版本,应用程序的外部存储路径会有所不同,获取外部存储路径的方法也不相同。如果 Android 版本低于 API level 8,那么不能通过调用 Environment. getExternalStoragePublicDirectory( )方法获取存储路径,而是通过调用 Environment. getExternalStorageDirectory( )方法获取,该方法不带参数,即不能自己创建一个目录,只是返回外部存储的根路径。

在使用外部存储之前,必须先调用 Environment. getExternalStorageState( )方法来检查外部存储设备的当前状态,以判断其是否可用。代码段 9-8 是一个示例,这个例子只检查了外部存储设备是否可读写,它还有很多其他的状态,例如与计算机连接、没有设备等,可根据程序需求用类似的方法检测。

代码段 9-8　检查外部存储的当前状态
```
boolean mExternalStorageAvailable =false;
boolean mExternalStorageWriteable =false;
String state =Environment.getExternalStorageState();
if(Environment.MEDIA_MOUNTED.equals(state)) {                    //外部存储可以读写
    mExternalStorageAvailable =mExternalStorageWriteable =true;
} elseif(Environment.MEDIA_MOUNTED_READ_ONLY.equals(state)) {
    //外部存储是只读的
    mExternalStorageAvailable =true;
    mExternalStorageWriteable =false;
} else{                                                          //其他错误状态
    mExternalStorageAvailable =mExternalStorageWriteable =false;
}
```

【例 9-4】　示例工程 Demo_09_GetStorageDirectory 通过调用相关方法获取文件的存储路径,并在 LogCat 窗口输出。

程序代码如代码段 9-9 所示,输出结果如图 9-7 所示。

代码段 9-9　获取文件的存储路径

```java
public class MainActivity extends AppCompatActivity {
    static final String LOG = "获取文件路径";
    @Override
    protected void onCreate(Bundle savedInstanceState) {
        super.onCreate(savedInstanceState);
        setContentView(R.layout.activity_main);
        Log.d(LOG, "getFilesDir =" +getFilesDir());
        Log.d(LOG , "getExternalFilesDir =" +getExternalFilesDir("exter_test").
            getAbsolutePath());
        Log.d(LOG , "getDownloadCacheDirectory =" +Environment.
            getDownloadCacheDirectory().getAbsolutePath());
        Log.d(LOG , "getDataDirectory =" +Environment.getDataDirectory().
            getAbsolutePath());
        Log.d(LOG , "getExternalStorageDirectory =" +Environment.
            getExternalStorageDirectory().getAbsolutePath());
        Log.d(LOG , "getExternalStoragePublicDirectory =" +Environment.
            getExternalStoragePublicDirectory("pub_test"));
    }
}
```

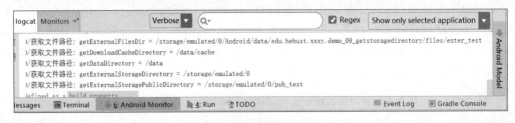

图 9-7　外部存储的路径

【例 9-5】　示例工程 Demo_09_ReadWriteExternalDataFile 演示了如何读写外部文件。

与例 9-3 类似,Activity 中包含两个 EditText 控件,分别用于输入读写文件的文件名和写入的内容,点击"保存到文件"按钮,会将用户输入的内容存储到外部存储指定的文件中;当点击"读取文件内容"按钮时,会将外部存储指定文件中的信息读出并显示在下方的 TextView 中。

调试程序时需要注意,虽然在 AndroidManifest. xml 文件中声明了外部存储的读写权限,但是在 Android 8.0 系统中默认该应用程序的外部存储读写许可是关闭的,需要手动在手机中设置,方法是:选择"设置"→"应用和通知"→"应用权限"→"存储空间",打开该应用程序的外部存储权限许可，如图 9-8 所示。

图 9-8　在手机中设置应用程序的外部存储读写许可

程序的运行结果如图 9-9 所示。

图 9-9　外部数据文件读写的示例

程序代码如代码段 9-10 所示,保存数据时首先获得外部存储的工作路径,然后创建文件对象,判断外部存储是否可用,可用则创建文件,写入数据。

代码段 9-10　读写外部存储设备中的文件

```java
//package 和 import 语句略
public class MainActivity extends AppCompatActivity {
    EditText etWriteText,etFileName;
    TextView tvRead;
    private File sdCard =Environment.getExternalStorageDirectory();
                                            //获取外存路径

    @Override
    protected void onCreate(Bundle savedInstanceState) {
        super.onCreate(savedInstanceState);
        setContentView(R.layout.activity_main);
        etWriteText = (EditText)findViewById(R.id.etFileText);
                                        //在其中输入的信息将存到外部文件中
        etFileName = (EditText)findViewById(R.id.etFileName);
                                        //外部文件的文件名
        tvRead = (TextView)findViewById(R.id.textRead);
                                        //显示从外部文件中读取的信息
findViewById(R.id.btnSave).setOnClickListener(new View.OnClickListener() {
    @Override
    public void onClick(View v) {//将 EditText 中输入的信息写入外部文件中
        tvRead.setText("");
        String myfilename=etFileName.getText().toString()+".txt";
        try {
            File newFile =new File(sdCard, myfilename);
                                    //存储到外存根目录
            if (sdCard.exists()) {
                newFile.createNewFile();
                Toast.makeText(getApplicationContext(), "文件"+myfilename
                        +"已经创建完成!", Toast.LENGTH_LONG).show();
                FileOutputStream fos =new FileOutputStream(newFile);
                    //打开文件输出流(字节流)
                OutputStreamWriter osw =new OutputStreamWriter(fos,
                    "UTF-8");
                    //包装成字符流
                osw.write(etWriteText.getText().toString());
                osw.flush();
                fos.flush();
                osw.close();
                fos.close();
                Toast.makeText(getApplicationContext(),"数据已经成功写入
```

```
                                外部文件!"+myfilename, Toast.LENGTH_SHORT).show();
                }else{
                    Toast.makeText(getApplicationContext(), "不存在外部存
                            储路径!",Toast.LENGTH_LONG).show();
                    return;
                }
            }catch (FileNotFoundException e) {
                e.printStackTrace();
            } catch (IOException e) {
                e.printStackTrace();
            }
        }
    });


    findViewById(R.id.btnRead).setOnClickListener(new View.OnClickListener() {
        @Override
        public void onClick(View v) {                    //读取数据
            String myfilename=etFileName.getText().toString()+".txt";
            try {
                File newFile =new File(sdCard, myfilename);
                if (newFile.exists()) {
                    FileInputStream fis =new FileInputStream(newFile);
                            //读取文件中的数据,得到的是字节流
                    InputStreamReader isr =new InputStreamReader(fis, "UTF-8");
                            //包装为字符流
                    char mycontent[] =new char[fis.available()];
                            //用 fis 的实际长度来构建字符数组
                    isr.read(mycontent);                    //读取
                    isr.close();
                    fis.close();
                    String listResult =new String(mycontent);
                            //将前述得到的字符数组转换到字符串中
                    tvRead.setText ("从外部文件"+myfilename+"读出的数据:\n\n"
                            +listResult);
                            //将读取到的内容展现在 TextView 上
                }else{
                    Toast.makeText(getApplicationContext(), "文件不存在!",
                            Toast.LENGTH_LONG).show();
                    return;
                }
            }catch (FileNotFoundException e) {
                e.printStackTrace();
            }catch (IOException e) {
```

```
                    e.printStackTrace();
                }
            }
        });
    }
}
```

9.3　SQLite 及其数据管理机制

9.3.1　SQLite 概述

由于 ODBC/JDBC 机制一般不适合手机这种内存受限设备,因此在 Android 中引入了 SQLite 嵌入式数据库。SQLite 支持 Windows、Linux、UNIX 等主流操作系统,只占用很少的内存,同时能够与很多程序语言相结合。除 Android 外,许多开源项目(如 Mozilla、PHP、Python 等)也可使用 SQLite。

与普通关系数据库一样,SQLite 可以用来存储大量的数据,支持 SQL 查询,能够很容易地对数据进行查询、更新、维护等操作。但由于移动设备平台的内存和外存都受到限制,SQLite 不能执行非常复杂的 SELECT 语句,不支持外键和左右连接,不支持嵌套事务和部分 ALTER TABLE 功能。SQLite 的主要优点如下:

(1) 轻量级。SQLite 和 C/S 模式的数据库软件不同,它是进程内的数据库引擎,因此不存在数据库的客户端和服务器。使用 SQLite 一般只需要带上它的一个动态库,就可以使用它的全部功能。

(2) 零配置、无服务器。SQLite 数据库的核心引擎一般不需要依赖第三方软件,在使用前也不需要安装和部署,不需要进程来启动、停止或配置,不需要管理员创建新数据库或分配用户权限,在系统崩溃或失电之后自动恢复。

(3) 访问简单。使用时,访问数据库的程序直接从数据库文件读写,没有中间的服务器进程。而且 SQLite 数据库中所有的信息(表、视图、触发器等)都包含在一个文件内,这个文件可以复制到其他目录或其他机器上使用,方便管理和维护。

(4) 内存数据库。SQLite 的 API 不区分当前操作的数据库是在内存还是在文件中,对存储介质是透明的,所以如果觉得磁盘 I/O 有可能成为瓶颈,可以考虑切换为内存方式。切换时,只要在开始时把文件载入内存,结束时把内存的数据库存储到文件就可以了。

(5) 跨平台和多语言接口。SQLite 目前支持大部分嵌入式操作系统,支持多语言编程接口。

(6) 安全性。SQLite 数据库通过数据库级上的独占性和共享锁来实现独立事务处理。这意味着多个进程可以在同一时间从同一数据库读取数据,但只能有一个可以写入数据。

9.3.2　SQLiteOpenHelper、SQLiteDatabase 和 Cursor 类

　　Android 不自动提供数据库。在 Android 应用程序中如果使用 SQLite，就要创建数据库、表、索引、填充数据等。为了方便使用 SQLite 数据库，Android 提供了一些 API 类，主要有 SQLiteOpenHelper 类、SQLiteDatabase 类和 Cursor 类。前两个类主要用于操作数据表中的数据，如建立、增、删、改、查等；第三个类主要用于遍历查询结果，处理从数据库查询出来的结果集。在 Android 系统中，数据库查询结果的返回值并不是数据集合的完整副本，而是返回数据集的指针，这个指针就是 Cursor 对象。Cursor 支持在查询的数据集合中以多种方式移动指针，并能够获取数据集合的属性名称和序号，可用于对查询结果进行操作，对从数据库查询出来的结果集进行随机读写访问。

　　Cursor 类提供了遍历数据表的方法，其中常用方法如表 9-2 所示。

表 9-2　Cursor 类的常用方法

方　法　名	参数及功能说明
moveToPosition(position)	将游标移动到某记录
moveToNext()	游标移动到下一条记录
moveToFirst()/moveToLast()	游标移动到开始/末尾位置
getColumnNames()	得到字段名
getColumnIndex()	按列名获取 ID
int getCount()	获取记录总数
isAfterLast()	游标是否在末尾
isBeforeFirst()	游标是否在开始位置
isFirst()	游标是否是第一条记录
isLast()	游标是否是最后一条记录
requery()	重新查询

　　SQLiteOpenHelper 是 SQLiteDatabase 类的一个辅助类，是对数据库创建、版本更新等操作的管理类。只要继承 SQLiteOpenHelper 类，就可以操作数据库。SQLiteOpenHelper 类是一个抽象类，使用时需要继承该类并实现该类的方法。一般来说，继承 SQLiteOpenHelper 类要重写 3 个方法：构造方法、onCreate( )方法、onUpgrade( )方法。

　　SQLiteDatabase 是直接操作数据库的类。创建了数据库之后，调用 SQLiteOpenHelper 对象的 getReadableDatabase()方法可以得到具有对数据库读权限的 SQLiteDatabase 实例，调用 SQLiteOpenHelper 对象的 getWritableDatabase()方法可以得到具有对数据库写权限的 SQLiteDatabase 实例。

　　SQLiteDatabase 封装了操作数据库的各种方法，包括插入、删除、修改、查询、执行 SQL 命令等操作。获得了 SQLiteDatabase 对象以后，就可以通过调用 SQLiteDatabase 的实例方法来对数据库进行操作了。当完成了对数据库的操作后，需要调用

SQLiteDatabase 的 Close()方法关闭数据库。

9.3.3 创建数据库和数据表

在 Android 中,SQLite 数据库文件存储在 data/data/<当前包名>/databases/下。默认状态下,该数据库文件只能由创建它的应用程序使用。

SQLite 和其他数据库最大的不同就是对数据类型的支持,创建一个数据表时,可以在 CREATE TABLE 语句中指定某列的数据类型,也可以把任何数据类型放入任何列中。当某个值插入数据库时,SQLite 将检查它的类型。如果该类型与关联的列不匹配,则 SQLite 会尝试将插入值转换成该列的类型。如果不能转换,则插入值将作为其本身具有的类型存储。例如,可以把一个字符串(String)放入 INTEGER 数据类型的列。这种特性称为"弱类型"。

SQLite 将数据值的存储划分为 5 种类型,如表 9-3 所示。

表 9-3　SQLite 的数据类型

数 据 类 型	说　　明
NULL	表示该值为 NULL 值
INTEGER	带符号整型值
REAL	浮点值
TEXT	文本字符串,存储使用的编码方式为 UTF-8、UTF-16BE、UTF-16LE
BLOB	二进制对象,该类型数据和输入数据完全相同

由于 SQLite 采用的是动态数据类型,而其他传统的关系型数据库使用的是静态数据类型,即字段可以存储的数据类型是在创建数据表时必须确定的,因此它们之间在数据存储方面还是存在较大的差异。在 SQLite 中,存储分类和数据类型也有一定的差别,如 INTEGER 存储类别可以包含 6 种不同长度的整型数据类型,然而这些 INTEGER 数据一旦被读入到内存后,SQLite 会将其全部视为占用 8B 的整型。因此对于 SQLite 而言,即使在数据表中定义了明确的字段类型,仍然可以在该字段中存储其他类型的数据。然而需要特别说明的是,尽管 SQLite 为我们提供了这种方便,但是考虑到数据库平台的可移植性问题,在实际的开发中还是应该尽可能保证数据类型的存储和声明的一致性。

另外,SQLite 没有提供专门的布尔存储类型,取而代之的是整型 1 表示 true,0 表示 false。

SQLite 也同样没有提供专门的日期时间存储类型,而是以 TEXT、REAL 和 INTEGER 类型分别以不同的格式表示日期时间。TEXT 类型采用"YYYY-MM-DD HH：MM：SS.SSS"格式存储日期时间;REAL 类型以 Julian 日期格式存储,即自格林威治时间公元前 4713 年 1 月 1 日中午以来的天数;INTEGER 类型以 UNIX 时间形式保存数据值,即从 1970-01-01 00:00:00 到当前时间的毫秒数。

【例 9-6】 示例工程 Demo_09_CreateDatabase 演示了如何创建数据库并在新建的数据库中创建数据表。

首先,新建一个类 MyDBOpenHelper,该类必须继承自 SQLiteOpenHelper,如代码段 9-11 所示。

代码段 9-11　创建 SQLiteOpenHelper 的子类

```
//package 和 import 语句略
public class MyDBOpenHelper extends SQLiteOpenHelper {
    public MyDBOpenHelper(Context context, String name,SQLiteDatabase.
        CursorFactory factory, int version) {
        //重写构造方法,创建数据库文件
        super(context,name,factory, version);
    }
    @Override
    public void onCreate(SQLiteDatabase db) {
        //执行 SQL 语句,创建数据表
        db.execSQL("CREATE TABLE student(" +
        "_id INTEGER PRIMARY KEY AUTOINCREMENT," +
        "stuId INTEGER UNIQUE," +
        "stuName TEXT NOT NULL," +
        "stuClass TEXT);");
        //初始化一些数据
        db.execSQL("INSERT INTO student (stuId, stuName, stuClass) values
            (31,'李国庆','软件 151')");
        db.execSQL("INSERT INTO student (stuId, stuName, stuClass) values
            (32,'刘凯旋','软件 151')");
    }
    @Override
    public void onUpgrade(SQLiteDatabase _db, int oldVersion, int newVersion) {
        //数据库需要升级时被调用
        _db.execSQL("DROP TABLE IF EXISTS student");
        onCreate(_db);
    }
}
```

通常需要重写 MyDBOpenHelper 的 3 个方法:构造方法、onCreate()方法、onUpgrade() 方法。

SQLiteOpenHelper 类要求必须重写其构造方法。构造方法有多种重载形式,重写 其中一个即可。通常重写时会调用父类的构造方法 SQLiteOpenHelper(Context context,String name,CursorFactory factory,int version)创建一个数据库文件,该构造方 法需要 4 个参数:上下文环境(如 Activity)、数据库名字、游标工厂(通常是 null)、代表正 在使用的数据库模型版本的整数。

回调 onCreate()方法时会传入一个 SQLiteDatabase 对象,可以根据需要在这个数据 库中创建数据表和初始化数据。数据库第一次创建的时候会调用这个方法,可以通过调 用 SQLiteDatabase 对象的 execSQL()方法来执行 SQL 语句,完成创建表和索引的过程,如果没有异常,这个方法没有返回值。

onUpgrade()方法定义了 3 个参数,分别是 SQLiteDatabase 对象、旧的版本号、新的版本号。当数据库需要升级的时候,即调用构造方法时传入的版本号发生了变化,Android 系统会主动地调用 onUpgrade()方法。一般在这个方法中删除旧数据库表,并建立新的数据库表。当然,是否还需要做其他的操作,完全取决于应用程序的需求。

创建完成 SQLiteOpenHelper 的子类后,在 Activity 中实例化这个类,就可以创建相应的数据库了,代码段 9-12 是一个示例。

```
代码段 9-12   实例化 MySQLiteOpenHelper 类,创建并初始化数据库
//package 和 import 语句略
public class MainActivity extends AppCompatActivity {
    private MyDBOpenHelper dbOpenHelper;
    @Override
    public void onCreate(Bundle savedInstanceState) {
        super.onCreate(savedInstanceState);
        setContentView(R.layout.activity_main);
        //实例化 SQLiteOpenHelper 的子类,传入数据库名称(SC_Database.db)、版本号
        //创建相应的数据库和数据表
        dbOpenHelper=new MyDBOpenHelper(getApplicationContext(),
            "SC_Database.db", null, 1);
    }
}
```

当实例化 SQLiteOpenHelper 的子类时,会调用其构造方法创建数据库,代码段 9-12 创建了名为 SC_Database.db 的数据库文件。如果是第一次创建数据库,会调用 onCreate()方法,创建表和索引。

与文件存取方式类似,SQLite 数据库文件存储在/data/data/<当前包名>/databases 目录中,如图 9-10 所示。默认状态下,该数据库文件只能由创建它的应用程序使用。其他 Activity 可以通过 ContentProvider 访问这个数据库。

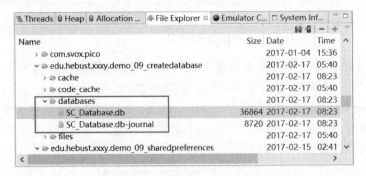

图 9-10   创建的数据库文件

9.3.4 操纵数据库中的数据

创建了数据库之后,可以使用 SQLiteOpenHelper 类的 getReadableDatabase()或 getWritableDatabase()方法得到 SQLiteDatabase 实例对象。获得了 SQLiteDatabase 对象以后,就可以通过调用 SQLiteDatabase 的实例方法来对数据库进行增、删、改、查。对数据库的操作结束后,需要调用 SQLiteDatabase 的 Close()方法来关闭数据库。

1. 查询数据

调用 getReadableDatabase()方法可以得到对数据库具有读的权限的 SQLiteDatabase 实例对象,调用该对象的 query()方法,可以对数据库中的数据进行查询操作。该方法返回一个 Cursor 对象,定义如下:

```
Cursor query(String table, String[] columns, String selection, String[]
    selectionArgs, String groupBy, String having, String orderBy, String limit);
```

query()方法将 SELECT 语句的内容定义为各参数,除了数据表名,其他参数都可以是 null。方法中的参数意义如下:

(1) table:查询数据表的表名,不可为 null。

(2) columns:按查询要求返回的列名数组,如果其值为 null 则返回所有列。

(3) selection:查询的条件表达式,相当于 SQL 语句的 WHERE 子句,格式形如 "_id=?",其中的问号是占位符,供下一个参数 selectionArgs 填充,如果其值为 null,则返回所有的行。

(4) selectionArgs:查询条件所需的参数值,该数组的值依次填充 selection 参数中的每一个问号。

(5) groupBy:定义查询是否分组,相当于 SQL 语句中的 GROUP BY 子句,如果其值为 null,则不分组。

(6) having:分组条件表达式,相当于 SQL 语句中的 HAVING 短语,和 GROUP BY 子句配套使用,表示对分组的筛选条件,如果 having 值为 null,则保留所有的分组。

(7) orderBy:查询结果排序依据的列,相当于 SQL 语句中的 ORDER BY 子句,描述对查询结果的排序要求,如果 orderBy 值为 null,将会使用默认的排序规则。

(8) limit:限定查询返回的行数。如果其值为 null,将返回所有行。

【例 9-7】 示例工程 Demo_09_QueryDatabase 演示了查询数据库并将查询结果的数据显示在 ListView 中。

示例中调用 SQLiteDatabase 对象的 query()方法实现数据库的查询,返回所有班级为"软件 151"的数据,运行结果如图 9-11 所示。

示例程序中使用 SimpleCursorAdapter 为 ListView 对象提供数据源,相关代码如代码段 9-13 所示。

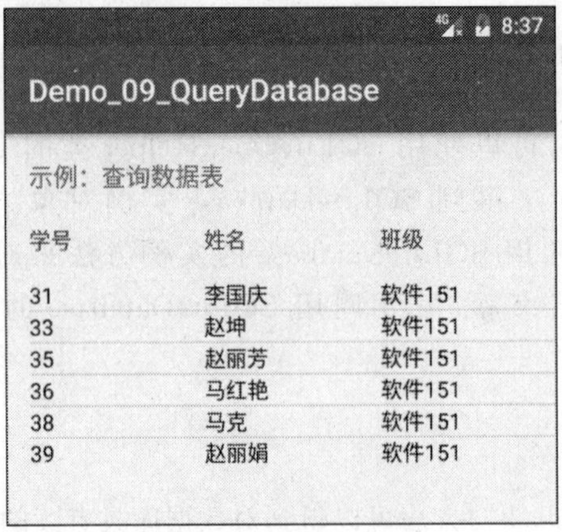

图 9-11　显示查询的结果

代码段 9-13　查询数据

```
//package 和 import 语句略
public class MainActivity extends AppCompatActivity {
    private SQLiteDatabase dbRead;
    private MyDBOpenHelper dbOpenHelper;
    private SimpleCursorAdapter listViewAdapter;
    private ListView listView;
    @Override
    public void onCreate(Bundle savedInstanceState) {
        super.onCreate(savedInstanceState);
        setContentView(R.layout.activity_main);
        listView=(ListView)findViewById(R.id.listView);
        //实例化 SQLiteOpenHelper 的子类,创建数据库和数据表
        dbOpenHelper=new MyDBOpenHelper(getApplicationContext(),
                "SC_Database.db", null, 1);
        dbRead =dbOpenHelper.getReadableDatabase();
        Cursor result =null;
        result =dbRead.query("student", null,"stuClass=?", new String[]
                {"软件 151"}, null, null, null);
        listViewAdapter=new SimpleCursorAdapter(getApplicationContext(),R.
                layout.item_list,
                result,new String[]{"stuId", "stuName", "stuClass"},
                new int[]{R.id.itemID,R.id.itemName,R.id.itemClass},
                CursorAdapter.FLAG_REGISTER_CONTENT_OBSERVER);
        listView.setAdapter(listViewAdapter);
    }
}
```

　　query()方法返回的是一个 Cursor 对象,其游标最开始指向的是查询结果集合中第一行的上一行。如果需要在程序中使用某一条数据,则应该首先调用 Cursor 对象 next()

方法将游标移动到记录集合的第一行,接着再获取数据即可。代码段 9-14 遍历了 student 表。

代码段 9-14　遍历 student 表

```
DBOpenHelper dbOpenHelper =new DBOpenHelper(getApplicationContext(),
        "SC_Database.db", null, 1);
SQLiteDatabase dbRead =dbOpenHelper.getReadableDatabase();
Cursor result =dbRead.query("student", null, null, null, null, null, null);
result.moveToFirst();
while (!result.isAfterLast()) {
    int stuID =result.getInt(1);
    String stuName=result.getString(2);
    String stuClass=result.getString(3);
    result.moveToNext();
}
result.close();
```

实现数据库的查询,也可以通过调用 SQLiteDatabase 对象的 rawQuery()方法实现。该方法执行一条由字符串描述的 SELECT 语句,返回值是也一个 Cursor 对象,如代码段 9-15 所示。

代码段 9-15　调用 rawQuery()方法对数据库查询

```
DBOpenHelper dbOpenHelper =new DBOpenHelper(getApplicationContext(),
        "SC_Database.db", null, 1);
SQLiteDatabase dbRead =dbOpenHelper.getReadableDatabase();
Cursor result =dbRead.rawQuery("SELECT * FROM student WHERE stuClass=
        '软件 151'", null);
```

2. 插入数据

调用 getWritableDatabase()方法可以获得具有写入权限的 SQLiteDatabase 对象,再调用 SQLiteDatabase 对象的 insert()方法,实现数据的插入。

insert()方法的定义如下:

```
long insert(String table, String nullColumnHack, ContentValues values)
```

与 query()方法类似,insert()方法把 SQL 语句的各部分作为参数值传入。各参数含义如下:

(1) table:想要插入数据的表名,不可为 null。

(2) nullColumnHack:由于 SQL 标准不允许插入空行,当初始化值为空时,这一列将会被显式地赋一个 null 值。

(3) values:要插入的值。

当插入数据时,如果 values 参数值为 null 或者元素个数为 0,因为数据库不允许插入一个空行,插入操作会失败。为了防止出现这种情况,在 Insert()方法的第二个参数指定一个列名,如果将要插入的行为空行时,系统会将指定的这个列的值设为 null,然后再向数据库中插入。

向数据库的表中插入记录时,需要先将数据包含在一个 ContentValues 对象中。ContentValues 是一个数据承载容器,使用方法是先创建一个 ContentValues 对象,然后调用其 put()方法向该对象插入键-值对,其中键名必须是数据表中的列名,值是希望插入到这一列的值,而且值的类型要和数据库中的数据类型一致。

insert()方法的返回值是新添记录的行号,与主键 id 的值无关。代码段 9-16 是实现插入数据的一个示例。

代码段 9-16　插入数据
```
ContentValues cv=new ContentValues();
cv.put("stuId", 32);                          //将值存放到对应的键中
cv.put("stuName", "刘凯旋");                    //将值存放到对应的键中
cv.put("stuClass", "软件 152");                //将值存放到对应的键中
dbWrite.insert("student ", "stuId", cv);      //执行插入,返回新添记录的行号
```

3. 删除数据

调用 SQLiteDatabase 对象的 delete()方法可以删除数据表中的数据。delete()方法的定义如下:

```
int delete(String table, String whereClause, String[] whereArgs)
```

该方法的各参数含义如下:

(1) table:想要删除数据的表名,不可为 null。

(2) whereClause:是可选的 WHERE 子句,格式形如"_id=?",其中的问号是占位符,供下一个参数 whereArgs 填充。如果其值为 null,将会删除所有的行。

(3) whereArgs:删除条件所需的参数值,该数组中的值依次填充 whereClause 参数中的每一个问号。

代码段 9-17 是删除数据的一个示例,本例中删除了 student 表中的全部数据。

代码段 9-17　删除数据
```
DBOpenHelper dbOpenHelper =new DBOpenHelper(getApplicationContext(),
        "student.db", null, 1);
SQLiteDatabase dbWriter=dbOpenHelper.getWritableDatabase();
dbWriter.delete("student",null,null);
dbWriter.close();
```

4. 修改数据

调用 SQLiteDatabase 对象的 update()方法可以修改数据表中的数据。update()方

法会根据条件修改指定列的值,定义如下:

```
int update(String table, ContentValues values, String whereClause, String[]
    whereArgs)
```

该方法的各参数含义如下:

(1) table:想要修改数据的表名,不可为 null。

(2) values:要更新的值。

(3) whereClause:是可选的 WHERE 子句,格式形如"_id=?",其中的问号是占位符,供下一个参数 whereArgs 填充。如果其值为 null,将会修改所有的行。

(4) whereArgs:修改条件所需的参数值,该数组中的值依次填充 whereClause 参数中的每一个问号。

代码段 9-18 是修改数据的一个示例,其功能是将 31 号学生的姓名和班级改为"李国刚"和"计算机 15"。

代码段 9-18　修改数据
```
SQLiteDatabase dbWriter=dbOpenHelper.getWritableDatabase();
ContentValues cv =new ContentValues();
cv.put("stuName","李国刚");
cv.put("stuClass","计算机 15");
dbWriter.update("student", cv, "stuID=?",new String[]{"31"});
dbWriter.close();
```

数据表中数据的添加、删除和修改,除了分别使用上述 3 种方法以外,还可以通过调用 SQLiteDatabase 对象的 execSQL()方法实现。execSQL()方法可执行一条不返回结果的 SQL 语句。例如,向数据库的表中插入一行记录(20,'李庆华','计算机 15'),将记录(32,'刘凯旋','软件 152')修改为(32,'刘凯旋','计算机 152'),可通过执行代码段 9-19 中的语句实现。

代码段 9-19　插入和修改数据
```
SQLiteDatabase db =dbHelper.getWritableDatabase();
//获取拥有修改权限的 SQLiteDatabase 实例对象
db.execSQL("INSERT INTO student (stuId, stuName, stuClass) VALUES (20,'李庆华',
    '计算机 15')");
db.execSQL("UPDATE student SET stuClass='计算机 152' WHERE stuId=32 AND stuName=
    '刘凯旋';");
```

【例 9-8】　示例工程 Demo_09_WriteDatabase 演示了如何插入、删除、修改数据库中的数据。

运行结果如图 9-12 所示。在界面下方输入学号、姓名、班级,点击"添加数据"按钮,实现数据的添加;点击 ListView 中的某条数据,就会显示在下方的输入框中,修改数据后点击"修改数据"按钮,则会修改该条数据;长按 ListView 中的某条数据就会删除该条数据,点击"全部删除"按钮,就会删除表中的全部数据。

图 9-12　操纵数据库示例

程序代码如代码段 9-20 所示。

代码段 9-20　查询数据

```java
//package 和 import 语句略
public class MainActivity extends AppCompatActivity {
    private SQLiteDatabase dbReader,dbWriter;
    private MyDBOpenHelper dbOpenHelper;
    private SimpleCursorAdapter listViewAdapter;
    private Button btnDataAdd, btnUpdate, btnDeleteAll;
    private EditText studentIdEdit, nameEdit, classEdit;
    private ListView listView;
    private String currentID="1";
    @Override
    public void onCreate(Bundle savedInstanceState) {
        super.onCreate(savedInstanceState);
        setContentView(R.layout.activity_main);
        btnDataAdd = (Button) findViewById(R.id.btnAdd);
        btnUpdate = (Button) findViewById(R.id.btnUpdate);
        btnDeleteAll = (Button) findViewById(R.id.btnDeleteAll);
        nameEdit = (EditText) findViewById(R.id.etStudentName);
        studentIdEdit = (EditText) findViewById(R.id.etStudentID);
```

```
classEdit = (EditText) findViewById(R.id.etStudentClass);
listView = (ListView) findViewById(R.id.listView);
dbOpenHelper =new MyDBOpenHelper(getApplicationContext(),
        "SC_Database.db", null, 1);
dbReader =dbOpenHelper.getReadableDatabase();
dbWriter =dbOpenHelper.getWritableDatabase();
showAll();
listView.setOnItemClickListener(new AdapterView.OnItemClickListener() {
    @Override
    public void onItemClick(AdapterView<?>parent, View view, int
            position, long id) {
        TextView itemID = (TextView) view.findViewById(R.id.item_id);
        TextView stuID = (TextView) view.findViewById(R.id.itemID);
        TextView stuName = (TextView) view.findViewById(R.id.itemName);
        TextView stuClass = (TextView) view.findViewById(R.id.itemClass);
        currentID =itemID.getText().toString();
        studentIdEdit.setText(stuID.getText().toString());
        nameEdit.setText(stuName.getText().toString());
        classEdit.setText(stuClass.getText().toString());
        Log.d("我的提示", "_id----"+currentID);
    }
});
listView.setOnItemLongClickListener(new AdapterView.
        OnItemLongClickListener() {
    @Override
    public boolean onItemLongClick(AdapterView<?>parent,View view,
            int position,long id) {
        TextView itemID = (TextView) view.findViewById(R.id.item_id);
        currentID =itemID.getText().toString();
        dbWriter.delete("student","_id=?", new String[]{currentID});
        showAll();
        return true;
    }
});
btnDataAdd.setOnClickListener(new View.OnClickListener() {
    public void onClick(View v) {
        //从 EditText 中获得相应的输入值
        SQLiteDatabase dbWriter =dbOpenHelper.getReadableDatabase();
        ContentValues cv =new ContentValues();
        cv.put("stuId", Integer.parseInt(studentIdEdit.getText().
                toString()));
        cv.put("stuName", nameEdit.getText().toString());
        cv.put("stuClass", classEdit.getText().toString());
        dbWriter.insert("student", null, cv);
```

```
                        //向数据表中添加数据,第二个参数是对空列的填充处理策略
                        showAll();
                    }
                });
            btnUpdate.setOnClickListener(new View.OnClickListener() {
                public void onClick(View v) {
                    //从 EditText 中获得相应的输入值
                    SQLiteDatabase dbWriter =dbOpenHelper.getReadableDatabase();
                    ContentValues cv =new ContentValues();
                    cv.put("stuId", studentIdEdit.getText().toString());
                    cv.put("stuName", nameEdit.getText().toString());
                    cv.put("stuClass", classEdit.getText().toString());
                    dbWriter.update("student", cv, "_id=?", new String[]{currentID});
                    showAll();
                }
            });
            btnDeleteAll.setOnClickListener(new View.OnClickListener() {
                public void onClick(View v) {
                    dbWriter.delete("student", null, null);
                    showAll();
                }
            });
    }
    private void showAll() {
        Cursor result =dbReader.query("student", null, null, null, null, null,
                "stuId", null);
        if (!result.moveToFirst()) {                    //判断游标是否为空
            Toast.makeText(getApplicationContext(), "数据表中一个数据也没有!",
                Toast.LENGTH_LONG).show();
        }
        listViewAdapter =new SimpleCursorAdapter(getApplicationContext(), R.
                layout.item_list, result,
            new String[]{"_id","stuId", "stuName", "stuClass"},
            new int[]{R.id.item_id,R.id.itemID, R.id.itemName, R.id.itemClass},
                CursorAdapter.FLAG_REGISTER_CONTENT_OBSERVER);
            listView.setAdapter(listViewAdapter);
    }
    @Override
    protected void onDestroy() {
        super.onDestroy();
        dbWriter.close();
        dbReader.close();
    }
}
```

9.4 基于 ContentProvider 的数据存取

在 Android 中,通过文件和 SQLite 数据库可以存储数据,但是这些数据都是应用程序私有的,如果多个应用程序需要共享同样的数据,那么就需要使用 ContentProvider。

9.4.1 ContentProvider

ContentProvider 是 Android 的四大组件之一,它提供了应用程序间共享数据的机制和数据存储方式。系统为所有的 ContentProvider 建立了一个数据表 Data Model,Data Model 中保存了系统和用户共享的所有数据集,每个数据集就像数据库中的数据表一样,用_ID 区别每条数据,每一列代表每条数据的属性。每个 ContentProvider 对象都对外提供了一个公开的 Uri 来表示相应的数据集。

如果应用程序有数据需要共享时,就可以使用 ContentProvider 为这些数据定义一个 URI,其他的应用程序就可以通过这个 URI 来对数据进行操作。ContentProvider 使用的 URI 通常有两种形式:一种是指定全部数据,例如 content://PhonesList/phones 指的是全部通讯录数据;另一种是某个指定 ID 的数据,例如 content://PhonesList/phones/1 指的是 id 列值为 1 的通讯录数据。

所有的 URI 均由 3 部分组成:scheme、authority/host 和 path,它们的含义如下:

(1) scheme:对于 ContentProvider,Android 规定的 scheme 为"content://"。

(2) authority/host:授权者或主机名称,用于唯一标识一个 ContentProvider。外部应用程序可以根据这个标识来找到相应的共享数据。一般 authority 都由类的小写全称组成,以保证唯一性。

(3) path:要操作的数据路径,用于确定请求的是哪一个数据集。

ContentProvider 与 Service、BroadcastReceiver 等组件一样,在 AndroidManifest.xml 配置文件里声明后调用者才可以使用。

9.4.2 定义和使用 ContentProvider

应用程序可以定义自己的 ContentProvider,其主要步骤如下:

步骤 1:创建自己的数据存储,如数据库、文件或其他。

步骤 2:创建一个继承于 ContentProvider 类的子类。在子类中重写 ContentProvider 的 6 个抽象方法 query()、insert()、update()、delete()、getType()和 onCreate(),实现查询、插入、修改、删除数据、定义返回的 MIME 类型以及创建数据对象等操作接口。其中的前 4 个抽象方法分别对应于 ContentResolver 的 query()、insert()、update()、delete()方法,当调用 ContentResolver 的这 4 个方法时,也就间接调用了 ContentProvider 的 4 个方法。

步骤 3:在 AndroidManifest.xml 文件中声明新定义的 ContentProvider 及其对外共享标识 URI。

定义完成后,在其他应用程序中就可以对共享的 ContentProvider 数据进行操作。

应用程序可以通过 ContentResolver 接口存取 ContentProvider 共享数据。在 Activity 中,可以通过调用 getContentResolver()方法得到当前应用的 ContentResolver 实例对象。ContentResolver 提供的接口和 ContentProvider 中需要实现的抽象方法对应,主要有 query()、insert()、update()、delete()等,分别通过 URI 进行查询、插入、修改、删除。

【例 9-9】　示例工程 Demo _ 09 _ DBContentProvider 将数据库中的信息以 ContentProvider 的方式共享,这样做的好处是:如果以后另外一个程序需要访问此数据库中的数据时,只需要知道 ContentProvider 的 URI 即可。

具体方法是,创建 ContentProvider 的子类 MyContentProvider,重写 ContentProvider 类的抽象方法 query()、insert()、update()、delete()、getType()和 onCreate(),如代码段 9-21 所示。ContentProvider 的增、删、改、查等操作实际上是间接调用了数据库的对应操作完成的。

代码段 9-21　定义 ContentProvider

```
//package 和 import 语句略
public class MyContentProvider extends ContentProvider {
    private MyDBOpenHelper dbOpenHelper;
    public MyContentProvider() {
    }
    @Override
    public boolean onCreate() {
        //实例化 DBOpenHelper 对象:
        dbOpenHelper=new MyDBOpenHelper(getContext(),"SC_Database.db", null, 2);
        return true;
    }
    //获得数据库对象,并进行删除操作,返回删除的行数
    @Override
    public int delete(Uri uri, String selection, String[] selectionArgs) {
        SQLiteDatabase db =dbOpenHelper.getWritableDatabase();
        return db.delete("tb_phones", selection, selectionArgs);
    }
    //获得数据库对象,并进行添加操作,返回添加最新行的 URI
    @Override
    public Uri insert(Uri uri, ContentValues values) {
        SQLiteDatabase db =dbOpenHelper.getWritableDatabase();
        long i=db.insert("student",null,values);
        uri=ContentUris.withAppendedId(uri, i);
        return uri;
    }
```

```
//获得数据库对象,并进行查询操作,返回 Cursor 对象
@Override
public Cursor query(Uri uri, String[] projection, String selection,
        String[] selectionArgs, String sortOrder) {
    SQLiteDatabase db =dbOpenHelper.getWritableDatabase();
    Cursor c =db.query("student", projection, selection,
            selectionArgs, null, null,sortOrder);
    return c;
}
//获得数据库对象,并进行修改操作,返回修改的 row 值
@Override
public int update(Uri uri, ContentValues values, String selection,String[]
        selectionArgs) {
    SQLiteDatabase db =dbOpenHelper.getWritableDatabase();
    return db.update("student", values, selection, selectionArgs);
}
}
```

完成了 ContentProvider 子类的创建及方法重写后,需要在 AndroidManifest. xml 配置文件中声明这个 ContentProvider,如代码段 9-22 所示。

代码段 9-22 声明 ContentProvider

```
<provider
    android:name=".MyContentProvider"
    android:authorities="edu.hebust.xxxy.demo_09_dbcontentprovider"
    android:enabled="true"
    android:exported="true">
</provider>
```

代码中的 name 值“. MyContentProvider”是程序中对应的 ContentProvider 的子类名称,authorities 的值就是这个 ContentProvider 对外公开的 URI。其他应用程序使用这些数据就是根据这个 URI 来找到它。

本例中 MainActivity 的界面布局如图 9-13 所示。

本例与前几个示例程序不同之处在于访问数据库的方式,不是使用 SQLiteDatabase 对象,而是使用 ContentResolver 对象,使用 URI 的方式访问 ContentProvider 中的共享数据。主要代码如代码段 9-23 所示。代码中,通过调用 getContentResolver()方法得到 ContentResolver 对象,然后调用该对象的 query()方法对 ContentProvider 进行查询,调用 insert()方法插入数据。

图 9-13　利用 ContentProvider 操纵数据库示例

代码段 9-23　使用 ContentProvider 访问数据库

```java
public class MainActivity extends AppCompatActivity {
    private SimpleCursorAdapter listViewAdapter;
    private Button btnDataAdd;
    private EditText studentIdEdit, nameEdit, classEdit;
    private ListView listView;
    private String currentID="1";
    @Override
    public void onCreate(Bundle savedInstanceState) {
        super.onCreate(savedInstanceState);
        setContentView(R.layout.activity_main);
        btnDataAdd = (Button) findViewById(R.id.btnAdd);
        nameEdit = (EditText) findViewById(R.id.etStudentName);
        studentIdEdit = (EditText) findViewById(R.id.etStudentID);
        classEdit = (EditText) findViewById(R.id.etStudentClass);
        listView = (ListView) findViewById(R.id.listView);
        showAll();
        btnDataAdd.setOnClickListener(new View.OnClickListener() {
            public void onClick(View v) {
                ContentValues cv =new ContentValues();
                cv.put("stuId", Integer.parseInt(studentIdEdit.getText().
                    toString()));
```

```
                cv.put("stuName", nameEdit.getText().toString());
                cv.put("stuClass", classEdit.getText().toString());
                String url="content://edu.hebust.xxxy.demo_09_dbcontentprovider/
                        student";
                getContentResolver().insert(Uri.parse(url), cv);
                showAll();
            }
        });
    }
    private void showAll() {
        String url="content://edu.hebust.xxxy.demo_09_dbcontentprovider/student";
        Cursor result =getContentResolver().query(Uri.parse(url),
                new String[]{"_id","stuId", "stuName", "stuClass"}, null,
                    null,"stuId");
        if (!result.moveToFirst()) {                      //判断游标是否为空
            Toast.makeText(getApplicationContext(), "数据表中一个数据也没有!",
                Toast.LENGTH_LONG).show();
        }
        listViewAdapter =new SimpleCursorAdapter(getApplicationContext(),
                R.layout.item_list, result,
                new String[]{"_id","stuId", "stuName", "stuClass"},
                new int[]{R.id.item_id,R.id.itemID, R.id.itemName, R.id.itemClass},
                CursorAdapter.FLAG_REGISTER_CONTENT_OBSERVER);
        listView.setAdapter(listViewAdapter);
    }
}
```

Android 系统为常见的一些数据提供了 ContentProvider,包括音频、视频、图片和联系人等,每个 ContentProvider 都会对外提供一个包装成 Uri 对象的公共 URI。这些 ContentProvider 称 为 系 统 ContentProvider。 系 统 ContentProvider 和 自 定 义 的 ContentProvider 在使用上并没有什么区别,只不过系统 ContentProvider 在使用时需要注册其使用权限并知道它的 URI,而自定义的则不需要,只需要知道它的 URI 即可。例如要读取手机联系人的数据,那么就必须在 AndroidManifest.xml 文件中注册相应的 READ_CONTACTS 使用权限,即在 AndroidManifest.xml 文件中加入下面的语句:

```
<uses-permissionandroid:name="android.permission.READ_CONTACTS"/>
```

9.5　本　章　小　结

本章介绍了在 Android 中如何实现数据的存储和获取,以及如何在应用程序之间利用 ContentProvider 共享数据存储。其中 SharedPreferences 是一种轻量级的数据存储机制,以键-值对的方式将数据存储在 XML 文件中,适用于存储应用程序的配置信息。而文件和 SQLite 数据库都可以存储大容量的数据,它们具有不同的存储机制和操作方法。学习本章要熟练掌握各种数据存取方法,并能在应用程序设计中灵活运用这些方法。

习　　题

1. Android 系统提供了哪些数据存储和访问方式?

2. 设计一个应用程序,界面中有一个 TextView,其中显示有若干文字。为 Activity 添加菜单,包括"红""绿""蓝"3 个菜单项,用户选择一个菜单项,即将 TextView 中的文字设为相应的颜色,同时将颜色信息写入到 SharedPreferences 中,下一次启动该程序时,文字的颜色默认为上一次关闭程序时文字的颜色。

3. 设计一个用于注册的 Activity。要求界面中的注册项包括用户名、账号、密码、性别、出生年月日、爱好。界面中有一个"注册"按钮,用户点击"注册"按钮后,将注册信息写入到 SharedPreferences,写入完成后将 SharedPreferences 信息读出并回显到 Activity 中。

4. 将第 3 题的注册信息写入到应用程序的私有文件,文件中每行存储一项注册信息,文件名为 count.txt,写入完成后将文件中的信息读出并回显到 Activity 中。

5. 将第 3 题的注册信息写入到应用程序的私有数据库中,数据表名称为 users,写入完成后将数据库中的信息读出并回显到 Activity 中。

6. 编写一个程序,继承 SQLiteOpenHelper 实现下述功能:创建一个版本为 1 的 diary.db 数据库,同时创建一个 diary 表,包含一个_id 主键并自增长,topic 字段(字符型,最大长度为 100 个字符),content 字段(字符型,最大长度为 1000 个字符),在数据库版本变化时删除 diary 表,并重新创建 diary 表。

7. 设计一个利用 SQLite 数据库存储和操纵数据的应用程序,创建一个商品基本信息表(product),包含商品编号、名称、价格、描述 4 个字段,实现表数据的增、删、改、查。

8. 简述 ContentProvider 是如何实现数据共享的,并尝试设计一个属于自己的 ContentProvider。

9. 在 AndroidManifest.xml 配置文件中声明 ContentProvider 的目的是什么? 如何进行声明?

多媒体应用开发

在智能移动设备的应用中,音视频等多媒体应用是一个重要的方面。本章将介绍在 Android 系统中如何处理和使用音视频和照片等资源,包括音频和视频的播放及录制、照片的摄取等。

10.1 音视频文件的播放

Android 系统提供了对常用音视频文件格式的支持,包括 MP3、WAV、OGG 等音频格式和 MP4、3GPP 等视频格式。通过 Android API 提供的相关方法,可以实现音视频文件的播放。

10.1.1 MediaPlayer 类

android. media. MediaPlayer 类用于播放音视频文件,提供了对音视频操作的一些重要方法,如播放、停止、暂停、重复播放等。播放的音视频文件可以来自 RAW 源文件、本地文件系统和通过网络传送的文件流。

MediaPlayer 的运行是基于状态的。当一个 MediaPlayer 对象被刚刚用 new 操作符创建或是调用了 reset()方法后,它就处于 Idle(空闲)状态。当调用了 release()方法后,它就处于 End(结束)状态。这两种状态之间是 MediaPlayer 对象的生命周期。MediaPlayer 的状态及其转换如图 10-1 所示。

1. Idle(空闲)状态

使用 new 方法创建一个新的 MediaPlayer 对象,或调用 reset()方法,使一个 MediaPlayer 对象处于 Idle 状态。

2. Initialized(已初始化)状态

调用 setDataSource (FileDescriptor)、setDataSource (String)、setDataSource (Context, Uri),或 setDataSource(FileDescriptor,long,long)方法会使处于 Idle 状态的对象迁移到 Initialized 状态。

注意:若当 MediaPlayer 对象处于其他的状态(非 Idle 状态)下,调用 setDataSource()方

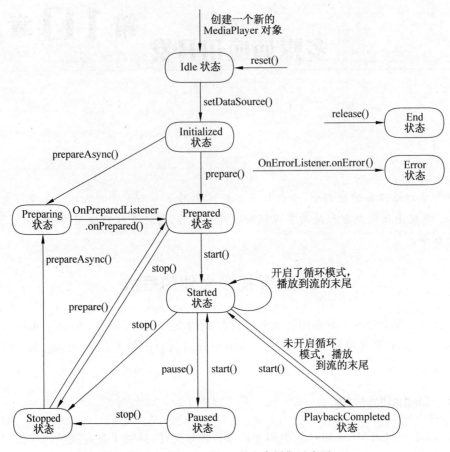

图 10-1　MediaPlayer 的生命周期示意图

法,会抛出 IllegalStateException 异常。

3. Prepared/Preparing(就绪/准备)状态

在开始播放之前,MediaPlayer 对象必须进入就绪状态。

有两种方法(同步和异步)可以使 MediaPlayer 对象进入就绪状态:调用 prepare()方法(同步),使该 MediaPlayer 对象进入 Prepared 状态并返回;或调用 prepareAsync()方法(异步),使 MediaPlayer 对象进入 Preparing 状态并返回,而内部的播放引擎会继续未完成的准备工作。当同步版本返回时或异步版本的准备工作全部完成时,就会调用客户端提供的 OnPreparedListener. onPrepared()监听方法。可以调用 MediaPlayer. setOnPreparedListener(android. media. MediaPlayer. OnPreparedListener)方法来注册 OnPreparedListener。

在不合适的状态下调用 prepare()和 prepareAsync()方法会抛出 IllegalStateException 异常。当 MediaPlayer 对象处于 Prepared 状态的时候,可以调整音视频的属性,如音量、播放时是否一直亮屏、循环播放等。

4. Started(播放)状态

要开始播放,必须调用 start()方法。当此方法成功返回时,MediaPlayer 的对象处于 Started 状态。可以调用 isPlaying()方法来测试某个 MediaPlayer 对象是否在 Started 状态。

当处于 Started 状态时,内部播放引擎会调用客户端程序提供的 OnBufferingUpdate- Listener. onBufferingUpdate()回调方法,此回调方法允许应用程序追踪播放流缓冲的状态。

对一个已经处于 Started 状态的 MediaPlayer 对象调用 start()方法将不会执行任何操作。

5. Paused(暂停)状态

调用 pause()方法可以暂停、停止播放,以及调整当前播放位置。当调用 pause()方法并返回时,会使 MediaPlayer 对象进入 Paused 状态。Started 与 Paused 状态的相互转换在内部的播放引擎中是异步的,所以可能需要一点时间在 isPlaying()方法中更新状态,若正在播放流内容,这段时间可能会有几秒。

调用 start()方法会让一个处于 Paused 状态的 MediaPlayer 对象从之前暂停的地方恢复播放。当调用 start()方法返回的时候,MediaPlayer 对象的状态会又变成 Started 状态。

对一个已经处于 Paused 状态的 MediaPlayer 对象调用 pause()方法将不会执行任何操作。

6. Stopped(停止)状态

调用 stop()方法会停止播放,并且还会让一个处于 Started、Paused、Prepared 或 PlaybackCompleted 状态的 MediaPlayer 进入 Stopped 状态。

对一个已经处于 Stopped 状态的 MediaPlayer 对象调用 stop()方法将不会执行任何操作。

调用 seekTo()方法可以调整播放的位置。seekTo(int)方法是异步执行的,所以它可以马上返回,但是实际的定位播放操作可能需要一段时间才能完成,尤其是播放流形式的音视频。seekTo(int)方法可以在其他状态下调用,例如 Prepared、Paused 和 PlaybackCompleted 状态。此外,当前的播放位置可以通过调用 getCurrentPosition()方法得到,它可以用于帮助播放应用程序不断更新播放进度。

7. PlaybackCompleted(播放完成)状态

当播放到流的末尾,播放就完成了。如果调用了 setLooping(boolean)方法开启了循环模式,那么这个 MediaPlayer 对象会重新进入 Started 状态。如果没有开启循环模式,那么内部的播放引擎会调用客户端程序提供的 OnCompletion. onCompletion()回调方法。可以通过调用 MediaPlayer. setOnCompletionListener(OnCompletionListener)方法来设置。内部的播放引擎一旦调用了 OnCompletion. onCompletion()回调方法，说明这个 MediaPlayer 对象进入了 PlaybackCompleted 状态。

当处于 PlaybackCompleted 状态的时候，可以再调用 start()方法让这个 MediaPlayer 对象再进入 Started 状态。

8. Error（错误）状态

一旦发生错误，MediaPlayer 对象会进入 Error 状态。可以调用 reset()方法把这个对象恢复成 Idle 状态。在不合法的状态下调用一些方法，如 prepare()、prepareAsync()或 setDataSource()方法会抛出 IllegalStateException 异常，使 MediaPlayer 对象进入 Error 状态。

9. End（结束）状态

当调用了 release()方法后，MediaPlayer 对象就处于 End 状态。一旦一个 MediaPlayer 对象不再被使用，应立即调用 release()方法来释放在内部播放引擎中与这个 MediaPlayer 对象关联的资源。资源可能包括硬件加速组件的单态组件，若没有调用 release()方法可能会导致之后的 MediaPlayer 对象实例无法使用这种单态硬件资源，导致运行失败。一旦 MediaPlayer 对象进入了 End 状态，就不能再被使用，也没有办法再迁移到其他状态。

特定的操作只能在特定的状态时才有效，所以编写程序时必须时刻注意到它的变化。如果在错误的状态下执行一个操作，系统可能抛出一个异常或导致一个意外的行为。例如，当创建一个新的 MediaPlayer 对象时，它处于 Idle 状态，应调用 setDataSource()方法初始化，使它进入 Initialized 状态。之后，应调用 prepare()方法或 prepareAsync()方法准备播放。当 MediaPlayer 准备完成，它将进入 Prepared 状态，这表示可以调用 start()来播放了。注意，当调用了 stop()方法后，不能再调用 start()方法，除非使其重新进入 Prepared 状态。

10.1.2 使用 MediaPlayer 播放音频文件

可以利用 MediaPlayer 对象来播放音频文件。在使用 MediaPlayer 之前，必须在 AndroidManifest. xml 配置文件中声明相关的权限。如果播放的文件在外部存储中，需要在 AndroidManifest. xml 配置文件中声明外存的读权限，权限名称为 android. permission. READ_EXTERNAL_STORAGE；如果应用程序在播放过程中需要阻止屏幕变暗或阻止处理器睡眠，或使用 MediaPlayer. setScreenOnWhilePlaying()、MediaPlayer. setWakeMode()等方法，还必须声明对睡眠加锁的权限，权限名称为 android. permission. WAKE_LOCK；如果使用 MediaPlayer 来播放网络流中的内容，还必须声明网络存取权限，权限名称为 android. permission. INTERNET。

实现播放需要首先创建 MediaPlayer 对象，并装载音频文件，然后调用 MediaPlayer 对象的 start()方法播放音频文件。

（1）创建 MediaPlayer 对象，装载音频文件。

可以通过调用 MediaPlayer 的静态方法 create()创建 MediaPlayer 对象,也可以通过它的构造方法用 new 操作符创建 MediaPlayer 对象。

create()方法的语法格式如下:

```
public static MediaPlayer create(Context context, int resid)
```

或

```
public static MediaPlayer create(Context context, Uri uri)
```

代码段 10-1 分别用两种方法创建了 MediaPlayer 对象 mpRaw 和 mpLocal,并且分别装载了音频文件。

代码段 10-1　创建 MediaPlayer 对象,装载音频文件
```
MediaPlayer mpRaw =MediaPlayer.create(this, R.raw.musicname);
//创建 MediaPlayer 对象 mpRaw 并装载 raw 文件夹中 musicname.mp3 音频文件
MediaPlayer mpLocal =new MediaPlayer();
//创建 MediaPlayer 对象 mpLocal
mpLocal.setDataSource("/storage/emulated/0/music/music01.mp3");
//装载本地文件系统存储的音频文件 music01.mp3
```

MediaPlayer 播放的音频文件可以是 RAW 资源文件、本地文件系统或网络中的音频文件。Android 系统不会解析 RAW 资源文件,它必须是一种适当编码和格式化的媒体文件。

MediaPlayer 播放网络音频文件的具体方法是,通过创建网络 URI 实例,调用 MediaPlayer 的静态方法 create(),传递 URI 参数来完成 MediaPlayer 对象实例化,或通过调用 MediaPlayer 对象的 setDataSource()方法,设置文件播放路径来完成播放。

需要注意的是,当使用 setDataSource()方法时必须捕获和传递 IllegalArgumentException 和 IOException,因为引用的文件可能不存在。使用 setDataSource()方法设置要装载的音频文件后,MediaPlayer 并没有真正装载这个文件,因此需要调用 MediaPlayer 的 prepare()方法装载这个文件,之后才能播放。

(2) 调用 MediaPlayer 对象的 start()方法播放音频文件。

设置了 MediaPlayer 对象的数据源后,可以先调用 MediaPlayer 对象的 prepare()方法进行播放前的准备,之后调用 start()方法播放指定的多媒体音频文件。

(3) 播放过程的控制。

如果想停止音频文件的播放,可以调用 MediaPlayer 对象的 stop()方法停止播放;暂停播放调用 pause()方法;重复播放则需要先调用 reset()方法初始化 MediaPlayer 状态,然后调用 prepare()方法准备播放,最后调用 start()方法播放媒体文件。当暂停文件播放后,如果要继续播放,重新调用 start()方法即可。

【例 10-1】　示例工程 Demo_10_MediaPlayerForAudio 实现了一个简易的音频文件播放器,播放 raw 文件夹下的音频文件。播放过程中可以进行暂停、继续、停止的控制。

MainActivity 的布局如图 10-2 所示,程序运行后会自动播放音频文件。

图 10-2　简易播放器的界面

点击"暂停"按钮,调用 MediaPlayer 对象的 pause()方法;点击"播放"按钮,调用 start()方法继续播放;点击"停止"按钮,则调用 stop()方法使播放停止。具体实现如代码段 10-2 所示。

代码段 10-2　简易的音频文件播放器程序

```
//package 和 import 语句略
public class MainActivity extends AppCompatActivity {
    MediaPlayer mp;
    @Override
    protected void onCreate(Bundle savedInstanceState) {
        super.onCreate(savedInstanceState);
        setContentView(R.layout.activity_main);
        final TextView text = (TextView) this.findViewById(R.id.text);
        Button BtnPau = (Button) this.findViewById(R.id.BtnPau);
        Button BtnCon = (Button) this.findViewById(R.id.BtnCon);
        Button BtnStop = (Button) this.findViewById(R.id.BtnStop);
        text.setText("正在播放 Raw 资源文件 music01.mp3");
        mp=MediaPlayer.create(this, R.raw.music01);
        //创建 MediaPlayer 对象 mp 并关联音频文件
        mp.start();                                            //播放音频文件
        BtnPau.setOnClickListener(new View.OnClickListener() {
            @Override
            public void onClick(View v) {
                mp.pause();
                text.setText("播放暂停");
            }
        });
        BtnCon.setOnClickListener(new View.OnClickListener() {
            @Override
            public void onClick(View v) {
                mp.start();
```

```
                text.setText("正在播放 Raw 资源文件 music01.mp3");
            }
        });
        BtnStop.setOnClickListener(new View.OnClickListener() {
            @Override
            public void onClick(View v) {
                mp.stop();
                text.setText("播放停止");
            }
        });
    }
}
```

10.1.3　使用 MediaPlayer 播放视频文件

使用 MediaPlayer 类播放视频文件,需要使用一个 SurfaceView 对象作为输出设备。

SurfaceView 继承自 android. view. View 类,视图中内嵌了一个专门用于绘制的 Surface,可以控制这个 Surface 的格式、尺寸以及绘制位置。SurfaceView 通常与 MediaPlayer 结合使用,提供一个播放视频的预览窗口。

为了节省资源,SurfaceView 变得可见时内嵌的 Surface 被创建,SurfaceView 隐藏前 Surface 被销毁。可以通过 SurfaceHolder 接口访问这个 Surface,调用 getHolder()方法可以得到这个接口。Surface 是纵深排序(Z-ordered)的,它总在自己所在窗口的后面。SurfaceView 提供了一个可见区域,只有在这个可见区域内的 Surface 部分内容才可见,可见区域外的部分不可见。Surface 的排序显示受到视图层级关系的影响,它的兄弟视图结点会在顶端显示。这意味着 Surface 的内容会被它的兄弟视图遮挡,这一特性可以用来放置遮盖物(overlays),例如文本和按钮等控件。但是要注意,如果 Surface 上面有透明控件,那么它的每次变化都会引起框架重新计算它和顶层控件的透明效果,这会影响性能。

SurfaceView 默认使用双缓冲技术,它支持在子线程(渲染线程)中绘制图像,这样就不会阻塞主线程了,所以它非常适合游戏的开发。一般来说,所有 SurfaceView 和 SurfaceHolder. Callback 的方法都应该在 UI 线程里调用,子线程所要访问的各种变量应该作同步处理。由于 Surface 可能被销毁,它只在 SurfaceHolder. Callback. surfaceCreated()和 SurfaceHolder. Callback. surfaceDestroyed()之间有效,所以要确保渲染线程访问的是合法有效的 surface。

初始的 SurfaceView 将决定视频的播放大小。系统会自动适配 SurfaceView 和视频的大小比例,使之恰当。

使用 SurfaceView 的一般过程是:首先继承 SurfaceView 并实现 SurfaceHolder. Callback 接口,实现它的 3 个方法是 surfaceCreated()、surfaceChanged()和 surfaceDestroyed()。还需要获得 SurfaceHolder,并添加回调函数,这样这 3 个方法才会执行。

surfaceCreated(SurfaceHolder holder)方法在 surface 创建的时候调用,一般在该方法中启动绘图的线程。surfaceChanged(SurfaceHolder holder,int format,int width,int height)方法在 surface 尺寸发生改变的时候调用,如横竖屏切换。surfaceDestroyed(SurfaceHolder holder)方法在 Surface 被销毁的时候调用,一般在该方法中停止绘图线程。

　　【例 10-2】 示例工程 Demo_10_MediaPlayerForVideo 演示了使用 MediaPlayer 和 SurfaceView 播放视频的方法。

　　本例中播放外部存储中的视频文件,所以需要在 AndroidManifest.xml 配置文件中注册外存的读权限:

```xml
<uses-permission android:name="android.permission.READ_EXTERNAL_STORAGE" />
```

　　在界面布局文件中添加 SurfaceView 控件,布局文件内容如代码段 10-3 所示。

代码段 10-3　在界面布局文件中添加 SurfaceView 控件

```xml
<?xml version="1.0" encoding="utf-8"?>
<LinearLayout xmlns:android="http://schemas.android.com/apk/res/android"
    android:orientation="vertical"
    android:layout_width="match_parent"
    android:layout_height="match_parent">
    <TextView
        android:layout_width="wrap_content"
        android:layout_height="wrap_content"
        android:text="使用 MediaPlayer 播放视频示例"/>
    <TextView
        android:id="@+id/text"
        android:layout_width="match_parent"
        android:layout_height="wrap_content"/>
    <SurfaceView
        android:id="@+id/myVideoView"
        android:layout_width="match_parent"
        android:layout_height="match_parent"/>
</LinearLayout>
```

　　定义 MainActivity 类,获取布局文件中的 SurfaceView 实例,并实现 SurfaceHolder.Callback 接口,重写它的 surfaceCreated()方法,实现视频的播放,如代码段 10-4 所示。

代码段 10-4　视频的播放

```java
//package 和 import 语句略
public class MainActivity extends AppCompatActivity {
    private SurfaceView mysurfaceView;
    private SurfaceHolder myHolder =null;
```

```
private MediaPlayer myMediaPlayer;
private String myPath;
private TextView text;
public void onCreate(Bundle savedInstanceState){
    super.onCreate(savedInstanceState);
    this.setContentView(R.layout.activity_main);
    text = (TextView)this.findViewById(R.id.text);
    mysurfaceView = (SurfaceView)this.findViewById(R.id.myVideoView);
    myPath =Environment.getExternalStorageDirectory().getPath()+
            "/movies/video0010.3gp";
    //SurfaceView中的getHolder方法可以获取一个SurfaceHolder实例
    myHolder =mysurfaceView.getHolder();
    myHolder.addCallback(new SurfaceHolder.Callback() {
    @Override
    public void surfaceChanged(SurfaceHolder holder, int format, int w, int h) {
    }
    @Override
    public void surfaceCreated(SurfaceHolder holder) {
            //当Surface被创建时,该方法被调用,可以在这里实例化Camera对象
            try {
                myMediaPlayer=new MediaPlayer();
                myMediaPlayer.setDataSource(myPath);
                text.setText("播放视频文件:"+myPath);
                myMediaPlayer.setDisplay(holder);
                myMediaPlayer.prepare();
                myMediaPlayer.start();
            } catch (Exception e) {
                Log.e("我的提示信息", "error: " +e.getMessage(), e);
            }
    }
    @Override
    public void surfaceDestroyed(SurfaceHolder holder) {
        //当Surface被销毁的时候,该方法被调用
    }
    });
  }
}
```

示例程序的运行结果如图 10-3 所示。

10.1.4 利用系统内置的播放器程序播放音频和视频

对于音频和视频,Android 系统有其内置的播放器程序,可以使用隐式 Intent 来调用它。

图 10-3 利用 MediaPlayer 播放视频文件

使用 Android 内置的播放器,只需指定 Intent 对象的 Action 属性值为 ACTION_ VIEW,同时用一个 URI 来指定要播放文件的路径,并指定所要播放文件的格式信息 (MIME),就可以调用播放器来播放该音频或视频了。

【例 10-3】 示例工程 Demo_10_MusicPlay 演示了如何利用 Android 内置的播放器 来播放音频文件。

MainActivity 类的主要代码如代码段 10-5 所示,示例程序的运行结果如图 10-4 所示。

代码段 10-5 使用 Android 系统内置的播放器程序播放音频

```
//package 和 import 语句略
public class MainActivity extends AppCompatActivity {
    @Override
    protected void onCreate(Bundle savedInstanceState) {
        super.onCreate(savedInstanceState);
        setContentView(R.layout.activity_main);
        Intent intent =new Intent(Intent.ACTION_VIEW);
        File sdcard =Environment.getExternalStorageDirectory();
        //获取外部存储的路径
        File audioFile =new File(sdcard.getPath()+"/music/music01.mp3");
        //获取音频文件的 Uri
```

```
        Uri audioUri =Uri.fromFile(audioFile);
        //指定 Uri 和 MIME
        intent.setDataAndType(audioUri, "audio/x-mpeg");
        startActivity(intent);                //播放
    }
}
```

图 10-4　调用系统内置的播放器播放音频

【例 10-4】　示例工程 Demo_10_VideoPlay 演示了使用系统内置播放器播放视频的方法。

MainActivity 类的主要代码如代码段 10-6 所示。

代码段 10-6　使用 Android 系统内置的播放器程序播放视频
```
//package 和 import 语句略
public class MainActivity extends AppCompatActivity {
    @Override
    protected void onCreate(Bundle savedInstanceState) {
        super.onCreate(savedInstanceState);
        setContentView(R.layout.activity_main);
        Intent intent =new Intent(Intent.ACTION_VIEW);    //设置 Action
        File sdcard =Environment.getExternalStorageDirectory();
                                            //获取外部存储的路径
        //获取该文件的 URI
        Uri uri =Uri.parse(sdcard.getPath()+"/movies/video0010.3gp");
        //设置视频文件的类型
        intent.setDataAndType(uri, "video/3gp");
        startActivity(intent);                //调用系统内置的播放器,开始播放
    }
```

示例程序运行后,调用 Android 内置的播放器全屏播放指定的视频文件,如图 10-5 所示。播放完成后自动回到 MainActivity 的界面。

图 10-5　调用系统内置的播放器播放视频

10.1.5　使用 VideoView 播放视频

为了简化播放视频文件的处理过程,Android 框架提供了 VideoView 类来封装 MediaPalyer。VideoView 在 android. widget 包中,继承自 android. view. SurfaceView 类,实现了 MediaController. MediaPlayerControl 接口,用于播放视频和播放过程的控制。VideoView 通过与 MediaController 类结合使用,编程者可以不用自己控制播放与暂停,它的使用过程比利用 SurfaceView 结合 MediaPlayer 播放视频更直接、简单。

VideoView 类可以从资源文件或内容提供器等不同的来源读取视频图像,并能计算和维护视频的画面尺寸,以使其适用于任何布局管理器。另外,它还提供了一些诸如缩放、着色之类的显示选项。

VideoView 的主要构造方法如下:

(1) public VideoView (Context context)。

该方法创建一个默认属性的 VideoView 实例。参数 context 是视图运行的应用程序上下文,通过它可以访问当前主题、资源等。

(2) public VideoView (Context context,AttributeSet attrs)。

该方法创建一个带有 attrs 属性的 VideoView 实例。参数 context 是视图运行的应用程序上下文,attrs 是用于视图的 XML 标签属性集合。

(3) public VideoView (Context context,AttributeSet attrs, int defStyle)。

该方法创建一个带有 attrs 属性,并且指定其默认样式的 VideoView 实例。参数 defStyle 是应用到视图的默认风格。如果为 0 则不应用风格(包括当前主题中的风格)。

VideoView 提供了一些公共方法用于播放过程的控制,例如,调用 start()方法开始播放视频文件,调用 pause()方法使播放暂停,调用 seekTo()方法设置播放位置,调用 setVideoPath()和 setVideoURI()方法设置视频文件的路径,等等。VideoView 还提供了一些方法用于获得播放过程的各类参数,例如,调用 getCurrentPosition()方法可以获得

当前的播放位置,调用 getDuration()方法可以获得所播放视频的总时间,调用 isPlaying()
方法可以判断是否正在播放视频等。

当 VideoView 创建的时候,MediaPalyer 对象将会创建;当 VideoView 对象销毁的时
候,MediaPlayer 对象将会释放。不需要管理 MediaPalyer 的各种状态,这些状态都已经
被 VideoView 封装了。

【例 10-5】　工程 Demo_10_VideoView 使用 VideoView 实现播放视频。在布局文件
中使用 VideoView 结合 MediaController 来实现对视频播放的控制。

首先,在界面布局文件中添加 VideoView 控件,或在 Java 程序中创建 VideoView 对
象。本例使用前一种方法,activity_main 文件内容如代码段 10-7 所示。

代码段 10-7　activity_main.xml 文件中添加 VideoView 控件

```xml
<?xml version="1.0" encoding="utf-8"?>
<LinearLayout xmlns:android="http://schemas.android.com/apk/res/android"
    android:orientation="vertical"
    android:layout_width="match_parent"
    android:layout_height="match_parent">
    <TextView
        android:layout_width="wrap_content"
        android:layout_height="wrap_content"
        android:text="用 VideoView 播放视频文件示例"/>
    <TextView
        android:id ="@+id/text_view"
        android:layout_width="wrap_content"
        android:layout_height="wrap_content"/>
    <VideoView
        android:id="@+id/video_view"
        android:layout_width="match_parent"
        android:layout_height="match_parent"
        android:layout_centerInParent="true" />
</LinearLayout>
```

然后,在 MainActivity 中获取布局文件中的 VideoView 实例,调用 VideoView 类的
方法加载指定的视频文件。有两个方法可以实现这一功能,其中 setVideoPath(String
path)方法用于加载 path 路径指定的视频文件,而 setVideoURI(Uri uri)方法用于加载
URI 所对应的视频文件,可视具体情况选择其一。调用 VideoView 的 start()、stop()、
pause()方法控制视频的播放。MainActivity 的主要代码如代码段 10-8 所示。

代码段 10-8　使用 VideoView 播放视频

```java
//package 和 import 语句略
public class MainActivity extends AppCompatActivity implements MediaPlayer.
    OnErrorListener,MediaPlayer.OnCompletionListener{
```

```
    private VideoView myVideoView;
    private Uri mUri;
    private int mPositionWhenPaused =-1;
    private MediaController mMediaController;
    private TextView textView;
    @Override
    public void onCreate(Bundle savedInstanceState) {
        super.onCreate(savedInstanceState);
        setContentView(R.layout.activity_main);
        myVideoView = (VideoView)findViewById(R.id.video_view);
        textView = (TextView)findViewById(R.id.text_view);
        File sdcard =Environment.getExternalStorageDirectory();
                                            //获取外部储存路径
        mUri =Uri.parse(sdcard.getPath()+"/movies/video0010.3gp");
                                            //将路径字符串解析为 URI 实例
        textView.setText("播放视频:"+mUri.toString()+"\n");
        mMediaController =new MediaController(this);
                                            //创建媒体控制器
        myVideoView.setMediaController(mMediaController);
                                            //设置一个控制条
    }
    @Override
    public void onStart() {
        super.onStart();
        myVideoView.setVideoURI(mUri);          //设置视频文件的路径
        myVideoView.start();                    //播放视频
    }
    //监听 MediaPlayer 上报的错误信息
    public boolean onError(MediaPlayer mp, int what, int extra) {
        return false;
    }
    //Video 播完的时候得到通知
    public void onCompletion(MediaPlayer mp) {
        this.finish();
    }
}
```

通过实现 MediaPlayer. OnErrorListener 接口可以监听 MediaPlayer 上报的错误信息。另外,实现 MediaPlayer. OnCompletionListener 接口,将会在 Video 播完的时候得到通知,本例只是设置了在播完后结束程序。

示例程序为 VideoView 设置了一个 Android 内置的控制条,具有"暂停""快进""快退"按钮和一个进度显示条。示例程序的运行结果如图 10-6 所示。

图 10-6 利用 VideoView 播放视频文件

10.2 音视频文件的录制

10.2.1 MediaRecorder 类

MediaRecorder 类用于录制音频和视频文件。与 MediaPlayer 类似,它的运行也是基于状态的。MediaRecorder 主要有以下几个状态:

(1) Initial(初始)状态。使用 new 方法创建一个新的 MediaRecorder 对象,则它处于 Initial 状态。

(2) Initialized(已初始化)状态。MediaRecorder 对象在 Initial 状态时,设定视频源或音频源之后将转换为 Initialized 状态。通过调用 reset()方法可以回到 Initial 状态。

(3) DataSourceConfigured(数据源配置)状态。MediaRecorder 对象在 Initialized 状态时,可以通过设置输出格式转换为 DataSourceConfigured 状态。这个期间可以设定编码方式、输出文件、屏幕旋转、预览显示等。它仍然可以通过调用 reset()方法回到 Initial 状态。

(4) Prepared(就绪)状态。MediaRecorder 对象在 DataSourceConfigured 状态时,可以通过调用 prepare()方法进入 Prepared 状态。通过调用 reset()方法回到 Initialized 状态。

(5) Recording(录制)状态。MediaRecorder 对象在 Prepared 状态下,通过调用 start()

方法可以进入 Recording 状态。它可以通过停止或者重新启动回到 Initial 状态。

（6）Released（释放）状态。可以通过调用 release()方法进入这个状态,这时将会释放所有和 MediaRecorder 对象绑定的资源。

（7）Error（错误）状态。当错误发生的时候进入 Error 状态,可以调用 reset()方法把这个对象恢复成 Initial 状态。

10.2.2　使用 MediaRecorder 录制音视频

使用 MediaRecorder 类可以实现音视频的录制功能。使用 MediaRecorder 类录制音频和视频的方法类似,所不同的是录制视频需要设置更多的参数,例如设置用来录制视频的 Camera、视频图像的输出尺寸、视频的编码格式等。另外,视频录制需要使用 Camera,还需要在 AndroidManifest. xml 配置文件中声明相关权限。

使用 MediaRecorder 录制音频和视频的一般步骤如下。

步骤 1:在 AndroidManifest. xml 配置文件中声明相关权限。录制音频需要获得录制 audio 的权限,视频录制需要获得 Camera 的权限,如果要将录制的文件写入外部存储中,则还需要外存的写入权限。

步骤 2:定义 MainActivity 类,创建 MediaRecorder 实例。可以用 MediaRecorder 的默认构造方法创建一个 MediaRecorder 的实例对象。

步骤 3:设置 MediaRecorder 对象的数据源。音频录制需要调用 MediaRecorder 对象的 setAudioSource()方法设置音频源。例如下面的语句指定音频源为 MIC,即从麦克风获取音频,这是最常用的音频源。

```
myRecorder.setAudioSource(MediaRecorder.AudioSource.MIC);
```

类似地,如果进行视频录制,需要调用 MediaRecorder. setVideoSource()方法设置视频源。例如下面的语句指定从照相机采集视频。

```
myRecorder.setVideoSource(MediaRecorder.VideoSource.CAMERA);
```

步骤 4:设置音视频的输出格式和编码格式。例如下面的代码片段指定了音频编码方式为 AMR_NB,视频编码格式为 H263 格式。

```
myRecorder.setOutputFormat(MediaRecorder.OutputFormat.THREE_GPP);
myRecorder.setAudioEncoder(MediaRecorder.AudioEncoder.AMR_NB);
myRecorder.setVideoEncoder(MediaRecorder.VideoEncoder.H263);
```

如果是录制视频,还需要设置视频的分辨率和视频帧率,例如:

```
myRecorder.setVideoSize(960, 544);
myRecorder.setVideoFrameRate(4);
```

MediaRecorder. OutputFormat. THREE_GPP 为 MediaRecorder 音视频输出格式的一种,其他的还有 AMR_NB、AMR_WB、DEFAULT、MPEG_4、RAW_AMR 等,详情请查看 MediaRecorder. OutputFormat 类的 API 文档。Android 支持的音频编码格式有 DEFAULT、AMR_NB、AMR_WB、AAC 等。详情请查看 MediaRecorder. AudioEncoder 类的 API 文档。

Android 2.2 及其以后版本采用下面的方式设置输出格式和编码格式:

```
myRecorder. setProfile (CamcorderProfile. get (CamcorderProfile. QUALITY _
    HIGH));
```

步骤 5:调用 MediaRecorder. setOutputFile()设置 mediaRecorder 的输出文件名称。例如:

```
File videoFile =new File(Environment.getExternalStorageDirectory(),System.
    currentTimeMillis()+".3gp");
myRecorder.setOutputFile(videoFile.getAbsolutePath());
```

在配置 MediaRecorder 的过程中,需要注意参数设置的顺序,否则应用程序可能会抛出 java. lang. IllegalStateException 异常。

步骤 6:配置完成以后,调用 MediaRecorder. prepare()准备录制。这个方法执行完后 MediaRecorder 就准备好了捕捉和编码音视频数据。

调用 MediaRecorder. start()方法开始录制。录制完成后,可以调用 MediaRecorder. stop()方法停止录制。当 MediaRecorder 对象完成音视频录制,并且不再使用时,调用 release()方法对 MediaRecorder 资源进行释放。

【**例 10-6**】 工程 Demo_10_MediaRecorderForAudio 演示了利用 MediaRecorder 对象录制音频,并将录制的音频存储成文件。

录制音频需要获得录制 audio 的权限,保存录音文件需要向外部存储写数据的权限,回放录音文件需要从外部存储读数据的权限。在 AndroidManifest. xml 配置文件中添加权限声明,如代码段 10-9 所示。

代码段 10-9 声明权限
```
<uses-permission android:name="android.permission.RECORD_AUDIO"/>
<uses-permission android:name="android.permission.WRITE_EXTERNAL_STORAGE"/>
<uses-permission android:name="android.permission.READ_EXTERNAL_STORAGE"/>
```

定义 MainActivity 类,界面如图 10-7 所示。界面中设置了 4 个按钮:点击"开始"按钮,开始录音;点击"停止"按钮,录音结束,存储录音文件;点击"播放"按钮,则播放先前录制的文件;点击"结束"按钮,则关闭 Activity,返回录制的音频的 URI。

MainActivity 的实现如代码段 10-10 所示。

图 10-7　录制音频文件

代码段 10-10　利用 MediaRecorder 对象录制音频

```
//package 和 import 语句略
public class MainActivity extends AppCompatActivity implements View.
        OnClickListener {
private TextView stateView,saveView;
private Button btnStart,btnStop,btnPlay,btnFinish;
private MediaRecorder myRecorder;
private MediaPlayer player;
private File audioFile;
private Uri fileUri;
private boolean isRecord = false;
public void onCreate(Bundle savedInstanceState){
    super.onCreate(savedInstanceState);
    setContentView(R.layout.activity_main);
    stateView = (TextView)this.findViewById(R.id.view_state);
    saveView = (TextView)this.findViewById(R.id.view_save);
    stateView.setText("准备开始");
    btnStart = (Button)this.findViewById(R.id.btn_start);
    btnStop = (Button)this.findViewById(R.id.btn_stop);
    btnPlay = (Button)this.findViewById(R.id.btn_play);
    btnFinish = (Button)this.findViewById(R.id.btn_finish);
    btnStop.setEnabled(false);
    btnPlay.setEnabled(false);
    btnFinish.setEnabled(false);
    btnStart.setOnClickListener(this);
    btnStop.setOnClickListener(this);
    btnFinish.setOnClickListener(this);
    btnPlay.setOnClickListener(this);
}
public void onClick(View v){
    int id =v.getId();
```

```
switch(id){
    case R.id.btn_start:
            //开始录制,先实例化一个 MediaRecorder 对象,然后进行相应的设置
        myRecorder =new MediaRecorder();
            //指定 AudioSource 为 MIC,从麦克风获取音频,这是最常用的
        myRecorder.setAudioSource(MediaRecorder.AudioSource.MIC);
            //指定输出格式和编码方式
        myRecorder.setOutputFormat(MediaRecorder.OutputFormat.
            DEFAULT);
        myRecorder.setAudioEncoder(MediaRecorder.AudioEncoder.
            DEFAULT);
            //设置录音文件的存储位置
        audioFile =new File(Environment.getExternalStorageDirectory(),
            System.currentTimeMillis()+"aa.3gp");
        myRecorder.setOutputFile(audioFile.getAbsolutePath());
        try{
            myRecorder.prepare();                        //缓冲
        } catch (IllegalStateException e1) {
            e1.printStackTrace();
        } catch (IOException e1) {
            e1.printStackTrace();
        }
        myRecorder.start();                              //开始录制
        isRecord =true;                                  //正在录制设为 true
        stateView.setText("正在录制");
        saveView.setText("录音文件保存在:"+audioFile.getAbsolutePath());
        btnStart.setEnabled(false);
        btnPlay.setEnabled(false);
        btnStop.setEnabled(true);
        break;
    case R.id.btn_stop:
        myRecorder.stop();
        myRecorder.release();
        //录制结束后,实例化一个 MediaPlayer 对象,然后准备播放
        player =new MediaPlayer();
        player.setOnCompletionListener(new MediaPlayer.
            OnCompletionListener() {
            @Override
            public void onCompletion(MediaPlayer arg0) { //更新按钮状态
                stateView.setText("准备录制");
                btnPlay.setEnabled(true);
                btnStart.setEnabled(true);
                btnStop.setEnabled(false);
```

```
            }
        });
        try {                                      //准备播放
            player.setDataSource(audioFile.getAbsolutePath());
            player.prepare();
        } catch (IllegalArgumentException e) {
            e.printStackTrace();
        } catch (IllegalStateException e) {
            e.printStackTrace();
        } catch (IOException e) {
            e.printStackTrace();
        }
        stateView.setText("准备播放");
        btnPlay.setEnabled(true);                   //更新按钮状态
        btnStart.setEnabled(true);
        btnStop.setEnabled(false);
        break;
    case R.id.btn_play:
        //播放录音。录音结束时已经实例化 MediaPlayer,做好了播放的准备
        player.start();
        stateView.setText("正在播放");
        btnStart.setEnabled(false);                 //更新按钮状态
        btnStop.setEnabled(false);
        btnPlay.setEnabled(false);
        break;
    case R.id.btn_finish:
        //完成录制,返回录制的音频的 URI
        Intent intent =new Intent();
        intent.setData(fileUri);
        this.setResult(RESULT_OK, intent);
        this.finish();
        break;
    }
  }
}
```

10.3　基于 Camera 类的图片摄取

10.3.1　Camera 类

Camera 是 Android 系统定义的摄像头类,它可以用于图像预览、捕获图片和录制视频等。在照相时,这个类也可以用来设置摄像头参数。

Camera 对象的常用方法如表 10-1 所示。

表 10-1　Camera 对象的常用方法

方 法 名	说 明
open()	获取 Camera 实例
getParameters()	获取 Camera 的参数
setParameters(param)	设置 Camera 的参数
setPreviewDisplay(holder)	Camera 与 SurfaceHolder 联系起来，设置预览窗口
release()	释放 Camera
startPreview()	启动预览功能
stopPreview()	停止预览

　　Camera 中含有一个内部类 Camera. Parameters，利用该类可以对 Camera 的参数进行设置。可以调用 getParameters() 方法获得 Camera 的默认设置参数 Camera. Parameters，更改后用 setParameters(Camera. Parameters) 方法对 Camera 重新进行设置。由于不同设备的 Camera 参数是不同的，所以在设置时，需要首先判断设备对应的参数，再加以设置。例如，在调用 setEffects() 方法之前，最好先调用 getSupportedColorEffects() 方法判断设备支持的参数，如果设备不支持颜色特性，那么该方法将返回一个 null。

10.3.2　利用 Camera 类实现图片的摄取

　　利用 Camera 类可以实现图片的摄取。拍照过程中的预览功能需要一个存放取景器的容器，这个容器就是 SurfaceView。使用 SurfaceView 的同时，还需要使用 SurfaceHolder。SurfaceHolder 相当于一个监听器，可以监听 Surface 上的变化，通过其内部类 CallBack 来实现。

　　如果要在应用程序中使用 Camera，必须在 AndroidManifest. xml 配置文件中声明相应的 Camera 权限。如果用到了 Camera 和 auto-focus 特征，还应该设置 android. hardware. camera 和 android. hardware. camera. autofocus 权限。格式如下：

```
<uses-permission android:name ="android.permission.CAMERA"/>
<uses-feature android:name ="android.hardware.camera"/>
<uses-feature android:name ="android.hardware.camera.autofocus"/>
```

　　通常使用 SurfaceView 作为取景的容器和预览窗口，并通过调用 SurfaceView 的 getHolder() 方法获得其控制器 SurfaceHolder。SurfaceHolder 是系统提供的控制 SurfaceView 的控制器，通过其内部类 SurfaceHolder. Callback 来实现监听变化。Camera 可以通过调用 setPreviewDisplay(SurfaceView) 方法来设置 camera 的预览窗口。例如：

```
surfaceView=(SurfaceView) findViewById(R.id.myCameraView);
SurfaceHolder myholder =surfaceView.getHolder();
```

在得到了 SurfaceHolder 实例对象后,通过调用 SurfaceHolder 对象的 addCallBack()方法,实现将 SurfaceView 的回调接口 SurfaceHolder. Callback 绑定在 SurfaceHolder 上的功能。Callback 接口必须重写 3 个方法:SurfaceCreated()、SurfaceChanged()和SurfaceDestroyed(),如代码段 10-11 所示。这 3 个方法分别在 SurfaceView 被创建后、SurfaceView 发生变化时、SurfaceView 销毁时调用。

代码段 10-11　调用 addCallBack()方法

```
mSurfaceHolder.addCallback(new Callback() {
    public void surfaceDestroyed(SurfaceHolder holder) {
        //具体代码略
    }
    public void surfaceCreated(SurfaceHolder holder) {
        //具体代码略
    }
    public void surfaceChanged(SurfaceHolder holder, int format, int width,
            int height) {
        //具体代码略
    }
});
```

为了实现照片预览功能,需要将 SurfaceHolder 的类型设置为 PUSH,这可以通过调用 SurfaceHolder 的 setType()方法来实现,例如:

```
myholder.setType(SurfaceHolder.SURFACE_TYPE_PUSH_BUFFERS);
```

设置 Camera 的预览窗口完成后,就可以获得 Camera 实例进行预览了。具体方法是重写 SurfaceHolder. Callback 的 SurfaceCreated()方法。当 SurfaceView 创建时,该方法被调用。通过 Camera 的静态方法 open()可以获得 Camera 实例,然后设置 Camera 的预览窗口,最后通过调用 Camera 的 startPreview()方法开始预览。具体实现方法如代码段 10-12 所示。

代码段 10-12　设置预览窗口

```
public void surfaceCreated(SurfaceHolder holder) {
    myCamera =Camera.open();                     //获取 Camera 实例
    try {
        myCamera.setPreviewDisplay(holder);   //设置预览窗口
    } catch (Exception e) {
        e.printStackTrace();
        myCamera.release();                       //如果出现异常,则释放 Camera 对象
    }
    myCamera.startPreview();                     //启动预览功能
}
```

在拍照结束且不需要预览时,可以调用 stopPreview()方法停止预览,同时也要调用 release()方法将 Camera 实例销毁,这些一般在前面提到的 SurfaceDestroyed()方法中实现,如代码段 10-13 所示,其中的 ca 是 Camera 实例对象的名称。

代码段 10-13　停止预览

```
public void surfaceDestroyed(SurfaceHolder holder) {
    ca.stopPreview();
    ca.release();
    ca=null;
}
```

调用 Camera 的 takePicture()方法可以完成拍照,获取图片。takePicture()方法中的参数 shutter 是 Camera.ShutterCallback 类型数据,是相机快门的回调方法,主要目的是通过声音提醒用户照片已经拍照完毕;参数 jpeg 是 Camera.PictureCallback 类型数据,是相机拍照数据的处理回调方法参数之一,用来将数据流转化为指定的图片格式并进一步处理。根据需要可将照片保存到媒体库、放到 Activity 中回显或做其他的处理。

当相机摄取照片时,依次执行方法的 4 个回调方法,在 ShutterCallback 中需要重写 onShutter()方法,代码段 10-14 是一个示例。

代码段 10-14　摄取照片

```
Camera.ShutterCallback shutter =new ShutterCallback(){//实例化
    public void onShutter() {
        //相关处理逻辑
    }
};
```

同时还需要实现 Camera.PictureCallBack 接口,重写 onPictureTaken(byte[] data, Camera camera)方法处理获取的图片。代码段 10-15 是一个示例。

代码段 10-15　重写 onPictureTaken()方法

```
Camera.PictureCallback jpeg=new PictureCallback(){   //实例化
    public void onPictureTaken(byte[] data, Camera camera) {
        Bitmap bitmap =BitmapFactory.decodeByteArray(data, 0,data.length);
        iv.setImageBitmap(bitmap);                //iv 是 ImageView 的实例对象名
        iv.setVisibility(View.VISIBLE);           //使视图可见
        //略
    }
};
```

代码中的 BitmapFactory.decodeByteArray(data,0,data.length)方法是将照片数据流 data 转化为 bitmap 图片,并调用 ImageView 对象的 setImageBitmap()方法将图片显示在手机屏幕上。

至此,相机的预览和摄取照片功能就可以实现了。当然,相机有不同的类型,也有不同参数,还可对相机的参数进行设置,这时就需要更改 Camera. Parameters,可调用 getParameters()方法获得 Camera 的默认参数 Camera. Parameters,更改后调用 setParameters(Camera. Parameters)方法对 Camera 重新进行设置。相关代码如代码段 10-16 所示。代码中的 setPictureFormat(PixelFormat. JPEG)的功能是设置图片的格式, params. set("rotation",90)的功能是设置图片的旋转角度。另外还可以设置图片显示方式为横向、竖向或某个角度。可调用 setDisplayOrientation(int)方法设置照片与垂直显示边框的夹角。

```
代码段 10-16  参数设置
Parameters params =mCamera.getParameters();      //获得 Camera 的参数
params.setPictureFormat(PixelFormat.JPEG);        //设置图片格式
params.set("rotation", 90);                       //设置照片旋转 90°
mCamera.setParameters(params);                    //设置 Camera 的参数
intresult =90;
camera.setDisplayOrientation(result);             //设置 camera 顺时针旋转的角度
```

【例 10-7】　工程 Demo_10_GetPhotoByCamera 演示了采用基于 Camera 类的方法实现拍照,主要实现了预览、点击预览图片时摄取照片并将照片存储在媒体库中的操作。

　　Camera 的生命周期和 SurfaceView 的生命周期保持一致,SurfaceView 创建时,创建 Camera 实例,SurfaceView 销毁时销毁 Camera 实例。该程序运行后,首先显示预览画面,点击预览画面就会获取照片并保存,如图 10-8 所示。由于涉及 Camera 硬件的支持,在真实设备上才能看到正确的效果。

图 10-8　预览和拍摄照片

获取照片通过调用 Camera 的 takePicture（）方法实现，这需要实现 Camera.
PictureCallBack 接口并重写其 onPictureTaken()方法。在该方法中实现获取照片的处
理。本例中，在 onPictureTaken()方法中实现了照片摄取后的保存功能，照片存储为 JPG
格式，存储在媒体库中。

　　MainActivity 类的主要代码如代码段 10-17 所示。

代码段 10-17　基于 Camera 类的方法实现拍照

```
//package 和 import 语句略
public class MainActivity extends AppCompatActivity {
    private SurfaceView surfaceView;
    private Camera myCamera=null;                        //android.hardware.Camera 对象
    public void onCreate(Bundle savedInstanceState){
        super.onCreate(savedInstanceState);
        this.setContentView(R.layout.camera);
        this.setTitle("基于 Camera 的照相功能示例");
        surfaceView = (SurfaceView)findViewById(R.id.myCameraView);
        surfaceView.setFocusable(true);
        surfaceView.setFocusableInTouchMode(true);
        surfaceView.setClickable(true);
        surfaceView.setOnClickListener(new View.OnClickListener() {
            @Override
            public void onClick(View v) {
                Camera.ShutterCallback shutter =new ShutterCallback(){
                                            //相机的快门回调接口
                    public void onShutter() {
                        //TODO Auto-generated method stub
                    }
                };
                PictureCallback jpeg=new PictureCallback(){
                    public void onPictureTaken(byte[] data, Camera camera) {
                        //data 是一个原始的 JPEG 图像数据
                        Uri imageUri =MainActivity.this.getContentResolver().
                            insert(MediaStore.
                            Images.Media.EXTERNAL_CONTENT_URI, new
                                ContentValues());
                        try {
                            OutputStream os =
                                MainActivity.this.getContentResolver().
                                    openOutputStream(imageUri);
                            os.write(data);
                            os.flush();
                            os.close();
                        } catch (Exception e) {
                            e.printStackTrace();
```

```
                    }
                    myCamera.startPreview();
                              //保存图片后,再次调用 startPreview()回到预览状态
                }
            };
            myCamera.takePicture(shutter, null, jpeg);
        }
    });
    //SurfaceView 中的 getHolder 方法可以获取一个 SurfaceHolder 实例
    SurfaceHolder myholder = surfaceView.getHolder();
    //为了实现照片预览功能,需要将 SurfaceHolder 的类型设置为 PUSH
    myholder.setType(SurfaceHolder.SURFACE_TYPE_PUSH_BUFFERS);
    //设置回调函数,SurfaceHolder.Callback
    myholder.addCallback(new Callback() {
        @Override
        public void surfaceChanged(SurfaceHolder holder, int format, int
             w, int h) {
        }
        @Override
        public void surfaceCreated(SurfaceHolder holder) {
            //当 Surface 被创建时,该方法被调用,可以在这里实例化 Camera 对象
            int i=Camera.getNumberOfCameras();
            myCamera =Camera.open();            //获取 Camera 实例
            try {
                Parameters pa =myCamera.getParameters();
                pa.setPictureFormat(ImageFormat.JPEG);
                pa.setPreviewSize(480,320);
                myCamera.setParameters(pa);
                myCamera.setPreviewDisplay(holder);
                myCamera.startPreview();
            } catch (Exception e) {
                e.printStackTrace();
            }
        }
        @Override
        public void surfaceDestroyed(SurfaceHolder holder) {
            //当 Surface 被销毁的时候,该方法被调用,在这里需要释放 Camera 资源
            myCamera.stopPreview();
            myCamera.release();
            myCamera=null;
        }
    });
    }
}
```

10.3.3　利用系统内置的 Camera 应用实现图片的摄取

通过调用 Android 系统内置的 Camera 应用也可以摄取图片。这时只需要指定一个
MediaStore. ACTION_IMAGE_CAPTURE 的 Action 来启动 Camera 应用即可。

【例 10-8】　工程 Demo_10_UseCamera 演示了通过调用系统内置的 Camera 应用实
现摄取照片。程序实现了照片的摄取、保存并回放显示。MainActivity 的实现如代码
段 10-18 所示。

代码段 10-18　调用系统内置的 Camera 应用实现摄取照片

```java
//package 和 import 语句略
public class MainActivity extends AppCompatActivity implements View.
    OnClickListener {
    private ImageView imageView;
    private Uri imageUri;
    Button Btn1;
    @Override
    protected void onCreate(Bundle savedInstanceState) {
        super.onCreate(savedInstanceState);
        setContentView(R.layout.activity_main);
        this.setTitle("调用系统内置的 Camera 应用摄取图像示例");
        imageView= (ImageView)this.findViewById(R.id.myimage);
        Btn1= (Button)this.findViewById(R.id.btn_capture);
        Btn1.setOnClickListener(this);
    }
    public void onActivityResult(int requestCode, int resultCode, Intent data){
        if(resultCode ==RESULT_OK){
        Btn1.setText("继续拍摄");
            Bundle extras =data.getExtras();
            Bitmap bmp = (Bitmap) extras.get("data");//获取返回的图像
            imageView.setImageBitmap(bmp);            //回显拍摄的照片
        }
    }
    public void onClick(View v){                   //调用系统内置的照相机应用
        int id =v.getId();
        if(id ==R.id.btn_capture){
            Intent intent =new Intent(MediaStore.ACTION_IMAGE_CAPTURE);
            startActivityForResult(intent, 1);
        }
    }
}
```

点击主界面的按钮,会通过调用 startActivityForResult()方法启动 Android 系统内置的 Camera 应用,屏幕显示摄像头预览的画面,如图 10-9(a)所示。拍摄完成后返回 MainActivity 界面,获取拍摄照片数据后将其显示在一个 ImageView 控件中。拍摄完一张照片后的程序界面如图 10-9(b)所示。

(a) 屏幕显示摄像头预览画面　　　(b) 拍摄完一张照片后的程序界面

图 10-9　调用系统内置的 Camera 应用摄取图片

10.4　本章小结

本章介绍了在 Android 系统如何处理和使用音视频、图片等资源。在处理和使用这些多媒体资源时,可以使用 MediaPlayer 对象、MediaRecorder 对象、VideoView 对象或 Camera 对象,也可以使用 Android 系统内置的播放器、录音或照相程序。学习本章内容要重点掌握音视频播放和录制的方法以及图片的摄取方法,并能够编写简单的多媒体应用程序。

习　题

1. 设计一个用于注册的 Activity。要求界面中的注册项包括用户名、密码、照片,界面中有"拍照"和"注册"两个按钮,点击"拍照"按钮,开始拍摄照片,并将照片存储为外部文件,同时回显到界面中。当用户点击"注册"按钮后,将用户名、密码和照片的 URI 路径存储到 SharedPreferences。

2. 设计一个音乐播放器,能播放、暂停、停止音乐,播放过程中能显示音乐文件的名称,能选择上一首/下一首音乐播放。

3. 设计一个音乐播放器,能显示媒体库全部音乐的列表,点击列表中的某个文件即开始播放,播放过程中能显示音乐文件的名称。

第11章
Web 应用开发

Android 提供了多种方式来利用 Internet 资源。可以使用客户端 API 直接与服务器远程交互,常用的方法有利用 URLConnection、HttpURLConnection 或 Socket 与远程服务器交互;也可以使用 WebView 控件在 Activity 中包含一个基于 WebKit 的浏览器,利用浏览器访问网络资源。本章主要介绍这些访问 Internet 资源的方法。

11.1　Android 网络通信概述

Android 基于 Linux 内核,它包含一组网络通信功能,提供了多个类来帮助处理网络通信。目前,Android 平台主要有 3 种网络接口可以使用,它们分别是 java. net. *(标准 Java 接口)、org. apache. *(Apache 接口)和 android. net. *(Android 网络接口)。Android SDK 中提供的与网络有关的包如表 11-1 所示。

表 11-1　Android SDK 中与网络有关的包

包	功 能 描 述
java. net. *	提供与网络通信相关的类,包括流和数据包 Socket、Internet 协议和常见 HTTP 处理
java. io	虽然没有提供现实网络通信功能,但该包中的类由其他 Java 包中提供的 socket 和链接使用。它们还用于与本地文件的交互
java. nio	包含表示特定数据类型的缓冲区的类。适用于两个基于 Java 语言的端点之间的通信
org. apache. *	表示许多为 HTTP 通信提供精确控制和功能的包。可以将 Apache 视为开源 Web 服务器
android. net. *	除核心 java. net. * 类以外,包含额外的网络访问 Socket。该包包括 URI 类,后者经常用于 Android 应用程序,而不仅仅是传统的网络操作
android. net. http	包含处理 SSL 证书的类

1. 标准 Java 接口

Java. net. * 提供与联网有关的类和接口,包括流和数据包套接字、Internet 协议、常见 HTTP 协议处理。这些类和接口提供了访问 HTTP 服务的基本功能,包括创建 URL 对象和 URLConnection 对象、设置连接参数、连接到服务器、向服务器写入数据以及从服务器读取数据等。其通信可以采用 GET 和 POST 两种方式来实现。URLConnection 对象表示应用程序和 URL 之间的通信连接。程序可以通过它的实例向该 URL 发送请求，读取 URL 引用的资源。

例如代码段 11-1 创建了 URL 对象和 HttpURLConnection 对象，HttpURLConnection 是 URLConnection 的子类。代码中设置了连接参数，连接到服务器并从服务器读取了数据。

代码段 11-1　从服务器读取数据

```
try {
    URL url =new URL("http://www.baidu.com/");          //创建 URL 对象
    HttpURLConnection myconnection =(HttpURLConnection)url.openConnection();
    //创建 URL 连接
    myconnection.setConnectTimeout(10000);              //设置参数
    myconnection.connect();                             //连接服务器
    InputStream is =myconnection.getInputStream();      //取得数据
    ...                                                 //处理数据
} catch (IOException e) {
    e.printStackTrace();
}
```

2. Apache 接口

HttpClient 是 Apache Jakarta Common 下的子项目，它是一个开源项目，弥补了 java.net.* 灵活性不足的缺点，为客户端的 HTTP 编程提供高效、功能丰富的工具包支持，并且它支持 HTTP 协议最新的版本和建议。Android 平台引入了 ApacheHttpClient 的同时还提供了对它的一些封装和扩展，例如设置默认的 HTTP 超时和缓存大小等。Android 平台用的版本是 HttpClient 4.0。对于 HttpClient 类，可以使用 HttpPost 和 HttpGet 类以及 HttpResponse 来进行网络连接。

使用这部分接口的操作方法与 java.net.* 基本类似，主要包括创建 HttpClient、GetMethod/PostMethod 以及 HttpResponse 等对象、设置连接参数、执行 HTTP 操作、处理服务器返回结果等。

需要注意的是，在 Android 6.0(API 23)中已经移除了 Apache HttpClient 相关的类，而推荐使用 HttpUrlConnection，如果要继续使用这些类，需要导入相关的包。

3. Android 网络接口

Android.net.* 包实际上是通过对 Apache 中 HttpClient 的封装来实现的一个 HTTP 编程接口，同时还提供了 HTTP 请求队列管理以及 HTTP 连接池管理，以提高并发请求情况下的处理效率，除此之外还有网络状态监视等接口、网络访问的 Socket、常用的 URI 类以及 WiFi 相关的类等。

代码段 11-2 是一个通过 AndroidHttpClient 访问服务器的示例。

代码段 11-2　通过 AndroidHttpClient 访问服务器

```
try {
    AndroidHttpClient client=AndroidHttpClient.newInstance("my_agent");
    HttpGet httpGet =new HttpGet ("http://www.test.com/");
    //创建 HttpGet 对象,该对象会自动处理 URL 地址的重定向
    HttpResponse response =client.execute(httpGet);
    if (response.getStatusLine().getStatusCode() ==HttpStatus.SC_OK) {
        ...                        //处理数据
    }
    else{
        ...                        //错误处理
    }
    client.close();                //关闭连接
} catch (Exception e) {
    ...                            //异常处理
}
```

4. 使用 WebView 控件访问网络

在 Android 中,访问网页数据有两种形式。一种是使用移动设备上的浏览器直接访问的网络应用程序,这种情况用户不需要额外安装其他应用,只要有浏览器就行;另一种是在用户的移动设备上安装客户端应用程序(.apk),并在此客户端程序中嵌入 WebView 控件来显示从服务器端下载的网页数据。对于前者来说,主要的工作是根据移动设备客户端的屏幕来调整网页的显示尺寸、比例等;而后者需要单独开发基于 WebView 的 Web 应用程序。WebView 控件的详细使用方法见 11.3 节。

11.2　网络资源的访问

由于需要访问网络,本章的操作都需要在 AndroidManifest 配置文件中声明访问网络的权限:

```
<uses-permission android:name="android.permission.INTERNET"/>
```

另外需要注意的是,Android 4.0 之后系统强制性地不允许在主线程访问网络,否则会出现 android. os. NetworkOnMainThreadException 异常,所以应该在子线程中访问网络。

11.2.1　使用 HTTP 的 GET 方式访问网络

HTTP 是 Web 联网的基础,也是移动设备联网常用的协议之一。HTTP 协议是建立在 TCP 协议之上的一种协议,主要用于 Web 浏览器和 Web 服务器之间的数据交换。

HTTP 连接最显著的特点是客户端发送的每次请求都需要服务器回送响应,在请求结束后,会主动释放连接。客户向服务器请求服务时,只需传送请求方法和路径,常用的请求方法有 GET、POST、HEAD 等。有关 HTTP 的详细介绍,读者可以查阅 RFC 2616 或 http://www.chinaw3c.org/。

　　URL 类位于 java.net 包下,使用的资源可以是简单的文件或目录,也可以是对更复杂的对象的引用。URL 由协议名、主机、端口和资源路径组成。

　　URLConnection 是抽象类,无法直接实例化对象。其对象主要通过 URL 的 openConnection()方法获得。通常的操作方式是,先通过 URL 对象的 openConnection()方法获取一个 URLConnection 对象,然后调用其 getInputStream()方法打开一个 Internet 数据流,读入数据。

　　【例 11-1】　工程 Demo_11_HttpGetConnection 演示了如何使用 HTTP 的 GET 方式从网络中获取数据。

　　本例中使用有道翻译 API,在访问网站之前需要申请一个 API key,如图 11-1 所示,申请网址为 http://fanyi.youdao.com/openapi? path=data=mode。

申请key (在使用有道翻译API前,您需要先申请key)	
应用名称:	DemoHttpURLTest　　　　　　　　　　6~18
应用地址:	http://DemoHttpURLTest.com　　　　　　在此
应用说明:	test　　　　　　　　　　　　　　　　在此
联系邮箱:	zxm@hebust.edu.cn　　　　　　　　　留下
☑ 我接受 有道翻译API使用条款	
申请	
有道翻译API申请成功	
API key : 846100214	
keyfrom : DemoHttpURLTest	

图 11-1　申请 API key

MainActivity.java 的主要代码如代码段 11-3 所示,运行结果如图 11-2 所示。

代码段 11-3　使用 HTTP 的 GET 方式从网络中获取数据

```
//package 和 import 语句略
public class MainActivity extends AppCompatActivity {
    @Override
    protected void onCreate(Bundle savedInstanceState) {
```

```
        super.onCreate(savedInstanceState);
        setContentView(R.layout.activity_main);
        String urlString="http://fanyi.youdao.com/openapi.do?keyfrom=
                DemoHttpURLTest&key=846100214&type=data&doctype=xml&version
                =1.1&q=good";
        new AsyncTask<String,Void,Void>(){
            @Override
            protected Void doInBackground(String... params) {
                try {
                    URL myUrl=new URL(params[0]);
                    URLConnection conn =myUrl.openConnection();
                                                        //获取 URLConnection 对象
                    InputStream inputStream =conn.getInputStream();
                                                        //读数据,得到的是字节流
                    InputStreamReader inputStreamReader =new InputStreamReader
                            (inputStream, "UTF-8");    //包装为字符流
                    BufferedReader bufferedReader=new BufferedReader
                            (inputStreamReader);
                    String strLine="";
                    while ((strLine=bufferedReader.readLine())!=null){
                        System.out.println("读取到 --"+strLine);
                    }
                    bufferedReader.close();
                    inputStreamReader.close();
                    inputStream.close();
                } catch (MalformedURLException e) {
                    e.printStackTrace();
                } catch (IOException e) {
                    e.printStackTrace();
                }
                return null;
            }
        }.execute(urlString);
    }
}
```

11.2.2 使用 HTTP 的 POST 方式访问网络

【例 11-2】 工程 Demo_11_HttpPostConnection 演示了使用 HTTP 的 POST 方式从网络中获取数据,实现例 11-1 的功能。

MainActivity.java 的主要代码如代码段 11-4 所示,运行结果与例 11-1 相同。

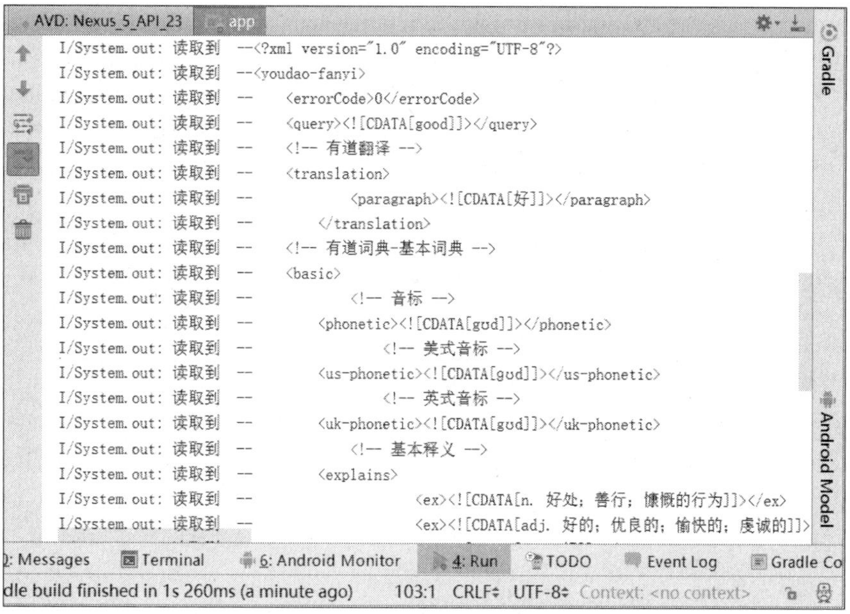

图 11-2 使用 HTTP 的 GET 访问网络数据

代码段 11-4 采用 Post 方式从网络中获取数据

```
//package 和 import 语句略
public class MainActivity extends AppCompatActivity {
    @Override
    protected void onCreate(Bundle savedInstanceState) {
        super.onCreate(savedInstanceState);
        setContentView(R.layout.activity_main);
        String urlString="http://fanyi.youdao.com/openapi.do";
        new AsyncTask<String,Void,Void>(){
            @Override
            protected Void doInBackground(String... params) {
                try {
                    URL myUrl=new URL(params[0]);
                    HttpURLConnection conn =(HttpURLConnection)myUrl.
                        openConnection();
                    conn.setDoOutput(true);
                    conn.setRequestMethod("POST"); //设置为 POST 方式
                    OutputStreamWriter outputStreamWriter=
                        new OutputStreamWriter(conn.getOutputStream());
                    BufferedWriter bufferedWriter=new BufferedWriter
                        (outputStreamWriter);
                    bufferedWriter.write("keyfrom=DemoHttpURLTest&key=
                        846100214&type=data&doctype=xml&version=1.1&q=good");
                    bufferedWriter.flush();
```

```
                    InputStream inputStream =conn.getInputStream();
                                        //读数据,得到的是字节流
                    InputStreamReader inputStreamReader =new InputStreamReader
                        (inputStream, "UTF-8");      //包装为字符流
                    BufferedReader bufferedReader=new BufferedReader
                        (inputStreamReader);
                    String strLine="";
                    while ((strLine=bufferedReader.readLine())!=null){
                        System.out.println("读取到 --"+strLine);
                    }
                    bufferedReader.close();
                    inputStreamReader.close();
                    inputStream.close();
                } catch (MalformedURLException e) {
                    e.printStackTrace();
                } catch (IOException e) {
                    e.printStackTrace();
                }
                return null;
            }
        }.execute(urlString);
    }
}
```

11.2.3 使用 HttpURLConnection 访问网络

HttpURLConnection 是 URLConnection 的子类,二者都位于 java.net 包内。与 URLConnection 类似,HttpURLConnection 也是抽象类,无法直接实例化对象,主要通过 URL 的 openConnection()方法获得。

通常 HttpURLConnection 的实现步骤如下。

步骤 1:通过调用 URL.openConnection()方法得到 HttpURLConnection 对象,设置请求头属性,如数据类型、数据长度等。如果采用 POST 方式传送数据,则需要设置 setDoOutput(true),该属性值默认为 false。

步骤 2:浏览器向服务器发送数据,例如提交 form 表单或者向服务器发送一个文件。

步骤 3:读取服务器发来的响应,包括 servlet 写进 response 的头数据(content-type 及 content-length 等)和 body 数据等。

步骤 4:调用 HttpURLConnection 的 disconnect()方法,释放资源。

使用 HttpURLConnection 对象可以实现 HTTP 连接,具体的用途包括获取 HTML 源码、获取网络图片、获取 XML、发送 GET 请求或 POST 请求、上传文件等。例如,代码段 11-5 实现了采用 POST 方式发送 XML 数据。XML 格式是通信的标准语言,Android 系统可以通过发送 XML 文件传输数据。发送 POST 请求必须设置允许输出和一系列

Request 参数,最好不要使用缓存。

代码段 11-5　采用 POST 方式发送 XML 数据

```
byte[] xmlbyte =xml.toString().getBytes("UTF-8");
                                        //将 XML 文件写入到 byte 数组中
URL url =new URL("http://10.0.2.2:8080/test/contanct.do?method=readxml");
                                        //创建 URL 对象,并指定地址和参数
HttpURLConnection conn = (HttpURLConnection) url.openConnection();
conn.setDoOutput(true);                 //设置允许输出
conn.setUseCaches(false);               //设置不使用缓存
conn.setRequestMethod("POST");          //设置以 POST 方式传输
conn.setRequestProperty("Connection", "Keep-Alive");
                                        //维持长连接
conn.setRequestProperty("Charset", "UTF-8");//设置字符集
conn.setRequestProperty("Content-Length", String.valueOf(xmlbyte.length));
                                        //设置文件的总长度
conn.setRequestProperty("Content-Type", "text/xml; charset=UTF-8");
                                        //设置文件类型
OutputStream outStream =conn.getOutputStream();
outStream.write(xmlbyte);               //以文件流的方式发送 XML 数据
```

【例 11-3】　工程 Demo_11_HttpURLGetConnection 演示了如何使用 HttpURLConnection 的 GET 方式从网络中获取数据。

本例完成与例 11-1 相同的功能,MainActivity.java 的主要代码如代码段 11-6 所示。

代码段 11-6　使用 HttpURLConnection 的 GET 方式从网络中获取数据

```
//package 和 import 语句略
public class MainActivity extends AppCompatActivity {
    HttpURLConnection conn;
    @Override
    protected void onCreate(Bundle savedInstanceState) {
        super.onCreate(savedInstanceState);
        setContentView(R.layout.activity_main);
        String urlString="http://fanyi.youdao.com/openapi.do?keyfrom=
            DemoHttpURLTest&key=846100214&type=data&doctype=xml&version
            =1.1&q=good";
        new AsyncTask<String,Void,Void>(){
            @Override
            protected Void doInBackground(String... params) {
                try {
                    URL myUrl=new URL(params[0]);
                    //获取 HttpURLConnection 对象
                    conn = (HttpURLConnection)myUrl.openConnection();
                    conn.setRequestMethod("GET");
```

```
                    conn.setConnectTimeout(5000);
                    conn.setUseCaches(false);              //不使用缓存
                    if(conn.getResponseCode()==200){
                        InputStream inputStream =conn.getInputStream();
                                                    //读数据,得到的是字节流
                        InputStreamReader inputStreamReader =new InputStreamReader
                                (inputStream, "UTF-8");  //包装为字符流
                        BufferedReader bufferedReader=new BufferedReader
                                (inputStreamReader);
                        String strLine="";
                        while ((strLine=bufferedReader.readLine())!=null){
                            System.out.println("读取到 --"+strLine);
                        }
                        bufferedReader.close();
                        inputStreamReader.close();
                        inputStream.close();
                    }
                    else{
                        System.out.println("请求失败!");
                    }

                } catch (MalformedURLException e) {
                    e.printStackTrace();
                } catch (IOException e) {
                    e.printStackTrace();
                }finally {
                    if(conn!=null) {
                        //关闭连接即设置 http.keepAlive=false;
                        conn.disconnect();
                    }
                }
                return null;
            }
        }.execute(urlString);
    }
}
```

【例 11-4】 工程 Demo_11_HttpURLPostConnection 演示了如何使用 HttpURLConnection 的 POST 方式从网络中获取数据。

本例完成与例 11-1 相同的功能,MainActivity.java 的主要代码如代码段 11-7 所示。

代码段 11-7 使用 HttpURLConnection 的 POST 方式从网络中获取数据
```
//package 和 import 语句略
```

```java
public class MainActivity extends AppCompatActivity {
    HttpURLConnection conn;
    @Override
    protected void onCreate(Bundle savedInstanceState) {
        super.onCreate(savedInstanceState);
        setContentView(R.layout.activity_main);
        String urlString= "http://fanyi.youdao.com/openapi.do";
        new AsyncTask<String,Void,Void>(){
            @Override
            protected Void doInBackground(String... params) {
                try {
                    URL myUrl=new URL(params[0]);
                    conn = (HttpURLConnection)myUrl.openConnection();
                    conn.setDoOutput(true);
                    conn.setRequestMethod("POST");      //设置为 POST 方式
                    OutputStreamWriter outputStreamWriter=
                        new OutputStreamWriter(conn.getOutputStream());
                    BufferedWriter bufferedWriter=new BufferedWriter
                            (outputStreamWriter);
                    bufferedWriter.write("keyfrom=DemoHttpURLTest&key=
                            846100214&type=data&doctype=xml&version=1.1&q=good");
                    bufferedWriter.flush();
                    InputStream inputStream =conn.getInputStream();
                                                    //读数据,得到的是字节流
                    InputStreamReader inputStreamReader =new InputStreamReader
                            (inputStream, "UTF-8");     //包装为字符流
                    BufferedReader bufferedReader=new BufferedReader
                            (inputStreamReader);
                    String strLine="";
                    while ((strLine=bufferedReader.readLine())!=null){
                        System.out.println("读取到 --"+strLine);
                    }
                    bufferedReader.close();
                    inputStreamReader.close();
                    inputStream.close();
                } catch (MalformedURLException e) {
                    e.printStackTrace();
                } catch (IOException e) {
                    e.printStackTrace();
                }finally {
                    conn.disconnect();
                }
                return null;
```

```
            }
        }.execute(urlString);
    }
}
```

　　在 Android 中对文件流进行操作时要注意,当文件较大时,最好将文件写到外部存储而不是直接写到手机内存上,因为手机内存的空间非常有限。另外,对文件流操作结束后要及时将其关闭。

　　在程序中可以设置连接超时,如果网络状态欠佳,超过默认时间,Android 系统会收回资源,中断操作,避免了程序长时间等待。另外,网络读写操作容易产生一些异常,所以在编写网络应用程序时最好捕捉每一个异常并采取相应措施。

　　对于每一次 HttpURLConnection 连接的状态,可以调用 HttpURLConnection.getResponseCode 方法取得当前网络连接的服务器应答代码,或调用 HttpURLConnection.getResponseMessage 取得返回的信息。常见的应答代码及其对应的信息如表 11-2 所示。

表 11-2　服务器应答代码

ResponseCode	ResponseMessage	说　　明
200	OK	成功
401	Unauthorized	未授权
500	Internal Server Error	服务器内部错误
404	Not Found	找不到该网页

　　如果要获取网络图片,从 HttpURLConnection 对象中获取输入流读取数据后,调用 BitmapFactory 的 decodeByteArray(byte[] data, int offset, int length)方法将数据转换为图片对象,就可以在 Activity 中使用了。如果获取的是 XML 数据,还需要使用 XmlPullParser 对其解析。出于篇幅原因,在此不再赘述,有兴趣的读者可以查阅相关文献。

11.2.4　使用 Socket 进行网络通信

　　Socket 是网络通信的一种接口。基于不同的协议,有各种不同的 Socket,如基于 TCP 协议的 Socket、基于 UDP 协议的 Socket、基于蓝牙协议的 Socket 等。Android 中使用的是 Java 的 Socket 模型,Socket 类在 java. net 包中。

　　使用 HttpURLConnection 发送数据时,由于系统内部的缓存机制,如果上传较大的文件,会导致内存溢出。这时可以使用 Socket 发送 TCP 请求,将上传数据分段发送。另一个重要的区别是,HTTP 连接使用的是"请求/响应"的方式,不仅在请求时需要先建立连接,而且需要客户端先向服务器发出请求,服务器端才能回复数据;而 Socket 在双方建立起连接后就可以直接进行数据的传输。

　　应用程序可以通过 Socket 向网络发送请求或者应答网络的请求,Socket 由两部分组成,一部分是服务器端的 ServerSocket,这个 Socket 主要用来接收来自网络的请求,它一直监听在某一个端口上。端口号取值的范围是 0～65535,自定义的应用程序通常使用 1124 以上的端口,以避免和其他应用程序的端口冲突。另一部分是客户端的 ClientSocket,这个 Socket 主要用来向网络发送数据。

通常在服务器端建立一个 ServerSocket 类的对象并绑定到一个端口上。ServerSocket 对象用于监听来自客户端的 Socket 连接,如果没有连接,它将一直处于等待状态。

ServerSocket 类常用的构造方法如下:

- ServerSocket(int port):用指定的端口 port 来创建一个 ServerSocket,port 参数必须是一个有效的端口整数值。使用该构造方法创建的 ServerSocket 没有指定 IP 地址,该 ServerSocket 将会绑定到本机默认的 IP 地址。
- ServerSocket(int port, int backlog):用指定的端口 port 和指定连接队列长度创建一个 ServerSocket。
- ServerSocket(int port, int backlog,InetAddress addr):在机器存在多个 IP 地址的情况下,允许通过 addr 这个参数来指定将 ServerSocket 绑定到哪一个 IP 地址。

另外要注意,由于手机无线上网的 IP 地址通常是由移动运营公司动态分配的,一般不会有自己固定的 IP 地址,因此很少在手机上运行服务器端,服务器端通常运行在有固定 IP 的服务器上。

建立了 ServerSocket 对象后,调用 accept()方法进入阻塞监听状态,直到连接建立。如果接收到一个客户端 Socket 的连接请求,accept()方法将返回一个与客户端连接 Socket 对应的 Socket 对象,然后创建一个线程给该 Socket 对象运行。否则该方法将一直处于等待状态,线程也被阻塞。通常情况下,服务器不应该只接收一个客户端请求,而应该不断地接收来自客户端的所有请求。

ServerSocket 对象接收连接请求后,双方就可以进行通信。通信完成后,ServerSocket 对象回到监听状态,继续监听客户端的请求。当 ServerSocket 使用完毕后,调用 ServerSocket 的 close()方法来关闭该 ServerSocket。

而在客户端,首先创建客户端 Socket,指定服务器端 IP 地址与端口号。客户端通常使用 Socket 的构造方法来连接到指定服务器,Socket 类常用的构造方法如下:

- public Socket(InetAddress address, int port):用服务器端的 IP 地址对象和端口号建立 Socket。
- public Socket(String host, int port):用服务器端的机器名和端口号建立 Socket。

例如创建连接到本机服务器、9090 端口的 Socket:

```
Socket socket =new Socket("10.0.2.2" , 9090);
```

当创建了客户端 Socket 后,就会连接到指定服务器,让服务器上的 ServerSocket 的 accept()方法执行,于是服务器端和客户端就产生一对互相连接的 Socket。这样,Server

和 Client 就可以使用 Socket 进行通信了。

当服务器和客户端产生了对应的 Socket 之后,就可以通过 Socket 进行通信。Socket 提供两个方法来获取输入流和输出流,分别是 getInputStream()和 getOutputStream()。getInputStream()方法返回该 Socket 对象对应的输入流,让程序通过该输入流从 Socket 中取出数据;getOutputStream()方法返回该 Socket 对象对应的输出流,让程序通过该输出流向 Socket 中输出数据。

当 Socket 使用完毕后,使用 close()方法来关闭该 Socket。

【例 11-5】 工程 Demo_11_SocketToServer 演示了如何使用 Socket 进行网络通信。MainActivity 类实现客户端的 Socket,主要代码如代码段 11-8 所示。

代码段 11-8　实现客户端的 Socket

```
//package 和 import 语句略
public class MainActivity extends AppCompatActivity {
    EditText show;
    public void onCreate(Bundle savedInstanceState){
        super.onCreate(savedInstanceState);
        setContentView(R.layout.activity_main);
        if (android.os.Build.VERSION.SDK_INT >9) {
            StrictMode.ThreadPolicy policy =new StrictMode.ThreadPolicy.
                    Builder().permitAll().build();
            StrictMode.setThreadPolicy(policy);
        }
        show =(EditText) findViewById(R.id.show);
        try{
            Socket socket =new Socket("10.0.2.2" , 9090);
            //创建连接到本机的服务器、9090 端口的 Socket
            BufferedReader br =new BufferedReader(new InputStreamReader
                    (socket.getInputStream()));
            //将 Socket 对应的输入流包装成 BufferedReader
            String line =br.readLine();          //BufferedReader 数据转换为字符串
            show.setText("来自服务器的数据:\n" +line);
            br.close();
            socket.close();
            //关闭 Socket
        }catch (IOException e){
            e.printStackTrace();
        }
    }
}
```

服务器端 Socket 的主要代码如代码段 11-9 所示。

代码段 11-9　实现服务器端 Socket

```
//package 和 import 语句略
public class MySocketServer {
    public static void main(String[] args) throws IOException {
        System.out.println("服务器启动...");
        ServerSocket ss = new ServerSocket(9090);
        //创建一个 ServerSocket,在 9090 端口监听客户端 Socket 的连接请求
        while (true) {      //采用循环不断接收来自客户端的请求
            Socket s = ss.accept();
            //每当接收到客户端 Socket 的请求时,服务器端也对应产生一个 Socket
            OutputStream os = s.getOutputStream();
            //获取输出流,发送字符串
            os.write("Hello, Welcome!\n".getBytes("utf-8"));
            os.close();     //关闭输出流
            s.close();
            //关闭 Socket
        }
    }
}
```

运行 MySocketServer,此时服务器端 Socket 处于监听状态,直到接收到一个客户端 Socket 的连接请求。当与客户端创建了 Socket 连接后,服务器端 Socket 就会发送字符串"Hello,Welcome!\n"。而客户端的 Activity 运行后,客户端 Socket 会向服务器发出请求,建立连接后获取服务器端发出的数据,其运行结果如图 11-3 所示。

图 11-3　客户端 Socket 获取的数据

11.3　WebView

Android.webkit.WebView 继承自 Android.widget.AbsoluteLayout 类,用于加载和显示 Web 网页。WebView 控件可以被嵌入到应用程序中,实现一个基于 WebKit 浏览器的功能。

11.3.1 WebView 的基本用法

首先在布局文件中声明 WebView,如代码段 11-10 所示,然后在 Activity 中获取该 WebView 实例。也可以在 Activity 中直接使用 new 操作符实例化一个 WebView 对象。

代码段 11-10　在布局文件中声明 `WebView`
```
<WebView
    android:id="@+id/webview"
    android:layout_width="match_parent"
    android:layout_height="match_parent"/>
```

取得 WebView 实例后,就可以调用 WebView 对象的 loadUrl()方法加载网页,如代码段 11-11 所示。

代码段 11-11　加载网页
```
mywebview = (WebView)findViewById(R.id.webview);
//获取 WebView 控件实例
mywebview.loadUrl("http://m.baidu.com/");
//加载需要显示的网页
```

如果 WebView 中需要用户手动输入用户名、密码或其他,则必须设置支持获取手势焦点:

```
webview.requestFocusFromTouch();
```

11.3.2 WebView 的参数设置

1. WebSettings

调用 WebView 对象的 getSettings()方法可以取得一个 WebSettings 对象,该对象用于设置 WebView 属性。WebSettings 的常用方法及其功能如表 11-3 所示。

表 11-3　WebSettings 的常用方法

方　法　名	功　能　说　明
setJavaScriptEnabled(true);	支持 JavaScript,能够执行 JavaScript 脚本
setPluginsEnabled(true);	支持插件
setUseWideViewPort(true);	将图片调整到适合 WebView 的大小
setLoadWithOverviewMode(true);	缩放至屏幕的大小,这样,在打开页面时可以自适应屏幕
setSupportZoom(true);	支持缩放,默认为 true
setBuiltInZoomControls(true);	设置内置的缩放控件。setSupportZoom(true)时该设置才有效

续表

方　法　名	功　能　说　明
setDisplayZoomControls(false);	隐藏原生的缩放控件
setLayoutAlgorithm(LayoutAlgorithm.SINGLE_COLUMN);	支持内容重新布局
supportMultipleWindows();	多窗口
setCacheMode(WebSettings. LOAD_CACHE_ELSE_NETWORK);	关闭 WebView 中的缓存
setAllowFileAccess(true);	设置可以访问文件
setLoadsImagesAutomatically(true);	支持自动加载图片
setDefaultTextEncodingName("utf-8");	设置编码格式
setPluginState(PluginState. OFF);	设置是否支持 Flash 插件
setDefaultFontSize(20);	设置默认字体大小

　　如果需要在 WebView 中使用 JavaScript,则需要设置 WebView 属性使其能够支持 JavaScript。然后,将 JavaScript 与 Android 客户端代码进行绑定,这样就可以由 JavaScript 调用 Android 代码中的方法。例如,JavaScript 代码想利用 Android 的代码来显示一个 Dialog,而不用 JavaScript 的 alert()方法,这时就需要在 Android 代码和 JavaScript 代码间创建接口,从而可以在 Android 代码中实现显示对话框的方法,然后 JavaScript 调用此方法。绑定的具体方法如下。

　　创建 Android 代码和 JavaScript 代码的接口,即创建一个类,类中的方法将被 JavaScript 调用,如代码段 11-12 所示。

```
代码段 11-12  JavaScript 代码的接口
public class JavaScriptInterface {
    Context mContext;
    JavaScriptInterface(Context c) {
        //初始化 context,供 makeText 方法中的参数来使用
        mContext =c;
    }
    public void showToast(String toast) {
        //创建一个方法,实现显示对话框的功能,供 JavaScript 中的代码调用
        Toast.makeText(mContext, toast, Toast.LENGTH_SHORT).show();
    }
}
```

　　通过调用 addJavascriptInterface()方法,把前面创建的接口类与运行在 WebView 上的 JavaScript 进行绑定。其中第二个参数是这个接口对象的名字,以方便 JavaScript 调用。

```
myWebView.addJavascriptInterface(new JavaScriptInterface(this),"Andr_Toast");
```

在 HTML 中的 JavaScript 部分调用 showToast()方法,如代码段 11-13 所示。

代码段 11-13　在 HTML 中的 JavaScript 部分调用 showToast()方法
```
<script type="text/javascript">
function showAndroidToast(toast) {
    Andr_Toast.showToast(toast);
}
</script>
<input type="button" value="hello" onClick="showAndroidToast('Hello
        Android!')"/>
```

2. WebViewClient

WebViewClient 是一个专门辅助 WebView 处理各种通知、请求等事件的类。通过继承 WebViewClient 并重载它的方法可以实现不同功能的定制。常用方法及其功能如表 11-4 所示。

表 11-4　WebViewClient 的常用方法

方 法 名	功 能 说 明
shouldOverrideUrlLoading(WebView view, String url)	在网页上的所有加载都经过这个方法,这个方法中可以做很多操作,如获取 URL,查看 url.contains("add"),进行添加操作
shouldOverrideKeyEvent (WebView view, KeyEvent event)	处理在浏览器中的按键事件
onPageStarted(WebView view, String url, Bitmap favicon)	开始载入页面时调用的,可以设定一个 loading 的页面,告诉用户程序在等待网络响应
onPageFinished(WebView view, String url)	在页面加载结束时调用,此时可以关闭 loading 进度条,切换程序动作等
onLoadResource(WebView view, String url)	在加载页面资源时会调用,每一个资源的加载都会调用一次
onReceivedError(WebView view, int errorCode, String description, String failingUrl)	报告错误信息
doUpdateVisitedHistory(WebView view, String url, boolean isReload)	更新历史记录
onFormResubmission(WebView view, Message dontResend, Message resend)	应用程序重新请求网页数据
onReceivedHttpAuthRequest(WebView view, HttpAuthHandler handler, String host,String realm)	获取返回信息授权请求

方 法 名	功 能 说 明
onReceivedSslError（WebView view，SslErrorHandler handler，SslError error）	让 WebView 对象处理 HTTPS 请求
onScaleChanged（WebView view，float oldScale，float newScale）	WebView 对象发生改变时调用
onUnhandledKeyEvent（WebView view，KeyEvent event）	Key 事件未被加载时调用

如果需要在 WebView 中显示网页，而不是在内置浏览器中浏览，则需要调用 WebView 对象的 setWebViewClient（ ）方法设置 WebView，该方法要求传入一个 WebViewClient 对象。这个 WebViewClient 对象需要继承 WebViewClient 并重载 shouldOverrideUrlLoading（ ）方法。

3．WebChromeClient

Android 中还提供了一个类 WebChromeClient，专门用来辅助 WebView 处理 JavaScript 的对话框、网站图标、网站标题、加载进度等。同样地，通过继承 WebChromeClient 并重载它 的方法也可以实现不同功能的定制，常用方法及其功能如表 11-5 所示。

表 11-5　WebChromeClient 的常用方法

方 法 名	功 能 说 明
public void onProgressChanged（WebView view，int newProgress）	获得网页的加载进度。参数 newProgress 是当前页 面载入进度，取值为 0～100 的整数
public void onReceivedTitle（WebView view，String title）	获取 Web 页中的 title 用来设置自己界面中的 title， 当加载出错的时候，该方法获取的标题为"找不到该 网页"
public void onReceivedIcon（WebView view，Bitmap icon）；	当前页面有个新的图标时，会回调这个方法，获取 Web 页中的 icon
public boolean onCreateWindow（WebView view，boolean isDialog，boolean isUserGesture，Message resultMsg）	请求主机应用创建一个新窗口。如果主机应用选择 响应这个请求，则该方法返回 true，并创建一个新的 WebView，将其插入到视图系统中，并将其提供的 resultMsg 作为参数提供给新的 WebView。如果主 机应用选择不响应这个请求，则该方法返回 false。 默认情况下，该方法不做任何处理并返回 false
public void onCloseWindow（WebView window）；	通知主机应用 WebView 已关闭，并在需要的时候从 view 系统中移除它。此时，WebCore 已经停止窗口 中的所有加载进度，并在 JavaScript 中移除了所有 cross-scripting 的功能。参数 window 为需要关闭 的 WebView

续表

方 法 名	功 能 说 明
public boolean onJsAlert(WebView view, String url, String message, JsResult result);	通知应用程序显示 JavaScript alert 对话框。如果应用程序返回 true,内核认为应用程序处理这个消息;如果返回 false,内核自己处理
public boolean onJsPrompt(WebView view, String url, String message, String defaultValue, JsPromptResult result)	通知应用程序显示一个 prompt 对话框。如果应用程序返回 true,内核认为应用程序处理这个消息;如果返回 false,内核自己处理
public boolean onJsConfirm(WebView view, String url, String message, JsResult result);	通知应用程序显示 JavaScript Confirm 对话框。如果应用程序返回 true 内核认为应用程序处理这个消息;如果返回 false,内核自己处理

11.3.3　WebView 应用实例

【例 11-6】　工程 Demo_11_WebView 演示了在 Activity 中嵌入 WebView 的用法。首先定义布局文件 activity_main. xml,其内容如代码段 11-14 所示。

```
代码段 11-14　界面布局
<?xml version="1.0" encoding="utf-8"?>
<LinearLayout xmlns:android="http://schemas.android.com/apk/res/android"
    android:orientation="vertical"
    android:layout_width="match_parent"
    android:layout_height="match_parent"
    android:paddingBottom="@dimen/activity_vertical_margin"
    android:paddingLeft="@dimen/activity_horizontal_margin"
    android:paddingRight="@dimen/activity_horizontal_margin"
    android:paddingTop="@dimen/activity_vertical_margin">
    <TextView
        android:layout_width="wrap_content"
        android:layout_height="wrap_content"
        android:text="WebView示例" />
    <WebView
        android:id="@+id/webview"
        android:layout_width="match_parent"
        android:layout_height="match_parent" />
</LinearLayout>
```

定义 MainActivity. java 文件,重写 onCreate()方法,调用 findViewById()方法获得 WebView 的实例对象。然后调用 getSettings()方法取得一个 WebSettings 对象,将 WebView 的 JavaScript 设置成可用。如果加载到 WebView 中的网页使用了 JavaScript,就需要在 WebSettings 中开启对 JavaScript 的支持,因为 WebView 中默认的是 JavaScript 未启用。

最后,调用 loadUrl(String)加载一个网页,如代码段 11-15 所示。

代码段 11-15　加载网页

```
public void onCreate(Bundle savedInstanceState) {
    super.onCreate(savedInstanceState);
    setContentView(R.layout.activity_main);
    this.setTitle("WebView 示例");
    mywebview = (WebView)findViewById(R.id.webview);
    //获取 WebView 控件实例
    mywebview.getSettings().setJavaScriptEnabled(true);
    //设置 WebView 属性,使其能够执行 JavaScript 脚本
    mywebview.loadUrl("http://m.baidu.com/");
    //加载需要显示的网页
}
```

在 MainActivity 中添加一个继承自 WebViewClient 的内部类 HelloWebViewClient,如
代码段 11-16 所示。其作用是启用 Activity 处理自己的 URL 请求。否则,当点击网页中的
一个链接时,默认的 Android 浏览器会处理这个 Intent 来显示一个网页,而不是由 Activity
自己来处理。

代码段 11-16　定义继承自 WebViewClient 的内部类

```
private class HelloWebViewClient extends WebViewClient {
    @Override
    public boolean shouldOverrideUrlLoading(WebView view, String url) {
        view.loadUrl(url);
        return true;
    }
}
```

WebView 对象初始化之后,为 WebViewClient 设置一个 HelloWebViewClient 的
实例。

```
mywebview.setWebViewClient(new HelloWebViewClient ());          //设置 Web 视图
```

本例中重写了 Activity 类的 onKeyDown()方法。用 WebView 显示网页,如果不做
任何处理,按设备的"返回"键,整个浏览器会调用 finish()方法结束自身,而不是回退到
上一页面。为了让 WebView 支持回退功能,需要重写 Activity 类的 onKeyDown()方法,
在此方法中处理 Back 事件。如代码段 11-17 所示。

代码段 11-17　重写 onKeyDown()方法

```
public boolean onKeyDown(int keyCode, KeyEvent event) {
    if ((keyCode ==KeyEvent.KEYCODE_BACK) && mywebview.canGoBack()) {
        mywebview.goBack();                              //返回 WebView 的上一页面
```

```
        return true;
    }
    return false;
}
```

　　onKeyDown(int，KeyEvent)回调方法将会在 Activity 中按键被按下的时候被调用。当按下的键是 BACK 键并且 WebView 可以回退，即它有历史记录时，就会调用 goBack()方法在 WebView 历史中回退一步。返回 true 表明这个事件已经被处理了。如果条件不满足，这个事件就会被回送给系统。

　　示例程序的运行结果如图 11-4 所示。

图 11-4　在 Activity 中嵌入 WebView

11.4　本 章 小 结

　　本章介绍了 Web 应用程序的相关技术和设计方法。利用 URLConnection、HttpURLConnection 或 Socket 可以实现与远程服务器的通信和交互，获取网络中的各种资源；在 Activity 中嵌入 WebView 可以显示从服务器端下载的网页数据。本章学习的重点是网络通信的原理和方法。

习　　题

1. 使用 HttpURLConnection 从 Internet 上获取一个图片资源,并将其显示在 Activity 中。

2. 设计一个利用 Socket 通信的程序,要求建立连接后,ClientSocket 向 ServerSocket 发送字符串"Hello, This is Socket001.",服务器端接收到这个字符串后,将其打印到控制台。

3. 设计一个利用 Socket 通信的程序,要求建立连接后,ClientSocket 向 ServerSocket 发送英文字符串,服务器端接收到这个字符串后将其转换为大写字母再传回,客户端接收到返回的字符串后将其显示到 Activity 中。

4. 编写一个可以发送和接收文本内容的简易聊天程序。

5. 在示例工程 Demo_11_WebView 的基础上,增加一个文本框用于输入网址,增加"前进""后退""转到"3 个按钮,分别实现网页按照历史记录向前、向后跳转,以及按照文本框中输入的网址直接跳转。

第12章 综合应用实例

本章介绍两个综合应用的实例,通过学习这些实例,加深对基本知识的理解,提高 Android 系统各个功能综合应用的能力。

12.1 计算器 APP

【例 12-1】 示例工程 Demo_12_Calculator 实现了一个自定义的计算器程序,实现整数和小数的加减乘除运算。

工程中使用了 UI 界面控件、菜单、对话框、提示信息等,涉及的知识点包括 XML 布局文件的设计、9. patch 格式图片的应用、对按钮点击事件的捕获与响应、基于 SharedPreferences 的数据存取、文本文件的读取、菜单和子菜单的设计和实现、对话框 AlertDialog 的应用、在 AlertDialog 对话框中加载布局、Toast 提示信息的应用等。

12.1.1 功能分析

本例实现一个计算器 APP,实现的计算功能是整数和小数的加减乘除。程序只允许使用界面中提供的按键,包括 0~9 数字键、小数点键、括号键、加减乘除运算符输入键、清零键、删除键以及输出结果的"="键。这些按键以外的字符全部是非法字符。

按照常规计算器的布局,界面上部是输入和输出区域,下部是功能按钮区域。输入和输出区域不显示光标,没有焦点。文字包括两行,第二行文字较大,实时显示按键生成的计算式。当用户按下"="键时,显示两行文字,第一行文字较小,显示用户生成的计算式,第二行文字较大,显示运算结果。当输入的算式不合法时,文本框给出错误提示。

按下"清零"键,显示区域显示 0;按下"删除"键,删除最后一次输入的数字或运算符。按下数字键、小数点键、括号键或加减乘除键,则在文本框中实时回显生成的算式。

12.1.2 界面布局设计

1. 准备 .9. png 图片文件

为了使程序界面更美观,本例使用 ImageButton 控件实现功能按钮。在设计程序之前需要准备 18 个".9. png"图片文件,图片中的内容分别是数字和运算符号。图片文件放置到 drawable 文件夹中。

　　".9.png"是 Android 平台应用软件开发使用的一种特殊的图片格式。Android 平台有多种不同的分辨率,很多设备还能自动切换横屏和竖屏,这就导致很多控件的贴图文件会被放大拉伸,或因为长宽的变化而产生拉伸,造成图形的失真变形、边角模糊。使用".9.png"技术,可以将图片横向和纵向同时进行拉伸,以实现在多分辨率下仍能保留图像的渐变质感和边角的精细度。

　　这种技术相当于把一张 png 图片分成了 9 个部分,分别为 4 个角、4 条边以及一个中间区域,4 个角是不做拉伸的,所以拉伸时可以一直保持边角的清晰状态。也可以使用 Android 提供的 draw9patch 工具(路径为 Android/sdk/tools/draw9patch.bat)编辑".9.png"图片,其用户界面如图 12-1 所示。也可以用图像处理工具(如 Photoshop)将一个已有的.png 图片编辑成".9.png"图片。

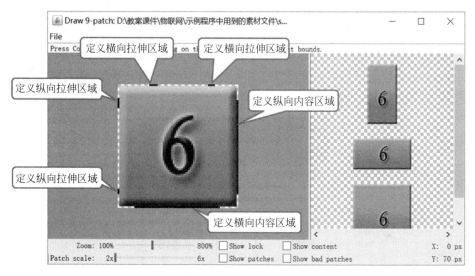

图 12-1　draw9patch 工具的界面

　　如图 12-1 所示,可以将图片最上侧 1px 边框中的一个或多个点设置为黑色,这些黑色的点定义了图片中可以被横向拉伸的区域。同样也可以将图片最左侧 1px 边框中的一个或多个点设置为黑色,这些黑色的点定义了图片中可以被纵向拉伸的区域。横向拉伸像素点与纵向拉伸像素点相交定义了图片中可拉伸的矩形区域,这样就实现了对图片中一部分区域进行拉伸。

　　可以选择性地对图片的底边和右边设置黑色线段,用这些黑色线段定义图片的内容区域。当图片作为 UI 控件的背景时,定义其内容区域很重要,控件中的内容(例如文本)都会放到内容区域中。将图片最下侧 1px 边框设置一条黑色线段,该横向线段定义了图片的横向内容区域。将图片最右侧 1px 边框设置一条黑色线段,该纵向线段定义了图片的纵向内容区域。横向线段与纵向线段组成的矩形区域就是内容区域。如果不定义图片的内容区域,那么图片的内容区域就是整个图片区域。

".9.png"最外侧四边中的像素要么是纯透明、纯白色，要么是纯黑色，不能设置其他颜色和透明度。

draw9patch 工具窗口中，通过鼠标单击可以将最外层中的像素设置为黑色，按住 Shift 键再单击黑色像素可以将黑色像素重置为透明。在左侧窗格的编辑会实时在右侧预览区中显示出拉伸的效果。右侧预览区中有 3 个图片，第一个图片表示的是垂直方向进行拉伸的预览效果图，第二个图片表示的是水平方向进行拉伸的预览效果图，第三个图片表示的是同时在水平和垂直方向上进行拉伸的预览效果图。

2. 设计 Activity 的界面布局

本例 Activity 的界面布局如图 12-2 所示。界面采用嵌套的 LinearLayout 布局，最外层的 LinearLayout 采用垂直布局，包含 6 个子布局。这 6 个子布局也是 LinearLayout 布局，除第一个以外均采用水平布局。第一个子布局包含一个 TextView 和一个 EditText，用于显示按键和计算的结果。其余的 5 个 LinearLayout 控制 18 个按钮的布局。为使软件能适应不同分辨率的移动设备，所有按钮的 layout_width 和 layout_height 属性都设为 match_parent，而控制按钮的大小通过设置 layout_weight 属性值来实现。这样做的好处是控件的大小只和屏幕大小和控件占屏幕的比例有关。

图 12-2　Activity 的界面

图 12-2 对应的布局文件为 res/layout/activity_white.xml 文件，内容如代码段 12-1 所示。

代码段 12-1　界面布局

```xml
<?xml version="1.0" encoding="utf-8"?>
<LinearLayout xmlns:android="http://schemas.android.com/apk/res/android"
    android:orientation="vertical"
    android:layout_width="match_parent"
    android:layout_height="match_parent">
    <LinearLayout
        android:orientation="vertical"
        android:layout_width="match_parent"
        android:layout_height="0dp"
        android:layout_weight="1.5" >
        <TextView android:layout_width="match_parent"
            android:layout_height="0dp"
            android:id="@+id/editText2"
            style="@style/LittleNumberStyle_Calculator_3"
            android:layout_weight="2"/>
        <EditText android:layout_width="match_parent"
            android:layout_height="0dp"
            android:id="@+id/editText"
            style="@style/NumberStyle_Calculator_3"
            android:layout_weight="5"
            android:text="0"/>
    </LinearLayout>
    <LinearLayout android:orientation="horizontal"
        android:layout_width="match_parent"
        android:layout_height="0dp"
        android:layout_weight="1">
        <Button
            android:id="@+id/button_clean"
            android:layout_height="match_parent"
            android:layout_width="match_parent"
            android:layout_weight="1"
            android:text="清零"
            style="@style/BtnStyle_Calculator_3"/>
        <Button
            android:id="@+id/button_left"
            android:layout_height="match_parent"
            android:layout_width="match_parent"
            android:layout_weight="1"
            android:text="("
            style="@style/BtnStyle_Calculator_3"/>
        <Button
            android:id="@+id/button_right"
```

```
        android:layout_height="match_parent"
        android:layout_width="match_parent"
        android:layout_weight="1"
        android:text=")"
        style="@style/BtnStyle_Calculator_3"/>
    <Button
        android:id="@+id/button_delete"
        android:layout_height="match_parent"
        android:layout_width="match_parent"
        android:layout_weight="1"
        android:text="回退"
        style="@style/BtnStyle_Calculator_3"/>
    </LinearLayout>
    <!--其余按钮的布局代码与此类似,略-->
</LinearLayout>
```

12.1.3 实现运算的类

在工程中新建一个类文件 Calculate.java,该类的功能是计算用字符串表示的表达式的值。

本例利用堆栈处理用字符串表示的计算式,其基本过程是:首先创建两个堆栈,一个用来放数字(numStack),另一个用来放运算符(chStack);然后读取运算式,将相应的字符转换为正确的数据格式,压入堆栈。

压栈的过程是从左到右读入算术式,如果读到的是数字,则压入(push)到 numStack 栈中。若读到的是运算符,则先判断 chStack 栈顶元素,若栈顶元素优先级大于读到的运算符,则先将栈顶元素和 numStack 中两个数拿出来计算,再将读到的运算符压入 chStack 中,若读到的运算符优先级大于栈顶元素,则将读到的运算符压入 chStack 中。

如果读到了运算式的最后,则将两个堆栈中的内容全拿出来计算,最后结果放在 numStack 中。加号和减号的优先级较低,乘号和除号的优先级较高。因为用到了堆栈,需要在代码之前使用 import 语句引入 java.util.Stack。Calculate 类的代码如代码段 12-2 所示。

代码段 12-2 Calculate 类的代码
```
//package 和 import 语句略
public class Calculate {
    private Stack<Character>chStack;          //创建一个符号栈
    private Stack<Double>numStack;            //创建一个数字栈
    private StringBuffer expression;
    //功能:初始化表达式
    public Calculate(String expression){
        this.expression =new StringBuffer(expression);
                                             //复制 expression 的内容
```

```
        this.chStack =new Stack<Character>();
        this.numStack =new Stack<Double>();
}
//功能:计算表达式的值
public double result() throws Exception {
    //若表达式还没有解析完
    while (this.expression.length() >0) {
        //获取当前表达式头部的第一个字符
        char ch =this.expression.charAt(0);
        this.expression.deleteCharAt(0);  //删除第一个字符(取一个,删除一个)
        double num =0;
        boolean existNum =false;
        //若当前读取到的是数字
        while (ch >='0' && ch <='9') {
            num =num * 10 +ch-'0';
                            //减零是为了使 ch 表示实际的数值,而不是 ASCII 码值
            existNum =true;
            //继续取数
            if (this.expression.length() >0) {
                ch =this.expression.charAt(0);
                this.expression.deleteCharAt(0);
            } else {
                break;
            }
        }
        if(ch=='.'){
            ch =this.expression.charAt(0);
            this.expression.deleteCharAt(0);
            int i=1;
            while (ch >='0' && ch <='9') {
                double mi=Math.pow(0.1,i);
                i++;
                num=num+ (ch-'0') * mi;
                existNum =true;
                //继续取数
                if (this.expression.length() >0){
                    ch =this.expression.charAt(0);
                    this.expression.deleteCharAt(0);
                }else {
                    break;
                }
            }
        }
```

```
                        //若刚刚解析完一个数字,则将数字压栈
if (existNum) {
    this.numStack.push(num);
    //若整个表达式的解析已经结束了,这种情况为以数字结束
    if(this.expression.length() ==0 && ch >='0' && ch <='9'){
        break;                        //结束 while 循环
    }
}
//若符号栈为空,或栈顶为左括号,或 ch 本身就是左括号,则直接将符号压入栈
if (this.chStack.isEmpty() || this.chStack.peek() =='(' || ch =='(') {
    this.chStack.push(ch);
    continue;
}
switch (ch) {
    case ')': {
        //若当前符号是右括号,则不断弹出一个运算符和两个操作数,直到遇到
        //左括号为止
        while (this.numStack.size() >=2 && !this.chStack.isEmpty()
                                    && this.chStack.peek() !='('){
            this.calc();
        }
        if (!this.chStack.isEmpty() && this.chStack.peek() =='('){
            this.chStack.pop();        //弹出这个左括号
            continue;
        }else{
            throw new IllegalArgumentException("括号的数量不匹配!");
        }
    }
    case '*':
    case '/': {
        //若符号栈栈顶元素为+、-、( 或者符号栈为空,则意味着符号栈栈顶符
        //号比 ch 优先级底,所以,将 ch 压栈。否则,将符号栈栈顶元素弹出
        //来,然后开始计算
        while (this.numStack.size()>=2 && !(this.chStack.isEmpty()
                ||this.chStack.peek()=='('||this.chStack.peek()=='+'
                || this.chStack.peek() =='-')){
            this.calc();
        }
        //若符号栈栈顶元素优先级比 ch 的低
        if (this.chStack.isEmpty() || this.chStack.peek() =='('
                || this.chStack.peek() =='+'
                || this.chStack.peek() =='-'){
```

```
                    this.chStack.push(ch);
                    continue;
                }
            }
        case '+':
        case '-': {
            //若当前符号栈栈顶元素不是'(',符号栈也不为空,则将符号栈栈顶元
            //素弹出来,然后开始计算。因为+、-号的优先级最低
            while (this.numStack.size() >=2 && ( this.chStack.peek() =='*'
                    ||this.chStack.peek() =='/'
                    ||this.chStack.peek() !='(')) {
                this.calc();
            }
            if (this.chStack.isEmpty()
                    || this.chStack.peek() =='('
                    ||this.chStack.peek()=='+'
                    ||this.chStack.peek()=='-') {
                //若符号栈栈顶元素为'(',或符号栈为空,则将 ch 压栈
                this.chStack.push(ch);
                continue;
            } else {
                throw new IllegalArgumentException("表达式格式不合法!");
            }
        }
        default : throw new IllegalArgumentException("运算符非法!");
    }        //switch 结束
}            //while 结束
            //若符号栈不为空,则不断地从符号栈和数字栈中弹出元素,进行计算
    while(!this.chStack.isEmpty()) {
        this.calc();
    }
    //若最终数字栈中仅存一个元素,则证明表达式正确,栈顶元素就是表达式的值
    return this.numStack.size() ==1 ?this.numStack.pop() : null;
}
//功能:依据指定的操作数、运算符进行运算
private void calc() throws Exception {
    double b =this.numStack.pop();            //取出第一个数
    double a =this.numStack.pop();            //取数第二个数
    char op =this.chStack.pop();
    double result =0;
    switch (op) {
        case '+':
            result =a+b; break;
```

```
        case '-':
            result =a-b; break;
        case '*':
            result =a*b; break;
        case '/':
            if (b ==0) {
                throw new ArithmeticException("除数不能为 0!");
            }
            result =a/b;
            break;
    }
    //将运算的结果压栈
    this.numStack.push(result);
    }
}
```

12.1.4　界面功能的实现

　　MainActivity 实现计算器程序的主界面,该类继承自 Activity 类,同时实现了 OnClickListener 接口。类中设置了一个字符串变量 tem,用于暂存输入的计算式。当用户按"="键时,将依据这个字符串的内容进行计算。同时它也是计算器的输入输出区域中显示出来的计算式。

　　首先重写 onCreate()方法,实例化布局中的各控件。接下来对各个键绑定监听器,实现算术式的输入功能和计算输出算术式值的功能。"清零"键、"回退"键、等号键的功能较特殊,需要单独分别处理。其他的键作为基本算式的输入键,可看作一类,处理方式类似。

1."清零"键

　　"清零"键的功能是清空输入和输出区域中的内容,其点击事件的主要处理如代码段 12-3 所示。

代码段 12-3　处理"清零"键的点击事件
```
public void onClick(View v) {
    switch (v.getId()) {
        case R.id.button_clean:
            edittext.setText("0");
            tvEquation.setText("");
            tem="";
            ifEqu=false;
            break;
    }
}
```

2. "回退"键

"回退"键的功能是删除最后一次输入的数字,即当前表达式的最后一个字符,其点击
事件的主要处理如代码段 12-4 所示。

代码段 12-4 处理"删除"按钮的点击事件

```java
public void onClick(View v) {
    switch (v.getId()) {
        case R.id.button_delete:
            if(tem.length()==0||tem.length()==1){
                //edittext1中没有任何数据,或只有一个数或运算符
                edittext.setText("0");
            }
            else{
                tem=tem.substring(0,tem.length()-1);     //删除最后一个字符
                edittext.setText(tem);
            }
            ifEqu=false;
            break;
    }
}
```

3. "="键

"="键的功能是计算输入算式的值,并将结果显示在文本框中,同时将算术式显示在
文本框上方的 TextView 控件中。其点击事件的主要处理如代码段 12-5 所示。

代码段 12-5 处理"="键的点击事件

```java
public void onClick(View v) {
    switch (v.getId()) {
        case R.id.button_equ:
            str_calculate=edittext.getText().toString();     //获得输入的计算式
            Calculate ep=new Calculate(str_calculate);       //计算表达式的值
            try {
                double result=ep.result();
                String result_str=String.valueOf(result);
                tvEquation.setText(str_calculate+"=");
                edittext.setText(result_str);                //显示结果
                tem=result_str;
            } catch (Exception e) {
                //TODO Auto-generated catch block
                e.printStackTrace();
                tvEquation.setText(str_calculate+"");
```

```
                edittext.setText("非法的输入算式!");
            }
            ifEqu=true;
            break;
        }
    }
```

4. 其他键

如果按数字或运算符键,则根据按键的内容在字符串 tem 的末尾增加相应的字符,同时将字符串显示在输出区域。例如,当按"0"键时的处理如代码段 12-6 所示。

代码段 12-6　处理"0"键的点击事件
```java
public void onClick(View v) {
    switch (v.getId()) {
        case R.id.button0:
            handleInputNumber(0);
            break;
    }
}
private void handleInputNumber(int n){    //处理点击数字键
    if (ifEqu==true){                    //上一个点击的键是等号键,下一个数字重新开始
        tem="";
    }
    this.firstzero();
    tem =tem +n;
    edittext.setText(tem);
    ifEqu=false;
}
```

其中,firstzero()方法用于处理当数字的第一个字符为 0 的情况,如果出现这种情况,并且 0 后面不是小数点,这个输入的 0 就不会计入算术式中。该方法的定义如代码段 12-7 所示。

代码段 12-7　firstzero()方法的定义
```java
public void firstzero() {
    if(tem.length()>1) {
        int sum1=tem.length()-1;
        //在加、减、乘、除之后,若输入的是"0",而且再输入的是数字,则 tem 不会增加字符
        if((tem.charAt(sum1-1)=='+'||tem.charAt(sum1-1)=='-'||
            tem.charAt(sum1-1)=='*'||tem.charAt(sum1-1)=='/'||)
            &&tem.charAt(sum1)=='0'){
            tem=tem.substring(0,sum1);
        }
    }
}
```

5. 设计界面的容错功能

为了增强应用程序的可用性,对于算术式输入键要设置一定的容错功能,以避免生成非法的算术式。本例中设置的容错控制包括:不能连续输入两个小数点,不能连续输入两个运算符,第一个输入的不能是＋、－、×、÷、小数点等。当出现上述情况时,输入的内容不会被添加到算术式中,并会弹出一个 Toast 提示信息来提醒用户。具体代码不再赘述,详见随书源程序。

12.1.5　实现基于 SharedPreferences 的数据存取

在工程中新建一个类文件 PreferencesService.java,该类的功能是实现配置参数的存取,参数采用 SharedPreferences 方式存储,文件名为 skin_file.xml。

PreferencesService 类的代码如代码段 12-8 所示。

代码段 12-8　Calculate 类的代码

```
//package 和 import 语句略
public class PreferencesService {
    private Context context;
    public PreferencesService(Context context) {
        super();
        this.context =context;
    }
    public void save(int skin) {                      //存储 APP 皮肤参数
        //首先取得 SharedPreferences 类型的对象
        SharedPreferences preferences=context.getSharedPreferences("skin_
                file", Context.MODE_PRIVATE);
        //参数 1:指定 XML 文件的名称,参数 2:文件的操作模式,不允许其他应用访问此文件
        Editor editor=preferences.edit();
        editor.putInt("skin", skin);
        editor.commit();                              //将数据提交到 XML 文件中
    }
    public Map<String,String>getPreferences(){      //获取配置参数
        Map<String,String>params=new HashMap<String,String>();
        SharedPreferences preferences=context.getSharedPreferences("skin_
                file", Context.MODE_PRIVATE);
        params.put("skin", String.valueOf(preferences.getInt("skin", 0)));
        return params;
    }
}
```

12.1.6　菜单设计

本例使用 Menu 菜单实现更换皮肤、查看帮助信息、查看版权信息以及退出的功能，如图 12-3 所示。

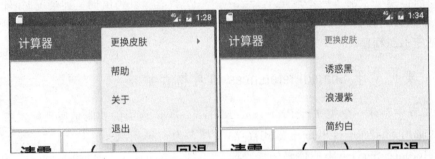

图 12-3　计算器 APP 的菜单和子菜单

菜单采用 XML 方式实现。先在 res/menu 文件夹中新建 menu.xml 文件，在其中添加菜单项，相关代码如代码段 12-9 所示。

```xml
代码段 12-9　菜单资源文件
<?xml version="1.0" encoding="utf-8"?>
<menu xmlns:android="http://schemas.android.com/apk/res/android">
    <item android:id="@+id/skin"
        android:title="更换皮肤">
        <menu>
            <item
                android:id="@+id/skin_black"
                android:title="诱惑黑"/>
            <item
                android:id="@+id/skin_purple"
                android:title="浪漫紫"/>
            <item
                android:id="@+id/skin_white"
                android:title="简约白"/>
        </menu>
    </item>
    <item android:id="@+id/help_dialog"
        android:title="帮助"/>
    <item android:id="@+id/about"
        android:title="关于"/>
    <item android:id="@+id/exit"
        android:title="退出"/>
</menu>
```

重写 MainActivity 中的 onCreateOptionsMenu( )方法,在界面中添加菜单。本例中调用 inflate( )方法生成菜单,该方法使用一个指定的 XML 资源填充菜单,这里指定的是前一步骤创建的 menu. xml 文件。如果出现错误,该方法会抛出 InflateException 异常信息。相关代码如代码段 12-10 所示。

代码段 12-10 添加菜单

```
public boolean onCreateOptionsMenu(Menu menu) {
    MenuInflater inflater =getMenuInflater();        //获得 menu 容器
    inflater.inflate(R.menu.menu, menu);             //用 menu.xml 填充 menu 容器
    return super.onCreateOptionsMenu(menu);
}
```

选择"更换皮肤"菜单项下的子菜单,则加载相应的布局文件,实现界面风格的切换。选择"帮助"菜单项,则创建并显示帮助对话框,如图 12-4 所示。帮助信息存储在文本文件中。为了提高程序的可维护性,程序读出帮助文件的内容并将其显示在对话框中。

选择"退出"菜单项弹出确认退出对话框,如图 12-5 所示。选择"关于"菜单项显示计算器 APP 版权信息对话框。

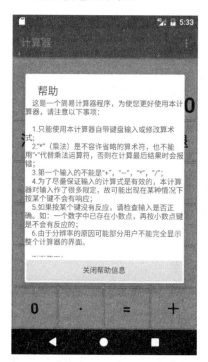

图 12-4 帮助对话框

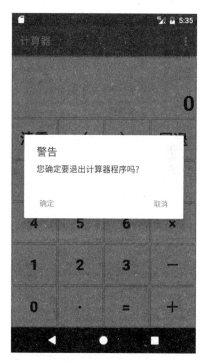

图 12-5 确认退出对话框

重写 onOptionsItemSelected(MenuItem item)方法,实现各个菜单项的功能,如代码段 12-11 所示。

代码段 12-11 实现各个菜单项的功能

```
service=new PreferencesService(MainActivity.this);
                                    //先读取以前保存的参数值
Map<String,String>params=service.getPreferences();
skin=Integer.parseInt(params.get("skin"));
public boolean onOptionsItemSelected(MenuItem item) {
        if(item.getItemId()==R.id.skin_black) {
                                    //更换计算器的外观皮肤,黑色外观
            setContentView(R.layout.activity_black);
            getView();
            edittext.setText(tem); //更换皮肤时,保证文本框中的文字不变化
            tvEquation.setText(str_calculate+"=");
                                    //更换皮肤时,保证文本框中的文字不变化
            service.save(0);        //使用 SharedPreferences 保存用户的配置参数
        }
        if(item.getItemId()==R.id.skin_purple) {
                                    //更换计算器的外观皮肤,紫色外观
            setContentView(R.layout.activity_purple);
            getView();
            edittext.setText(tem);
            tvEquation.setText(str_calculate+"=");
            service.save(1);            //使用 SharedPreferences 保存用户的配置参数
        }
        if(item.getItemId()==R.id.skin_white) {
                                    //更换计算器的外观皮肤,白色外观
            setContentView(R.layout.activity_white);
            getView();
            edittext.setText(tem);
            tvEquation.setText(str_calculate+"=");
            service.save(2);        //使用 SharedPreferences 保存用户的配置参数
        }
        if(item.getItemId()==R.id.help_dialog) {
                                    //显示帮助对话框
            AlertDialog.Builder helpAlertBuilder=new Builder(MainActivity.
                this);
            helpAlertBuilder.setTitle("帮助");
            LayoutInflater inflater =LayoutInflater.from(MainActivity.this);
            View helpAllView =inflater.inflate(R.layout.help_dialog, null);
            Button bt_hlp = (Button) helpAllView.findViewById(R.id.helpButton);
            TextView helpTextView= (TextView) helpAllView.findViewById(R.id.
                helpDocView);
```

```java
        String helpText ="";
        try {
            InputStream in =getResources().openRawResource(R.raw.help);
            InputStreamReader inStreamReader =new InputStreamReader
                    (in, "UTF-8");
            char myContent[] =new char[in.available()];
            inStreamReader.read(myContent);
            helpText =new String(myContent);
            inStreamReader.close();
            in.close();
        } catch(Exception e) {
            e.printStackTrace();
        }
        helpTextView.setText(helpText);
        helpAlertBuilder.setView( helpAllView);
                                    //在 AlertDialog 对话框中加载布局
        final AlertDialog helpDialog =helpAlertBuilder.create();
        bt_hlp.setOnClickListener(new android.view.View.OnClickListener() {
            @Override
            public void onClick(View v) {
                helpDialog.dismiss();
            }
        });
        helpDialog.show();
    }
    if(item.getItemId()==R.id.exit) {        //exit 功能
        Builder exitAlert=new Builder(MainActivity.this);
        //exitAlert.setIcon(R.drawable.warning);
        exitAlert.setTitle("警告");
        exitAlert.setMessage("您确定要退出计算器程序吗?");
        exitAlert.setNeutralButton("确定", new DialogInterface.
                OnClickListener() {
            public void onClick(DialogInterface arg0, int arg1) {
                MainActivity.this.finish();
            }
        });
        exitAlert.setNegativeButton("取消", new DialogInterface.
                OnClickListener() {
            public void onClick(DialogInterface arg0, int arg1) {
            }
        });
```

```
        exitAlert.create();
        exitAlert.show();
    }
    if(item.getItemId()==R.id.about) {      //如果点击的是 about,则弹出对话框
        Builder exitAlert=new Builder(MainActivity.this);
        exitAlert.setTitle("版权声明:");
        exitAlert.setMessage("这是教材的示例程序!\n 版本号:2.0");
        exitAlert.setNegativeButton("确定", new DialogInterface.
                OnClickListener() {
            public void onClick(DialogInterface arg0, int arg1) {
            }
        });
        exitAlert.create();
        exitAlert.show();
    }
    return super.onOptionsItemSelected(item);
}
```

12.2 待办事项提醒小助手

【例 12-2】 示例工程 Demo_12_ToDoReminder 实现了一个用于待办事项提醒的
APP 程序。

工程中使用了 UI 界面控件、Fragment、菜单、对话框等。涉及的知识点包括
XML 布局文件的设计、基于 Fragment 的界面切换和参数传递、自定义 ListView 列表
项的布局以及利用 SimpleAdapter 实现 ListView 的多列显示、对 ListView 列表项点
击和长按事件的捕获和响应、对按钮点击事件的捕获与响应、菜单、子菜单、
ActionBar 上的菜单按钮(溢出菜单)、在 AlertDialog 对话框中加载布局、日期和时间
选择对话框的使用、基于 SQLite 数据库的数据存取、文本文件的读取、Notification 消
息的定时推送等。

12.2.1 功能分析

本例实现一个用于待办事项提醒的 APP 程序。该程序的主界面按时间顺序列出今
天、明天、后天以及之后的待办事项。在程序中可以添加、修改和删除待办事项,可以设置
每个待办事项的提醒时间。当预设的待办事项提醒时间到时,利用 Notification 在状态栏
弹出提醒消息。

程序中使用 SQLite 数据库存储待办事项的日期和内容。每一项待办事项有一个唯
一的 ID 号标识。打开应用程序,主页面按照今天、明天、后天的顺序列出全部提醒。当设
定的时间到时,会弹出 Notification 提醒消息。

12.2.2 创建数据库

新建一个类 MyDBOpenHelper,继承自 SQLiteOpenHelper。重写其构造方法和onCreate()方法。数据库文件存储在/data/data/edu. hebust. xxxy. demo＿12＿todoreminder/databases 目录中,数据库名称为 todoDatabase. db,如图 12-6 所示。

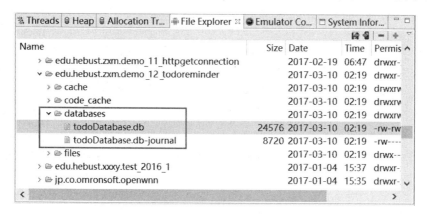

图 12-6　数据库文件

数据表 tb＿ToDoItem 用于存储待办事项信息,其结构如表 12-1 所示。本例使用SimpleAdapter 适配器将数据表中的数据绑定到 ListView 控件中。

表 12-1　数据表 tb＿ToDoItem 的结构

列　　名	数 据 类 型	说　　明
＿id	integer	每个待办事项的 ID,主键,自动增加
remindTitle	text	待办事项的标题,不能为 null
createDate	text	待办事项的创建日期和时间
modified	boolean	是否曾经修改,默认值为 false
modifyDate	text	最后修改的日期和时间
remindText	text	待办事项的注释说明
remindDate	text	待办事项的提醒日期和时间
haveDo	boolean	待办事项的处理状态,默认值为 false

MyDBOpenHelper 类的主要代码如代码段 12-12 所示。实例化这个类,就可以创建相应的数据库和数据表。

代码段 12-12　定义 SQLiteOpenHelper

```
//package 和 import 语句略
public class MyDBOpenHelper extends SQLiteOpenHelper {
    public MyDBOpenHelper(Context context) {
```

```
        //重写构造方法,创建一个名为 DB_ToDoList 的数据库
        super(context, "DB_ToDoList", null, 1);
    }
    @Override
    public void onCreate(SQLiteDatabase db) {
        //重写 onCreate()方法,创建数据表,其中 ID 字段作为主键,自动增加
        String sql ="create table tb_ToDoItem(
                _id integer primary key autoincrement, " +  //每个待办事项的 ID
                "remindTitle text not null, " +       //待办事项的标题文本
                "createDate text, " +                 //待办事项的创建日期和时间
                "modified boolean DEFAULT(0), " +     //是否已修改,默认值为 false
                "modifyDate text, " +                 //最后修改日期和时间
                "remindText text, " +                 //待办事项的注释说明
                "remindDate text, " +                 //待办事项的提醒日期和时间
                "haveDo boolean DEFAULT(0));";        //是否已处理,默认值为 false
        db.execSQL(sql);                              //执行 SQL 语句
    }
    public void onUpgrade(SQLiteDatabase db, int oldVersion, int newVersion) {
        //重写其 onUpgrade 方法
        _db.execSQL("DROP TABLE IF EXISTS tb_ToDoItem");
        onCreate(_db)
    }
}
```

12.2.3　界面设计和功能实现

为了实现程序的功能,本例定义了启动界面 MainActivity 类和 7 个 Fragment 类,其类名和相应的功能如表 12-2 所示。MainActivity 通过加载这些 Fragment 实现相应的用户界面及其功能。

表 12-2　Fragment 类及其功能

类　名	功能及其说明
RemindListFragment	主页面,按照待办时间顺序分别列出今天、明天、后天以及之后的待办事项
TodayListFragment	仅显示今日提醒事项
UndoListFragment	仅显示未处理事项
AllListByCreateTimeFragment	按创建时间列出全部提醒事项
AllListByToDoTimeFragment	按待办时间列出全部提醒事项
AddNewFragment	添加新提醒事项
UpdateFragment	修改提醒事项

1. 主页面

RemindListFragment 类用于实现主页面,按照待办时间顺序分别列出今天、明天、后天以及之后的待办事项,包括提醒时间、标题、备注和处理状态,如图 12-7 所示。

图 12-7　主页面的显示效果

页面对应的布局文件如代码段 12-13 所示。

```
代码段 12-13　主页面布局文件
<?xml version="1.0" encoding="utf-8"?>
<LinearLayout xmlns:android="http://schemas.android.com/apk/res/android"
    android:orientation="vertical"
    android:layout_width="match_parent"
    android:layout_height="match_parent" >
    <ScrollView
        android:layout_width="match_parent"
        android:layout_height="wrap_content"
        android:id="@+id/scrollView"
        android:fadingEdge="none"
        android:scrollbars="vertical">
    <LinearLayout
        android:id="@+id/remindLayout"
        android:layout_width="match_parent"
```

```xml
        android:layout_height="match_parent"
        android:orientation="vertical" >
        <LinearLayout
            android:layout_width="match_parent"
            android:layout_height="wrap_content"
            android:orientation="horizontal" >
            <TextView
                android:layout_width="0dp"
                android:layout_height="wrap_content"
                android:textSize="25sp"
                android:padding="10dp"
                android:textColor="#009900"
                android:layout_weight="1"
                android:text="今天:" />
            <TextView
                android:id="@+id/tvToday"
                android:layout_width="0dp"
                android:layout_height="wrap_content"
                android:textSize="15sp"
                android:padding="10dp"
                android:textColor="#ff660a66"
                android:layout_gravity="right|bottom"
                android:layout_weight="1" />
        </LinearLayout>
        <View
            style="@style/divider_horizontal" />
        <ListView
            android:id="@+id/listToDoToday"
            android:layout_width="match_parent"
            android:layout_height="match_parent"/>
        <View
            style="@style/divider_horizontal" />
        <LinearLayout
            android:layout_width="match_parent"
            android:layout_height="wrap_content"
            android:orientation="horizontal" >
            <TextView
                android:layout_width="0dp"
                android:layout_height="wrap_content"
                android:textSize="25sp"
                android:padding="10dp"
                android:textColor="#009900"
                android:layout_weight="1"
```

```
                android:text="明天:"/>
            <TextView
                android:id="@+id/tvTomorrow"
                android:layout_width="0dp"
                android:layout_height="wrap_content"
                android:textSize="15sp"
                android:padding="10dp"
                android:textColor="#ff660a66"
                android:layout_gravity="right|bottom"
                android:layout_weight="1" />
        </LinearLayout>
        <View
            style="@style/divider_horizontal" />
        <ListView
            android:id="@+id/listToDoTomorrow"
            android:layout_width="match_parent"
            android:layout_height="match_parent"/>
        <View
            style="@style/divider_horizontal" />
        <LinearLayout
            android:layout_width="match_parent"
            android:layout_height="wrap_content"
            android:orientation="horizontal" >
            <TextView
                android:layout_width="0dp"
                android:layout_height="wrap_content"
                android:textSize="25sp"
                android:padding="10dp"
                android:textColor="#009900"
                android:layout_weight="1"
                android:text="后天:" />
            <TextView
                android:id="@+id/tvAfterTomorrow"
                android:layout_width="0dp"
                android:layout_height="wrap_content"
                android:textSize="15sp"
                android:padding="10dp"
                android:textColor="#ff660a66"
                android:layout_gravity="right|bottom"
                android:layout_weight="1" />
        </LinearLayout>
        <View
            style="@style/divider_horizontal" />
```

```
            <ListView
                android:id="@+id/listToDoAfterTomorrow"
                android:layout_width="match_parent"
                android:layout_height="match_parent"/>
            <View
                style="@style/divider_horizontal" />
            <LinearLayout
                android:layout_width="match_parent"
                android:layout_height="wrap_content"
                android:orientation="horizontal" >
                <TextView
                    android:layout_width="0dp"
                    android:layout_height="wrap_content"
                    android:textSize="25sp"
                    android:padding="10dp"
                    android:textColor="#009900"
                    android:layout_weight="1"
                    android:text="之后:" />
                <TextView
                    android:id="@+id/tvAfterAll"
                    android:layout_width="0dp"
                    android:layout_height="wrap_content"
                    android:textSize="15sp"
                    android:padding="10dp"
                    android:textColor="#ff660a66"
                    android:layout_gravity="right|bottom"
                    android:layout_weight="1" />
            </LinearLayout>
            <View
                style="@style/divider_horizontal" />
            <ListView
                android:id="@+id/listToDoAfterAll"
                android:layout_width="match_parent"
                android:layout_height="match_parent"/>
        </LinearLayout>
    </ScrollView>
</LinearLayout>
```

布局中使用了 4 个 ListView 控件,分别用于显示今天、明天、后天以及之后的待办事项列表。为了让这 4 个 ListView 同时使用一个滚动条,需要重新设置 ListView 的高度,这可以通过调用自定义方法 setListViewHeight()实现,该方法的定义如代码段 12-14 所示。

代码段 12-14　重新设置 Listview 高度

```
public static void setListViewHeight(ListView listview) {
    int totalHeight = 0;
    ListAdapter adapter = listview.getAdapter();
    if (null != adapter) {
        for (int i = 0; i < adapter.getCount(); i++) {
            View listItem = adapter.getView(i, null, listview);
            if (null != listItem) {
                listItem.measure(0, 0);
                                //注意 listview 子项必须为 LinearLayout 才能调用该方法
                totalHeight += listItem.getMeasuredHeight();
            }
        }
        ViewGroup.LayoutParams params = listview.getLayoutParams();
        params.height = totalHeight + (listview.getDividerHeight() *
                (listview.getCount() - 1));
        listview.setLayoutParams(params);
    }
}
```

2．选择列表项的处理

选择某个列表项，则弹出对话框，显示该提醒项的详细信息，如图 12-8 所示。

图 12-8　选择列表项显示该项的详细信息

对话框设置了 3 个按钮,分别用于修改提醒事项内容、将提醒事项设置为已处理状态、关闭对话框窗口。选择某个列表项的处理如代码段 12-15 所示。

代码段 12-15　设置选择列表项的响应

```
toDoList.setOnItemClickListener(new AdapterView.OnItemClickListener() {
                                                        //选择列表项

    @Override
    public void onItemClick(AdapterView<?>adapterView, View view, int position,
            long l) {
        HashMap<String, String>temp = (HashMap<String, String>) listViewAdapter.
                getItem(position);
        final String taskID = temp.get("_id");          //获取选择的提醒项 ID
        Cursor result=dbRead.query("tb_ToDoItem",null,"_id=?",new String[]
                {taskID},null,null,null,null);
        result.moveToFirst();
        HashMap<String,String>itemFindByID =new HashMap<String,String>();
        itemFindByID.put("id", "ID:"+String.valueOf(result.getInt(0))+"\n");
        itemFindByID.put("remindTitle", "标题:"+result.getString(1)+"\n");
        itemFindByID.put("createDate", "创建时间:"+result.getString(2)+"\n");
        itemFindByID.put("modified", result.getInt(3)==0?"未修改\n":"已修改\n");
        itemFindByID.put("modifyDate", "最后修改:"+result.getString(4)+"\n");
        itemFindByID.put("remindText", "备注:" +result.getString(5)+"\n");
        itemFindByID.put("remindDate", "提醒时间:"+result.getString(6)+"\n");
        itemFindByID.put("haveDo", result.getInt(7)==0?"该事项未处理":"该事
                项已经处理");
        new AlertDialog.Builder(getActivity())
                .setTitle("详细信息")
                .setMessage(itemFindByID.get("id")+itemFindByID.get
                        ("remindTitle")
                    +itemFindByID.get("createDate")+itemFindByID.get
                            ("modified")
                    +itemFindByID.get("modifyDate")+itemFindByID.get
                            ("remindText")
                    +itemFindByID.get("remindDate")+itemFindByID.get
                            ("haveDo"))
                .setNegativeButton("设为已处理", new DialogInterface.
                        OnClickListener() {
                    public void onClick(DialogInterface arg0, int arg1) {
                        SQLiteDatabase dbWriter =dbOpenHelper.
                                getWritableDatabase();
```

```
ContentValues cv =new ContentValues();
cv.put("haveDo",1);
dbWriter.update("tb_ToDoItem", cv,"_id=?", new String[]
        {taskID});
dbWriter.close();
getFragmentManager().beginTransaction()
    .replace(R.id.fragment_container, new
            RemindListFragment())
    .commit();
    }
})
.setNeutralButton("修改该项内容", new DialogInterface.
        OnClickListener() {
    public void onClick(DialogInterface arg0, int arg1) {
        SQLiteDatabase dbWriter =dbOpenHelper.
                getWritableDatabase();
        final Bundle bundle =new Bundle();
        bundle.putString("taskID", taskID);
        UpdateFragment updateFragment =new UpdateFragment();
        updateFragment.setArguments(bundle);
        getFragmentManager().beginTransaction()
            .replace(R.id.fragment_container, updateFragment)
            .addToBackStack(null)          //为了支持回退键
            .commit();
    }
})
.setPositiveButton("关闭窗口", null)
.create()
.show();
    }
});
```

3. 修改提醒项

修改列表中的提醒项，通过 UpdateFragment 类实现，界面如图 12-9 所示。

首先获取用户选择的列表项对应的记录 ID，然后到数据库查询这条记录，逐项显示到界面中的 EditText 控件中，用户修改其中的内容后点击"确定修改"按钮，则将修改的数据提交到数据库。UpdateFragment 类的实现如代码段 12-16 所示。

图 12-9　修改列表项的详细信息

代码段 12-16　UpdateFragment 类的主要代码

```
//package 和 import 语句略
public class UpdateFragment extends Fragment {
    private SQLiteDatabase dbRead;
    private MyDBOpenHelper dbOpenHelper;
    private Button btnUpdate, btnCancel;
    private EditText taskEdit, dateEdit, timeEdit, remarkEdit;
    private TextView taskID;
    private Date remindDate=new Date(System.currentTimeMillis());
    private Calendar newRemindDate=Calendar.getInstance();
                                //新版本推荐使用 Calendar,不用 Date
                                //初始化必须有,否则产生空指针错误

    @Override
    public View onCreateView(LayoutInflater inflater, ViewGroup container,
            Bundle savedInstanceState) {
        View rootView =inflater.inflate(R.layout.fragment_update, container,
                false);
        btnUpdate = (Button) rootView.findViewById(R.id.btnUpdate);
        btnCancel = (Button) rootView.findViewById(R.id.btnUpdateCancel);
        taskID = (TextView) rootView.findViewById(R.id.tvTaskID);
        taskEdit = (EditText) rootView.findViewById(R.id.etUpdateTask);
        dateEdit = (EditText) rootView.findViewById(R.id.etUpdateDate);
```

```
timeEdit =(EditText) rootView.findViewById(R.id.etUpdateTime);
remarkEdit =(EditText) rootView.findViewById(R.id.etUpdateRemark);
dbOpenHelper=new MyDBOpenHelper(getActivity().getApplicationContext());
final String updateID =getArguments().getString("taskID");
taskID.setText("ID: "+updateID);
dbRead =dbOpenHelper.getReadableDatabase();
Cursor result =dbRead.query("tb_ToDoItem", null, "_id=?", new String[]
        {updateID}, null,null,null,null);
result.moveToFirst();
taskEdit.setText(result.getString(1));
final SimpleDateFormat dateFormatter =new SimpleDateFormat ("yyyy年
        MM月 dd日");
final SimpleDateFormat timeFormatter =new SimpleDateFormat ("HH:mm:ss");
final SimpleDateFormat longDateFormatter =new SimpleDateFormat
        ("yyyy-MM-dd HH:mm:ss");
try {
    remindDate =longDateFormatter.parse(result.getString(6));
} catch (ParseException e) {
    e.printStackTrace();
}
dateEdit.setText(dateFormatter.format(remindDate));
timeEdit.setText(timeFormatter.format(remindDate));
remarkEdit.setText(result.getString(5));
newRemindDate.setTime(remindDate);
dateEdit.setOnClickListener(new View.OnClickListener() {
    @Override
    public void onClick(View view) {
        new DatePickerDialog(getActivity(),new DatePickerDialog.
            OnDateSetListener() {
            @Override
            public void onDateSet(DatePicker datePicker, int year, int
                month, int day) {
                newRemindDate.set(year,month,day);
                dateEdit.setText(dateFormatter.format(new Date
                    (newRemindDate.getTimeInMillis())));
            }
        },newRemindDate.get(Calendar.YEAR),newRemindDate.get
            (Calendar.MONTH),newRemindDate.get(Calendar.DAY_OF_MONTH))
            .show();
    }
});
timeEdit.setOnClickListener(new View.OnClickListener() {
    @Override
```

```java
        public void onClick(View view) {
            new TimePickerDialog(getActivity(),new TimePickerDialog.
                OnTimeSetListener() {
                @Override
                public void onTimeSet(TimePicker timePicker, int hourOfDay,
                        int minute) {
                    newRemindDate.set(newRemindDate.get(Calendar.YEAR),
                            newRemindDate.get(Calendar.MONTH),
                            newRemindDate.get(Calendar.DAY_OF_MONTH),
                                hourOfDay,minute);
                    timeEdit.setText(timeFormatter.format(
                            new Date(newRemindDate.getTimeInMillis())));
                }
            },newRemindDate.get(Calendar.HOUR_OF_DAY),
                        newRemindDate.get(Calendar.MINUTE),true)
                .show();
        }
    });
    btnCancel.setOnClickListener(new View.OnClickListener() {
        public void onClick(View v) {
            getFragmentManager().popBackStack();        //回退到上一个界面
        }
    });
    btnUpdate.setOnClickListener(new View.OnClickListener() {
        public void onClick(View v) {
            //从编辑框中获得相应的属性值
            SQLiteDatabase dbWriter=dbOpenHelper.getReadableDatabase();
            ContentValues cv =new ContentValues();
            cv.put("remindTitle", taskEdit.getText().toString());
            cv.put("modified", 1);
            cv.put("modifyDate",longDateFormatter.format(System.
                currentTimeMillis()));
            cv.put("remindDate",longDateFormatter.format(newRemindDate.
                getTimeInMillis()));
            cv.put("remindText",remarkEdit.getText().toString());
            dbWriter.update("tb_ToDoItem", cv, "_id=?", new String[]
                {updateID});                            //修改数据库中的数据
            getFragmentManager().popBackStack();
        }
    });
    return rootView;
}
}
```

4. 长按列表项的处理

长按列表项则可以删除该提醒项。因为删除操作是不可恢复的,所以删除之前弹出警告,提示用户确认删除操作,如图 12-10 所示。

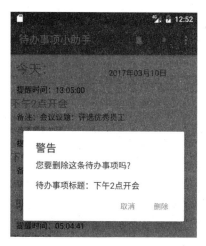

图 12-10 删除列表中的提醒项

长按列表项的实现代码如代码段 12-17 所示。

代码段 12-17 设置长按列表项的响应

```
toDoList.setOnItemLongClickListener(new AdapterView.OnItemLongClickListener(){
                                                        //长按删除列表项
    @Override
    public boolean onItemLongClick(AdapterView<?>parent, View view, int
            position, long id) {
        HashMap<String,String>temp = (HashMap<String,String>)
                listViewAdapter.getItem(position);
        final String taskID=temp.get("_id");
        String remindTitle=temp.get("remindTitle");
        new AlertDialog.Builder(getActivity())
            .setTitle("警告")
            .setMessage("您要删除这条待办事项吗?"+"\n\n 待办事项标题:"
                    +remindTitle)
            .setPositiveButton("删除", new DialogInterface.OnClickListener() {
                public void onClick(DialogInterface arg0, int arg1) {
                    SQLiteDatabase dbWriter =dbOpenHelper.getWritableDatabase();
                    dbWriter.delete("tb_ToDoItem", "_id=?", new String[]{taskID});
                                                        //删除数据库中的数据
                    dbWriter.close();
                    getFragmentManager().beginTransaction()
                        .replace(R.id.fragment_container, new RemindListFragment())
```

```
              .commit();
            }
        })
        .setNegativeButton("取消", null)
        .create()
        .show();
    return true;
    }
});
```

5. 添加新提醒项

添加新的提醒项通过 AddNewFragment 类实现,界面如图 12-11 所示。相关代码如代码段 12-18 所示。

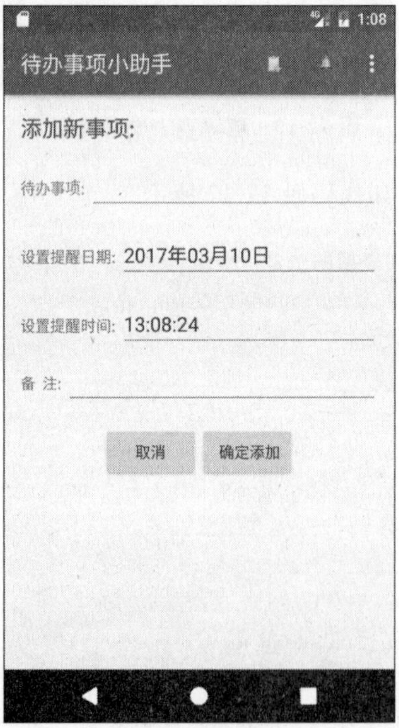

图 12-11　添加新提醒项

代码段 12-18　AddNewFragment 类的主要代码
```
//package 和 import 语句略
public class AddNewFragment extends Fragment {
    public AddNewFragment() {
    }
    private MyDBOpenHelper dbOpenHelper;
```

```java
private Button btnAdd, btnCancel;
private EditText remindTitleEdit, dateEdit, timeEdit, remindTextEdit;
private Calendar createDate, remindDate;
private SimpleDateFormat dateFormatter, timeFormatter;
@Override
public View onCreateView(LayoutInflater inflater, ViewGroup container,
        Bundle savedInstanceState) {
    View rootView = inflater.inflate(R.layout.fragment_add, container, false);
    btnAdd = (Button) rootView.findViewById(R.id.btnAdd);
    btnCancel = (Button) rootView.findViewById(R.id.btnAddCancel);
    remindTitleEdit = (EditText) rootView.findViewById(R.id.etAddTask);
    dateEdit = (EditText) rootView.findViewById(R.id.etAddDate);
    timeEdit = (EditText) rootView.findViewById(R.id.etAddTime);
    remindTextEdit = (EditText) rootView.findViewById(R.id.etAddRemark);
    dbOpenHelper=new MyDBOpenHelper(getActivity().getApplicationContext());
    dateFormatter = new SimpleDateFormat ("yyyy年MM月dd日");
    timeFormatter = new SimpleDateFormat ("HH:mm:ss");
    createDate=Calendar.getInstance();
    createDate.setTimeInMillis(System.currentTimeMillis());
    remindDate=Calendar.getInstance();
    dateEdit.setText(dateFormatter.format(new Date(remindDate.
            getTimeInMillis())));
    timeEdit.setText(timeFormatter.format(new Date(remindDate.
            getTimeInMillis())));
    dateEdit.setOnClickListener(new View.OnClickListener() {
        @Override
        public void onClick(View view) {
            new DatePickerDialog(getActivity(),new DatePickerDialog.
                    OnDateSetListener() {
                @Override
                public void onDateSet(DatePicker datePicker, int year, int
                        month, int day) {
                    remindDate.set(year,month,day);
                    dateEdit.setText(dateFormatter.format(new Date(remindDate.
                            getTimeInMillis())));
                }
            },remindDate.get(Calendar.YEAR),remindDate.get(Calendar.
                    MONTH),remindDate.get(Calendar.DAY_OF_MONTH))
            .show();
        }
    });
    timeEdit.setOnClickListener(new View.OnClickListener() {
        @Override
```

```
                    public void onClick(View view) {
                        new TimePickerDialog(getActivity(),new TimePickerDialog.
                            OnTimeSetListener() {
                            @Override
                            public void onTimeSet(TimePicker timePicker, int
                                    hourOfDay, int minute) {
                                remindDate.set(remindDate.get(Calendar.YEAR),
                                        remindDate.get(Calendar.MONTH),remindDate.get
                                        (Calendar.DAY_OF_MONTH),hourOfDay,minute);
                                timeEdit.setText(timeFormatter.format(new Date
                                        (remindDate.getTimeInMillis())));
                            }
                        },remindDate.get(Calendar.HOUR_OF_DAY),remindDate.get
                                (Calendar.MINUTE),true)
                                .show();
                    }
                });
                btnCancel.setOnClickListener(new View.OnClickListener() {
                    public void onClick(View v) {
                        getFragmentManager().beginTransaction()
                                .replace(R.id.fragment_container, new RemindListFragment())
                                .commit();
                    }
                });
                btnAdd.setOnClickListener(new View.OnClickListener() {
                    public void onClick(View v) {
                        //从编辑框中获得相应的属性值
                        SimpleDateFormat longDateFormatter =new SimpleDateFormat
                                ("yyyy-MM-dd HH:mm:ss");
                        SQLiteDatabase dbWriter=dbOpenHelper.getWritableDatabase();
                        ContentValues cv =new ContentValues();
                        cv.put("remindTitle", remindTitleEdit.getText().toString());
                        cv.put("createDate",longDateFormatter.format(new Date
                                (System.currentTimeMillis())));
                        cv.put("modifyDate",longDateFormatter.format(new Date
                                (System.currentTimeMillis())));
                        cv.put("remindDate",longDateFormatter.format(remindDate.
                                getTimeInMillis()));
                        cv.put("remindText",remindTextEdit.getText().toString());
                        dbWriter.insert("tb_ToDoItem",null, cv);    //向数据库添加数据
                        dbWriter.close();
                        //启动服务,定时推送 Notification 提醒:
                        startTimeService(remindDate.getTimeInMillis()-System.
```

```
                    currentTimeMillis(),remindTitleEdit.getText().
                        toString(),remindTextEdit.getText().toString());
            //回到提醒项列表首页面:
            getFragmentManager().beginTransaction()
                    .replace(R.id.fragment_container, new RemindListFragment())
                    .commit();
            }
        });
        return rootView;
    }
}
```

6. 列出今日提醒

点击操作栏的"今日提醒"图标,显示区只列出今日的提醒项。此功能通过 TodayListFragment 类实现,界面如图 12-12 所示。相关代码如代码段 12-19 所示。

图 12-12 定时推送的状态栏提醒

代码段 12-19 TodayListFragment 类的主要代码
```
//package 和 import 语句省略
public class TodayListFragment extends Fragment {
    private SQLiteDatabase dbRead;
```

```java
private MyDBOpenHelper dbOpenHelper;
private ListView ListTask;
@Override
public View onCreateView(LayoutInflater inflater, ViewGroup container,
        Bundle savedInstanceState) {
    View rootView =inflater.inflate(R.layout.fragment_today_list,
            container, false);
    ListTask = (ListView) rootView.findViewById(R.id.listTodayToDo);
    TextView tvToday= (TextView) rootView.findViewById(R.id.tvToday);
    SimpleDateFormat dateFormatter =new SimpleDateFormat ("yyyy年 MM月 dd日");
    tvToday.setText(dateFormatter.format(new Date(System.currentTimeMillis())));
    dbOpenHelper =new MyDBOpenHelper(getActivity().
            getApplicationContext());
    dbRead=dbOpenHelper.getReadableDatabase();
    readToDoList();
    return rootView;
}
protected void readToDoList(){
    SimpleDateFormat dayFormatter =new SimpleDateFormat ("yyyy-MM-dd");
    ArrayList taskList =new ArrayList<HashMap<String,String>> ();
    Cursor result=dbRead.query("tb_ToDoItem",new String[]{"_id",
            "remindTitle","createDate","modified","modifyDate",
            "remindText","remindDate","haveDo"},
            null,null,null,null,"createDate",null);
        while(result.moveToNext()){
            if (result.getString (6).substring(0,10).compareTo(
                dayFormatter.format(new Date(System.currentTimeMillis())))
                    ==0){
            HashMap<String,String>temp =new HashMap<String,String> ();
            temp.put("_id", String.valueOf(result.getInt(0)));
            temp.put("remindTitle", result.getString(1));
            temp.put("createDate", "创建时间:" +result.getString(2));
            temp.put("modified", result.getInt(3) ==0 ?"未修改" : "已修改");
            temp.put("modifyDate", "最后修改时间:"+result.getString (4));
            temp.put("remindText", "备注:" +result.getString(5));
            temp.put("remindDate", "时间:"+result.getString(6));
            temp.put("haveDo", result.getInt(7)==0?"该事项未处理":"该事项
                已经处理");
            taskList.add(temp);
        }
    }
    final SimpleAdapter listViewAdapter =
            new SimpleAdapter(getActivity(), taskList,R.layout.today_
                list_item,
```

```
                    new String[] {"remindDate", "remindTitle","remindText",
                        "haveDo"},
                    new int[]{R.id.remind_listitem_remindDate,R.id.remind_
                        listitem_taskTitle,
                    R.id.remind_listitem_taskText,R.id.remind_listitem_haveDo} );
        ListTask.setAdapter(listViewAdapter);
                                            //将查询的结果显示到 ListView 控件中
    }
}
```

12.2.4　定时推送状态栏提醒

当添加一条新提醒项或修改提醒项的提醒时间后,要设置一个定时推送的状态栏提醒。这样,每一个提醒项预设的提醒时间到了之后,应用程序在状态栏就会推送 Notification 消息,提醒用户有需要处理的待办事项,如图 12-13 所示。

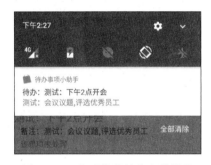

图 12-13　定时推送的状态栏提醒

定时推送 Notification 消息的功能通过启动服务来实现。首先要定义实现提醒定时推送的服务类 TimeService,如代码段 12-20 所示。该服务类需要在 AndroidManifest.xml 文件中声明。

代码段 12-20　TimeService 类的主要代码

```
//package 和 import 语句省略
public class TimeService extends Service {
    private Timer timer;
    @Override
    public void onCreate() {
        super.onCreate();
        timer = new Timer(true);                        //创建 Timer 对象
    }
    @Override
    public int onStartCommand(Intent intent, int flags, int startId) {
        final String notificationTitle = intent.getStringExtra("title");
```

```
            final String notificationText =intent.getStringExtra("text");
            final int notificationID=intent.getIntExtra("notificationID",0);
            Long waitTime=intent.getLongExtra("time",0);
            timer.schedule(new TimerTask() {
                @Override
                public void run() {
                    NotificationManager manager = (NotificationManager)
                            getSystemService(Context.NOTIFICATION_SERVICE);
                                                                //获得通知管理器
                    Notification.Builder myBuilder=new Notification.Builder
                            (TimeService.this);
                    myBuilder.setSmallIcon(R.drawable.ic_warning)
                            .setContentTitle(getText(R.string.notification_title)
                                +notificationTitle)        //定义通知的标题
                            .setContentText(notificationText)    //定义通知的内容
                            .setDefaults(Notification.DEFAULT_SOUND)
                                                                //定义铃声
                            .setTicker(getText(R.string.notification_ticker));
                                                                //定义提醒文字
                    Notification notification=myBuilder.build();
                                        //创建通知,至少:minSdkVersion="16"
                    manager.notify(notificationID, notification); //显示通知
                }
            }, waitTime);
            return super.onStartCommand(intent, flags, startId);
        }
    }
```

当需要设置一个定时推送的状态栏提醒时,就启动这个服务,定时时间到后就会显示 Notification 消息。本例通过调用 startTimeService()方法启动 TimeService 服务,该方法 的定义如代码段 12-21 所示。startTimeService()方法有 3 个参数,分别是用毫秒数表示 的推送时间、Notification 的标题、Notification 的提示文字。

代码段 12-21 startTimeService()方法的定义

```
private void startTimeService(Long time,String title,String text){
    int notificationID;
    SQLiteDatabase dbRead= (new MyDBOpenHelper(getActivity().
        getApplicationContext())).getReadableDatabase();
    Intent intent=new Intent(getActivity().getApplicationContext(),
        TimeService.class);
    Cursor result=dbRead.query("tb_notificationID",new String[]{"
        notificationID"},null,null,null,null,null);
```

```
if (result.moveToFirst()){
    notificationID=result.getInt(0);
    SQLiteDatabase dbWriter= (new MyDBOpenHelper(getActivity().
            getApplicationContext())).getWritableDatabase();
    ContentValues cv =new ContentValues();
    cv.put("notificationID", notificationID+1);
    dbWriter.update("tb_notificationID", cv,null, null);
    dbWriter.close();
}else {
    notificationID=0;      //没有获取数据库中的notificationID值,设为默认值0
}
dbRead.close();
intent.putExtra("time", time);
intent.putExtra("title",title);
intent.putExtra("text",text);
intent.putExtra("notificationID",notificationID);          //传递参数
getActivity().startService(intent);                        //启动service
}
```

12.2.5　菜单设计

本例使用菜单实现界面切换、退出、查看版权信息的功能,菜单的显示效果如图 12-14 所示。设置了两个操作栏操作项,分别为"添加新事项"和"今日提醒",如图 12-15 所示。

图 12-14　待办事项小助手的菜单

图 12-15　操作栏操作项

菜单采用 XML 方式实现。先在 res/menu 文件夹中新建 menu. xml 文件,在其中添加菜单项,相关代码如代码段 12-22 所示。其中前两个菜单项的 showAsAction 属性值分别是 always 和 ifRoom,将其设置为操作栏操作项。

代码段 12-22　定义菜单项

```xml
<?xml version="1.0" encoding="utf-8"?>
<menu xmlns:android="http://schemas.android.com/apk/res/android"
    xmlns:app="http://schemas.android.com/apk/res-auto">
    <group android:id="@+id/group1">
        <item android:id="@+id/menu_add"
            android:title="添加新事项"
            android:icon="@mipmap/ic_add"
            app:showAsAction="always|withText"/>
        <item android:id="@+id/menu_today"
            android:title="今日提醒"
            android:icon="@mipmap/ic_remind"
            app:showAsAction="ifRoom" />
        <item android:id="@+id/menu_undo"
            android:title="列出未处理事项"/>
        <item android:id="@+id/menu_list"
            android:title="列出全部事项">
            <menu>
                <item
                    android:id="@+id/menu_list_todo"
                    android:title="按待办时间排序"/>
                <item
                    android:id="@+id/menu_list_create"
                    android:title="按创建时间排序"/>
            </menu>
        </item>
        <item android:id="@+id/menu_clear"
            android:title="删除全部事项"/>
        <item android:id="@+id/menu_first"
            android:title="回到首页"/>
    </group>
    <group>
        <item android:id="@+id/menu_help"
            android:title="帮助"/>
        <item android:id="@+id/menu_about"
            android:title="关于"/>
        <item android:id="@+id/menu_exit"
            android:title="退出"/>
    </group>
</menu>
```

重写 MainActivity 中的 onCreateOptionsMenu()方法，在界面中添加菜单。本例中

调用 inflate()方法生成菜单,该方法使用一个指定的 XML 资源填充菜单,这里指定的是前一步骤创建的 menu.xml 文件。相关代码如代码段 12-23 所示。

代码段 12-23 添加菜单

```
public boolean onCreateOptionsMenu(Menu menu) {
    MenuInflater inflater = getMenuInflater();          //获得 menu 容器
    inflater.inflate(R.menu.menu, menu);                //用 menu.xml 填充 menu 容器
    return super.onCreateOptionsMenu(menu);
}
```

重写 onOptionsItemSelected(MenuItem item)方法,实现各个菜单项的功能,如代码段 12-24 所示。

代码段 12-24 实现菜单项的功能

```
public boolean onOptionsItemSelected(MenuItem item) {
    switch(item.getItemId()){
        case R.id.menu_add:
            getFragmentManager().beginTransaction()
                    .replace(R.id.fragment_container, new AddNewFragment())
                    .commit();
            return true;
        case R.id.menu_clear:                //删除全部待办事项
            showClearAll();
        case R.id.menu_list_todo:            //按待办时间顺序列出全部待办事项
            getFragmentManager().beginTransaction()
                    .replace(R.id.fragment_container, new
                            AllListByToDoTimeFragment())
                    .addToBackStack(null)
                    .commit();
            return true;
        case R.id.menu_list_create:          //按创建时间顺序列出全部待办事项
            getFragmentManager().beginTransaction()
                    .replace(R.id.fragment_container, new
                            AllListByCreateTimeFragment())
                    .addToBackStack(null)
                    .commit();
            return true;
        case R.id.menu_today:                //列出今日提醒
            getFragmentManager().beginTransaction()
                    .replace(R.id.fragment_container, new TodayListFragment())
                    .addToBackStack(null)
                    .commit();
            return true;
        case R.id.menu_first:                //回到首页
```

```
            getFragmentManager().beginTransaction()
                    .replace(R.id.fragment_container, new RemindListFragment())
                    .commit();
            return true;
        case R.id.menu_undo:            //列出未处理事项
            getFragmentManager().beginTransaction()
                    .replace(R.id.fragment_container, new UndoListFragment())
                    .commit();
            return true;
        case R.id.menu_help:            //帮助
            showHelp();
            return true;
        case R.id.menu_exit:            //退出
            showExit();
            return true;
        case R.id.menu_about:           //关于
            showAbout();
            return true;
    }
    return super.onOptionsItemSelected(item);
}
```

12.3　本 章 小 结

本章主要介绍了两个 Android 综合应用程序的设计思路和实现方法,这些应用涉及了前几章学习过的界面组件、Fragment、启动服务、SQLite 数据库等。通过这些实例可以加深对基本知识的理解,提高综合应用能力。

习　　题

1. 编写一个备忘录程序,实现备忘信息及提醒时间的输入、删除、修改和保存以及预定时间到达后的自动提醒。

2. 编写一个存款管理程序,用户将每笔存款的金额、存入银行的时间、存期以及支取金额、时间记录在一个数据库中,存期种类和利率如表 12-3 所示。要求每笔存款到期后要给用户一个 Notification 提醒;用户随时可查当前能支取的存款总额(定期存款随时可支取,但不到期的以活期计算利率);给用户提供参数设置界面,当银行的存款利率发生变化时,能及时设置新的存款利率。利率变化日之前存入的存款按旧利率计算,利率变化日之后存入的存款按新利率计算。

表 12-3　银行存款利率表

存　　期	年利率/%	存　　期	年利率/%
活期	0.35	两年	3.75
三个月	2.85	三年	4.25
六个月	3.05	五年	4.75
一年	3.25		

3. 编写一个个人记账软件,实现对支出和收入的记录。要求能够查询当前余额,按月查询和统计支出和收入情况,能够根据不同的类别查看自己的支出记录。

参 考 文 献

[1] 谷歌公司. Android 开发者指南. http://developer.android.com/reference/.

[2] 百度百科. 智能手机操作系统. https://baike.baidu.com/item/智能手机操作系统/5833789?fr=aladdin.

[3] 中国互联网络信息中心. http://www.cnnic.net.cn/.

[4] 中文互联网数据资讯中心. http://www.199it.com/.

[5] Statista Company. Global mobile OS market share in sales to end users from 1st quarter 2009 to 1st quarter 2017. https://www.statista.com/statistics/266136/global-market-share-held-by-smartphone-operating-systems/.

[6] Deitel H M,Deitel P J. Java 语言程序设计大全. 袁晓靖,等译. 北京:机械工业出版社,1997.

[7] 范春梅,张卫华. XML 基础教程. 北京:人民邮电出版社,2009.

[8] 陈作聪,苏静,王龙. XML 实用教程. 北京:机械工业出版社,2014.

[9] 马伟奇. 优化 Android Studio/Gradle 构建. (2015-6-15). http://bbs.itheima.com/thread-204217-1-1.html.

[10] 高凯,王俊社,仇晶. Android 智能手机软件开发教程. 北京:国防工业出版社,2012.

[11] 毋建军,徐振东,林瀚. Android 应用开发案例教程. 北京:清华大学出版社,2013.

[12] 张思民. Android 应用程序设计. 北京:清华大学出版社,2013.

[13] 吴亚峰,于复兴,杜化美. Android 应用案例开发大全. 北京:人民邮电出版社,2013.

[14] Reto Meier. Android4 高级编程. 佘建伟,赵凯,译. 北京:清华大学出版社,2013.

[15] 佘志龙,陈昱勋,郑名杰,等. Google Android SDK 开发范例大全. 2 版. 北京:人民邮电出版社,2010.

[16] 陈佳,李树强. Android 移动开发. 北京:人民邮电出版社,2016.

[17] 肚皮会唱歌. Activity 四种启动模式. (2012-8-23). http://blog.csdn.net/shinay/article/details/7898492.

[18] nBlogs. Android 中 Application 类的用法. http://www.cnblogs.com/renqingping/archive/2012/10/24/Application.html.

[19] 极客学院. http://www.jikexueyuan.com/.

[20] anzhuo. AndroidRSS 阅读器源码. (2011-4-22). http://www.apkbus.com/android-507-1-1.html.

[21] 害羞雏田. Android 中的 Handler 的具体用法. (2011-2-28). http://txlong-onz.iteye.com/blog/934957.

[22] Android 开发者社区. http://www.eoeandroid.com/forum.php.

[23] 安卓巴士. http://www.apkbus.com/portal.php.

[24] CSDN 移动开发频道. http://mobile.csdn.net/.